D1695430

Ferdinand Hermann-Rottmair
Otto Zettl

PHYSIK
Mechanik

Ehrenwirth

Unterrichtswerk der Physik
des Ehrenwirth Verlages
Mechanik

1. Auflage 1993

ISBN 3-431-03237-0

Alle Rechte bei Ehrenwirth Verlag GmbH
Schwanthalerstraße 91, 80336 München
Umschlag: Volker Pfeifle, München
Druck und Bindung: Pustet, Regensburg
Printed in Germany 1993

Inhaltsverzeichnis

Vorwort

Über dem Eingang zur Basilika San Giovanni in Laterano in der Stadt Rom steht geschrieben, daß diese Kirche die Mutter aller Kirchen des gesamten Erdkreises sei. In ähnlicher Weise könnte man sagen, daß die Mechanik die Mutter der Physik sei, da in ihr alle Zweige und Richtungen unserer heutigen Physik ihre Wurzel haben. Aus diesem Grunde erschien es den Verfassern dieses Buches und dem Verlag sinnvoll, ein Lehrbuch der Mechanik zu schreiben, in dem zum einen der Einfluß der Mechanik auf vielerlei Gebiete zumindestens ansatzweise dargestellt ist, zum anderen auch viele Hinweise auf die Geschichte der Mechanik enthalten sind. Dies wird schon in der Wahl der Titelbilder der einzelnen Kapitel deutlich, die immer einen historischen Bezug zu der jeweiligen Thematik darstellen. Daneben findet sich am Anfang eines jeden Kapitels eine Zeittafel mit Daten bedeutender Physiker, die für den Inhalt des Kapitels entscheidend beigetragen haben.

Der vorliegende Band gliedert sich in zwei Teile: Die Kapitel eins bis sechs beinhalten den für alle Gymnasien in Bayern verbindlichen Lehrstoff. Kapitel sieben bis zehn (Akustik, Meteorologie, Hydrodynamik, Drehbewegungen) stellen die Addita für das naturwissenschaftliche Gymnasium dar. Nach unserer Überzeugung ist es sinnvoll, diese Addita in das für alle verbindliche Werk mit aufzunehmen, um sie auch interessierten Schülern der anderen Gymnasien zugänglich zu machen. Die mit einem Stern (*) versehenen Kapitel stellen Zusätze dar, die für das Verständnis der folgenden Kapitel nicht vorausgesetzt werden. Sie bieten aber ebenfalls interessierten Schülern weiterführende Einblicke an.

Im Buch befinden sich über 360 Abbildungen und Tabellen, die den Inhalt verdeutlichen helfen sollen. Dabei wurde größtenteils auf Photos von Versuchsaufbauten verzichtet und stattdessen Versuchanordnungen skizziert, die das Prinzip des Versuches unserer Meinung nach oft besser verdeutlichen.

Da Lernen stets auch mit Üben verbunden ist, finden sich in diesem Werk neben 75 ausführlichen Beispielen über 300 Aufgaben, bei denen die Lösungen mit angegeben werden. In einem Anhang sind neben Aufgaben, die den Inhalt mehrerer Kapitel umfassen, alle in diesem Lehrbuch hergeleiteten und verwendeten Formeln zusammengefaßt. Außerdem findet sich ein Tabellenanhang mit den Daten von vielen physikalischen Größen. Abgeschlossen wird das Buch durch ein ausführliches Stichwortverzeichnis.

Begleitend zum Lehrbuch ist beim Verlag eine Diskette erhältlich, die neben vielen Aufgaben (mit aufgabenbezogener Hilfe und Korrektur) Simulationsprogramme enthält, bei denen durch Veränderung von physikalischen Größen ihr Einfluß auf Bewegungen dargestellt wird. Desweiteren sind in einem Beiheft, das vor allem für die Lehrer gedacht ist, weitere Hinweise zum Unterricht gegeben, sowie das jeweilige Thema betreffende Unterrichtsfilme und Dias aufgeführt.

Der Dank der Autoren gilt vor allem Herrn Dr. W. Pricha für die sorgfältige Korrektur des Manuskriptes, Herrn OStD. W. Dietz für manche Anregung und Verbesserung, sowie unseren beiden Ehefrauen für ihre Unterstützung und ihre Geduld.

München, im Frühjahr 1993
                                        Die Verfasser
                                        Otto Zettl
                                        Ferdinand Hermann-Rottmair

Kapitel 1

Plato und Aristoteles als Vertreter der Philosophie und der Naturwissenschaft
aus: Die Schule von Athen, Gemälde von Raffael (1483 - 1520), Vatikanische Museen, Rom

Überblick:

Im ersten Kapitel sollen die Voraussetzungen für die Beschreibung einfacher Bewegungen vorgestellt werden. Nach Überlegungen allgemeiner Art zur Beschreibung beliebiger Bewegungen wird vorrangig die geradlinige Bewegung behandelt.

Zeittafel:

Aristoteles (384 - 322 v.Chr.)
Beschreibung von Bewegungen durch eine Bewegursache und dem Ziel (Zweck) der Bewegung.

Galileo Galilei (1564 - 1642)
Er untersuchte systematisch mit Hilfe von Experimenten verschiedene Bewegungen (Fall-, Wurf-, Pendelbewegungen) und gilt damit als Begründer der Dynamik (Lehre von den Bewegungen der Körper).

René Déscartes (1596 - 1650)
Zur Beschreibung der geometrischen Objekte verwendete Déscartes Koordinatensysteme mit einer x-Achse und einer schiefwinkelig oder orthogonal angebrachten y-Achse. Er verband Algebra und Geometrie zur "analytischen Geometrie".

Isaac Newton (1643 - 1727)
Erfinder der Fluxionsrechnung zur Beschreibung von Bewegungen (1672).

Gottfried Wilhelm Leibniz (1646 - 1716)
Begründer der Differential- und Integralrechnung (gleichzeitig mit Newtons entsprechender Fluxionsrechnung), zusammen mit der uns heute geläufigen Symbolik.

1.1 Grundgrößen der Bewegungslehre

Die Schule ist aus. Die Schüler gehen oder rennen zum Ausgang des Schulhauses. Ein Teil der Schüler begibt sich zur Fahrradhalle, besteigt Fahrrad oder Mofa, und fährt nach Hause. Einige ältere Schüler gehen zum Parkplatz und treten mit ihrem Auto den Heimweg an. Fast alle Schüler bewegen sich vom Schulhaus weg. "Wie sehen Bewegungen aus, wie kann man sie sinnvoll beschreiben?", lauten die grundlegenden Fragen des ersten Kapitels. Eine weitere Frage, nach den Ursachen der Bewegungen, wird im nächsten Kapitel diskutiert werden.

Schon im alten Griechenland hat man sich über Bewegungen Gedanken gemacht. So hat sich Aristoteles vorgestellt, daß jeder Bewegungsvorgang durch sein Ziel vorprogrammiert ist. Ein Stein, den man hochhebt und losläßt, bewegt sich zur Erde, weil er dorthin gehört. Jede Bewegung benötigte bei Aristoteles eine Bewegursache. Ausgenommen, und damit vor allen anderen Bewegungsarten ausgezeichnet, war nur der Zustand der Ruhe, sowie die Kreisbewegung (vgl. Kapitel 5). Eine genaue Beschreibung von Bewegungen bereitete Aristoteles jedoch erhebliche Schwierigkeiten. Bei dem Versuch einer konsequenten Diskussion des "Freien Falles" verfehlte er nur knapp den Sinn des erst viele Jahrhunderte später formulierten Trägheitssatzes (vgl. 2.1).

Dennoch hat Aristoteles mit seinen Überlegungen den Fortgang der Wissenschaft jahrhundertelang blockiert. Auch heute ist in den Köpfen der Menschen bisweilen der Ruhezustand noch immer etwas Besonderes. Erst Galileo Galilei hat mit Experimenten ("Fragen an die Natur") und theoretischen Betrachtungen den Weg zur heutigen Beschreibung von Bewegungen eröffnet.

Will man die Bewegung der auf dem Heimweg befindlichen Schüler beschreiben, so muß man sich zunächst einmal einen Standort für die Beobachtung der Bewegung aussuchen. Setzt sich zum Beispiel der Beobachter auf den Gepäckträger eines davonradelnden Schülers, dann sieht er den Schüler vor sich ruhend. Stellt man sich dagegen vor die Schulhaustür, dann entfernt sich der Schüler mit seinem Fahrrad. Ein weiterer, anderer Beobachtungspunkt wäre die Mutter des Schülers, die vor ihrem Haus stehend, den Radler auf sich zukommen sieht.
Mathematisch ausgedrückt benötigt man ein Koordinatensystem (Bezugssystem) zur Beschreibung von Bewegungen. Je nach Auswahl des Koordinatensystems erhält man eine andere Bahn eines bewegten Körpers.

1.1.1 Koordinatensysteme - Bezugssysteme

Wenn man eine beliebige Bewegung beschreiben will, wird
man ein möglichst allgemeines Koordinatensystem wählen.
Aus der Mathematik ist das kartesische Koordinatensystem
(nach René Déscartes, "Cartesius") bekannt. Es hat eine x-
und eine y-Achse, welche aufeinander senkrecht stehen. Die
beiden Koordinatenachsen bilden eine Ebene. Bewegt sich
ein Körper aus der, durch die Achsen festgelegten Ebene
heraus, wird das Koordinatensystem zur Beschreibung der
Bewegung nicht ausreichen. Eine weitere Achse (z-Achse)
wird notwendig (Abb. 1.1.1).

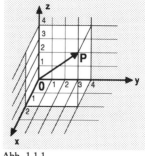

Abb. 1.1.1

Ein Aufenthaltsort des Körpers wird durch einen Punkt im Koordinatensystem (z. B. der
Punkt P(2/4/4)) beschrieben. Von Bedeutung für die Beschreibung der Bewegung ist, wie
oben gesehen, die Lage des Koordinatenursprunges O(0/0/0). Den Vektor $\overrightarrow{OP}$ bezeichnet
man als Ortsvektor des Punktes P.

$$\overrightarrow{OP} = \begin{pmatrix} x \\ y \\ z \end{pmatrix} = \begin{pmatrix} 2 \\ 4 \\ 4 \end{pmatrix}$$

Die Wahl des Koordinatensystems entscheidet über die zustandekommende Bahnkurve der
Bewegung.

Beispiel 1.1:
*Ein Buch liegt auf einem Tisch, dessen Kanten die Koordinatenachsen bilden. Der Tisch wird
durch ein Zimmer getragen, dessen Raumkanten ein weiteres Koordinatensystem bilden.
Betrachtet man das Buch im Koordinatensystem "Tisch", dann ruht es, im Koordinatensystem "Zimmer" ist es bewegt.*

Beispiel 1.2:
*Legt man ein dreidimensionales Koordinatensystem (x-,y- und z-Achse) in den Mittelpunkt
der Erde und beschreibt die Bahnen der Planeten, so ergeben sich komplizierte Schleifen-
bewegungen. Beschreibt man diese Bewegungen von einem Koordinatensystem aus, welches seinen Koordinatenursprung im Sonnenmittelpunkt hat, ergeben sich annähernd
kreisförmige Bahnen (vgl. Kapitel 5).*

Beispiel 1.3:
*Die Pedale eines Fahrrades beschreiben einen Kreis
(starrer Abstand der Pedale von der Tretachse!). Ein am
Straßenrand stehender Beobachter, der die Straße als
Koordinatenachse wählt, sieht eine viel kompliziertere
Bewegung: eine "Zykloide" (Abb. 1.1.2).*

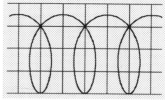

Abb. 1.1.2

Ergebnis:

> **Die Wahl von Koordinatenachsen und -ursprung legt die Bahn eines Körpers fest. Ziel wird es sein, das Koordinatensystem so zu wählen, daß die Beschreibung der Bewegung möglichst einfach wird.**

1.1.2 Die physikalische Größe "Länge"

Für die Einteilung der Koordinatenachsen braucht man eine Längeneinheit. Zur Beschreibung von Längen wurde die **physikalische Basisgröße "Länge"** eingeführt. Man nennt sie **"Basisgröße"**, weil sie nicht von irgendwelchen anderen Größen abgeleitet ist.

Physikalische Größe = Zahlenwert · Einheit der Größe
Die Einheit der Länge ist 1 Meter (m), das Größenzeichen l: [l] = 1 m

Die zur Zeit gültige Festlegung der Einheit 1 m stammt aus dem Jahre 1983 von der allgemeinen Konferenz über Maße und Gewichte:

> **Ein Meter ist die Länge der Strecke, welche das Licht im Vakuum während der Dauer von 1/299792458 Sekunden durchläuft.**

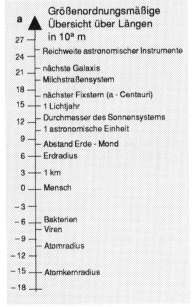

Größenordnungsmäßige Übersicht über Längen in 10^a m

Tab. 1.1.2

Diese Definition der Länge ein Meter löste das sogenannte "Urmeter" (Prototyp aus Platin-Iridium) ab, dessen Genauigkeit weit hinter anderen physikalischen Größen lag. In der Astronomie war eine Längeneinheit ohnehin schon viel früher durch die Geschwindigkeit des Lichtes im Vakuum festgelegt worden, nämlich das Lichtjahr (ly[*]).

Dabei bedeutet:

1 nm	= 10^{-9} m
1 μm	= 10^{-6} m
1 mm	= 10^{-3} m
1 cm	= 10^{-2} m
1 dm	= 10^{-1} m
1 km	= 10^3 m
1 AE	= $1,5 \cdot 10^{11}$ m
1 ly	= $9,46 \cdot 10^{15}$ m
1 pc	= $3,08 \cdot 10^{16}$ m

Tab. 1.1.1
Längeneinheiten

AE := **Astronomische Einheit**
Entfernung Erde - Sonne

ly := **Lichtjahr**
Weg, den das Licht in einem Jahr zurücklegt

pc := **Parsec**
eine Parallaxensekunde (entspricht 3,26 ly)

* ly = light year (engl.) = Lichtjahr

13

1.1.3 Die physikalische Größe "Zeit"

Für einen Körper lassen sich nunmehr die Koordinaten in einem vorgegebenen Koordinatensystem mit Hilfe einer angegebenen Längeneinheit anschreiben. Normalerweise handelt es sich um ausgedehnte Körper (z.B. ein Mofa) - so daß die Vorstellung einen einzigen Punkt als Ort des gesamten Körpers anzugeben, zunächst widersinnig erscheint. Ein Mofa setzt sich aus sehr vielen (praktisch unendlich vielen) Punkten zusammen. Wenn man jedoch nur die Bewegung des gesamten Mofas betrachtet, dann reicht ein Punkt des Mofas aus, da alle anderen starr mit diesem einen verbunden sind. Als ausgewählten Punkt verwendet man den Massenmittelpunkt.

Mit der alleinigen Angabe der drei Raumkoordinaten läßt sich noch keine Bewegung beschreiben. Ein bewegter Körper ändert diese Koordinaten mit der Zeit. Man benötigt eine weitere physikalische Größe zur Beschreibung einer Bewegung: die **Zeit**. Auch die Zeit ist eine **Basisgröße**.

Die Einheit ist eine **Sekunde** (s oder auch sec), das Größenzeichen t: $[\,t\,] = 1$ sec

> **1 Sekunde ist das 9192631770-fache der Periodendauer einer bestimmten Strahlung des Isotops ^{133}Cs (Caesiumuhr).**

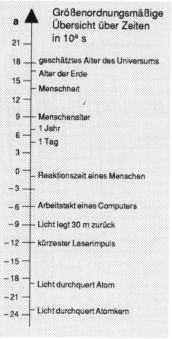

Größenordnungsmäßige Übersicht über Zeiten in 10^a s

a	
21	
18	geschätztes Alter des Universums
15	Alter der Erde
	Menschheit
12	
9	Menschenalter
6	1 Jahr
	1 Tag
3	
0	Reaktionszeit eines Menschen
-3	
-6	Arbeitstakt eines Computers
-9	Licht legt 30 m zurück
-12	kürzester Laserimpuls
-15	
-18	Licht durchquert Atom
-21	
-24	Licht durchquert Atomkern

Tab. 1.1.4

In der Zeitdefinition steckt relativ viel Physik (Atom- und Kernphysik), so daß sie hier nur zur Kenntnis genommen werden soll. Prinzipiell eignet sich zur Zeitdefinition jeder **periodische Vorgang**. Der oben verwendete periodische Vorgang ist zur Zeit der genaueste.

1 Pikosekunde (ps)	$= 10^{-12}$ s
1 Nanosekunde (ns)	$= 10^{-9}$ s
1 Mikrosekunde (µs)	$= 10^{-6}$ s
1 Millisekunde (ms)	$= 10^{-3}$ s
1 Minute (min)	$= 60$ s
1 Stunde (h)	$= 60$ min
1 Tag (d)	$= 24$ h
1 Jahr (a)	$= 365{,}25$ d

Tab. 1.1.3 Einheiten der Zeit

1.1.4 Aufgaben

1. Aufgabe:
Geben Sie ein pc in den Einheiten AE und ly an!
$(2,05 \cdot 10^5$ AE; 3,26 ly$)$

2. Aufgabe:
Welche Bedeutung hat die Angabe 1,23 m?
Vergleichen Sie sie mit der Angabe 1,230 m und
1,2300 m!

3. Aufgabe:
Die Zahlenwerte vor der Einheit einer physikalischen Größe werden im allgemeinen durch Experimente gewonnen (sie werden "gemessen"). Welche Fehler können bei einem solchen Meßvorgang auftreten?

4. Aufgabe:
In einer Rechnung kommen folgende fiktive Größen (a, c und f) mit den Einheiten b, d und e vor:
a = 0,0043 b, c = 9,001 d und f = 0,100 e.
Welche Genauigkeit sollte eine Größe erhalten, die sich durch Grundrechnungen aus a, c und f ergibt?

5. Aufgabe:
Berechnen Sie:
a)   1 Jahr in Sekunden,
b)   1 Tag in Sekunden,
c)   27,3 Tage in Sekunden,
d)   Das geschätzte Alter des Universums in Jahren,
e)   Das Alter der Erde in Jahren.
$(3,16 \cdot 10^7$ s; $8,6 \cdot 10^4$ s; $2,36 \cdot 10^6$ s; $3,2 \cdot 10^{10}$ a; $3,2 \cdot 10^9$ a$)$

1.2 Das Zeit-Ort-Diagramm (t-s-Diagramm)

Zur vollständigen Beschreibung einer Bewegung muß man die Koordinaten des Massenmittelpunktes zu jedem Zeitpunkt t kennen und angeben. Das Ergebnis sind drei Zuordnungen: x(t), y(t) und z(t). Mathematisch gesehen hat man drei Funktionen aufzustellen, um eine Bewegung im Raum beschreiben zu können. Die drei Funktionen x(t), y(t) und z(t) nennt man Koordinatenfunktionen. Alle drei Funktionen zusammen beschreiben die Bahn s des Körpers:

$$\vec{s}(t) = \begin{pmatrix} x(t) \\ y(t) \\ z(t) \end{pmatrix}$$

Eine einfache Bewegung zwischen Ausgangsort A und Zielort B könnte folgendermaßen aussehen:

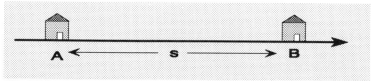

Abb. 1.2.1

Dabei kann beispielsweise $\overline{AB} = 100$ m sein. In diesem Fall ist die Bewegung sehr einfach, weil sie entlang einer geraden Linie abläuft. Deswegen reicht für das Koordinatensystem eine Achse, die x- Achse. Den Koordinatenursprung legt man am einfachsten bei A fest. Die Bahn der Bewegung (s(t)) ist hier x(t).

Beispiel 1.4:

Eine 11. Klasse mißt mit Hilfe von Stoppuhren die Abfahrt eines Schülers mit einem Mofa von der Schule. Die Fahrt des Mofas erfolgt entlang einer geraden Straße, so daß oben gewähltes Koordinatensystem Verwendung finden kann. Dabei ergibt sich folgende Meßtabelle:

t	0	1	2	3	4	5	6	7	8	in s
s	0	10	20	30	50	70	95	100	100	in m

Wie in der Mathematik üblich erstellt man mit Hilfe dieses Versuchsprotokolls (Wertetabelle) einen Graphen der Funktion s(t). Die x-Achse aus der Mathematik wird hier zur t-Achse; die y-Achse zur s-Achse. Offensichtlich werden im Zeitraum von je einer Sekunde unterschiedliche Wegstrecken zurückgelegt: Von der 0. zur 1., der 1. zur 2., der 2. zur 3. Sekunde sind es jeweils 10 m. Zwischen 3. und 4. Sekunde sind es 20 m; von der 7. auf die 8. wird überhaupt kein Weg zurückgelegt.

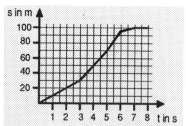

Abb. 1.2.2 Zeit - Ort - Diagramm der Bewegung

16

1.3 Die physikalische Größe Geschwindigkeit

1.3.1 Definition der Geschwindigkeit

Ein Mofa, welches in einer Sekunde 20 m zurücklegt nennt man "schneller", als eines, das in einer Sekunde nur 10 m schafft. Genauer ausgedrückt ist es doppelt so schnell. Die physikalische Größe, welche die Eigenschaften "schneller" oder "langsamer" beschreibt heißt Geschwindigkeit v*. Will man Geschwindigkeiten vergleichen, erscheint es sinnvoll, die in einem bestimmten Zeitintervall Δt zurückgelegte Strecke Δs zu betrachten. Daraus ergibt sich folgende Definition für die Geschwindigkeit:

$$v = \frac{\text{zurückgelegter Weg}}{\text{für den Weg benötigte Zeit}} = \frac{\Delta s}{\Delta t} = \frac{s_2 - s_1}{t_2 - t_1}$$

Die Einheit dieser aus Länge und Zeit **abgeleiteten** Größe ist $\frac{m}{s}$ bzw. $\frac{km}{h}$ (sprich: Meter **durch** Sekunde bzw. Kilometer **durch** Stunde).

$$[v] = 1\ \frac{m}{s} \text{ oder } [v] = 1\ \frac{km}{h}$$

Beispiel 1.5:
Rechnen Sie die Geschwindigkeit 15 m/s in km/h um.

$$15\frac{m}{s} = 15 \cdot \frac{10^{-3}\ km}{\frac{1}{3600}\ h} = \frac{15 \cdot 3600\ km}{1000\ h} = 54\frac{km}{h}$$

Beispiel 1.6:
Berechnet und tabellarisiert man die Geschwindigkeiten des Beispiels von Abb. 1.2.2, so erhält man:

$t_2(s)$	$t_1(s)$	$s_2(m)$	$s_1(m)$	$(s_2 - s_1)/(t_2 - t_1)$		v
1	0	10	0	$(10\ m - 0\ m)/(1\ s - 0\ s)$	=	10 m/s
2	1	20	10	$(20\ m - 10\ m)/(2\ s - 1\ s)$	=	10 m/s
3	2	30	20	$(30\ m - 20\ m)/(3\ s - 2\ s)$	=	10 m/s
4	3	50	30	$(50\ m - 30\ m)/(4\ s - 3\ s)$	=	20 m/s
5	4	70	50	$(70\ m - 50\ m)/(5\ s - 4\ s)$	=	20 m/s
6	5	95	70	$(95\ m - 70\ m)/(6\ s - 5\ s)$	=	25 m/s
7	6	100	95	$(100\ m - 95\ m)/(7\ s - 6\ s)$	=	5 m/s
8	7	100	100	$(100\ m - 100\ m)/(8\ s - 7\ s)$	=	0 m/s

In der letzten Sekunde hat das Mofa keine Geschwindigkeit, es ruht.

---

* velocitas (lat.) = Geschwindigkeit

Beispiel 1.7:

Ein unaufmerksamer Schüler hat sich von den gemessenen Werten in der Hektik des Unterrichts nur folgende Werte notiert:

t	0	5	8	in s
s	0	70	100	in m

Zu Hause versucht er ein t-s-Diagramm zu zeichnen und erhält Abb. 1.3.1:

Er würde nun folgende Geschwindigkeiten berechnen:

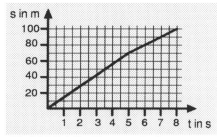

Abb. 1.3.1 Zeit-Ort-Diagramm der Bewegung

$$v_1 = \frac{70\,m - 0\,m}{5\,s - 0\,s} = \frac{70\,m}{5\,s} = 14\,\frac{m}{s} \quad und \quad v_2 = \frac{100\,m - 70\,m}{8\,s - 5\,s} = \frac{30\,m}{3\,s} = 10\,\frac{m}{s}$$

Aus seinen Meßwerten kann er die Information, daß das Mofa zwischen der 7. und 8. Sekunde ruht, nicht mehr entnehmen.

Wären mehr Meßwerte als in Abb. 1.2.2 bekannt (z.B. für t = 0,5 s; 1,5 s ; ...) dann ließe sich ein noch exakteres t-s-Diagramm erstellen.

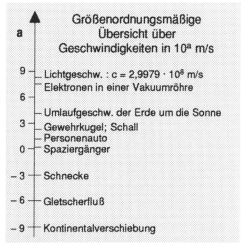

Tab. 1.3.1

1.3.2 Methoden der Geschwindigkeitsbestimmung

Es gibt viele Möglichkeiten, eine Wertetabelle für ein t-s-Diagramm aufzunehmen. Beispielsweise kann man, wie bei dem Mofaversuch, Stoppuhren verwenden. Etwas genauer mißt man mit elektrischen Anordnungen, wie Meßkontakte oder Lichtschranken. Auch Fotoaufnahmen von Bewegungen, die mit einem Stroboskop beleuchtet wurden, können zur Auswertung herangezogen werden.

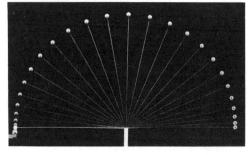

Abb. 1.3.2 Stroboskopaufnahme

18

Eine weitere Möglichkeit bietet ein sogenannter Zeitmarkengeber. Hiermit können Bewegungen auf einer geraden Fahrbahn folgendermaßen aufgezeichnet werden: Ein Fahrzeug (z.B. Motorfahrzeug) bewegt sich auf einer geraden Schiene. Ein Elektromagnet mit Stahlschreibfeder zeichnet alle 0,02 Sekunden (Netzfrequenz 50 Hz) eine Markierung auf einen am Fahrzeug befestigten Meßstreifen (Abb. 1.3.3).

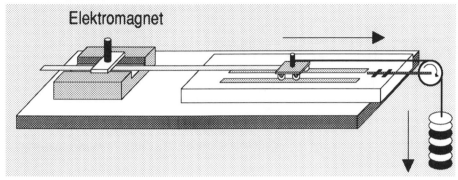

Abb. 1.3.3

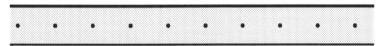

Abb. 1.3.4 Ausschnitt aus einem beschriebenen Meßstreifen

Aus diesem Meßstreifen gewinnt man die entsprechende Wertetabelle. Je zwei Markierungen haben einen zeitlichen Abstand von 0,02 Sekunden. Ausgehend vom ersten Punkt mißt man die Abstände zum 2.,3.,... Punkt.

Die Auswertung des Meßstreifens liefert als Versuchsprotokoll:

t	0,02	0,04	0,06	0,08	0,10	0,12	0,14	0,16	0,18	0,20	in s
s	1	2	3	4	5	6	7	8	9	10	in cm

Damit ergibt sich folgendes t-s-Diagramm:

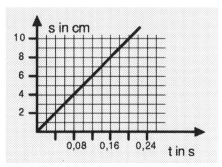

Abb. 1.3.5 t-s-Diagramm

19

1.3.3 Geradlinige, gleichförmige Bewegung

Abb. 1.3.5 weist gegenüber den vorherigen Bewegungen eine Besonderheit auf. Der Graph im t-s-Diagramm ist eine Ursprungsgerade, d.h. s ist direkt proportional zu t ($s \sim t$). Man kann dies auch dem Meßstreifen entnehmen: Alle Punkte sind gleich weit voneinander entfernt.

$$\frac{s}{t} = v = const.$$ (Gl. 1.3.1)

Es liegt also eine Bewegung mit **konstanter Geschwindigkeit** vor.

$$v = \frac{1\,cm}{0,02\,s} = 50\,\frac{cm}{s}$$

Löst man Gl.1.3.1 nach s auf, so erhält man die **eine**, für diese Bewegung **notwendige Koordinatengleichung** $s(t) = v \cdot t$.

Für eine geradlinige Bewegung mit konstanter Geschwindigkeit gilt:

$$s(t) = v \cdot t$$ (Gl. 1.3.2)

Vergleicht man die oben erhaltene Funktion s(t) mit einer Funktion aus der Mathematik, dann entspricht t dem x, s dem f und v ist eine Konstante, z.B. a. Die Funktion lautet also: **f(x) = a · x.** Der Graph dieser Funktion ist eine **Ursprungsgerade mit der Steigung a.** Die Geschwindigkeit v in der Zuordnung $s(t) = v \cdot t$ legt somit die **Steigung** der Geraden im t-s-Diagramm fest.

Beispiel 1.8:
Ein Fahrzeug, welches 2 km von der Ortschaft A entfernt ist, bewegt sich mit konstanter Geschwindigkeit von 36 km/h von A geradlinig weg. Welche Entfernung hat es von der Ortschaft A nach 10 min Fahrzeit?
Lösung:
Aus v = 36 km/h = 10 m/s ⇨ *s = v·t; s = 10 m/s·(10·60 s) = 6000 m = 6 km*
Da das Fahrzeug bereits einen Weg (s_0) von 2 km von A entfernt war, ist es nun
6 km + 2 km = 8 km entfernt.

Aus dem Beispiel erkennt man, daß Gl. 1.3.2 additiv um einen Weg s_0 korrigiert werden muß, sofern der Bewegungsablauf nicht im Koordinatenursprung beginnt.

$$s(t) = v \cdot t + s_0$$ (Gl. 1.3.3)

Der Vergleich mit der Mathematik liefert hier eine Gerade mit der Steigung v und dem Achsenabschnitt s_0.

1.3.4 Aufgaben

1. Aufgabe:
Licht breitet sich mit der konstanten Geschwindigkeit
$c = 3,0 \cdot 10^8$ m/s geradlinig aus.
a) Wie lang braucht das Licht für die Entfernung 1 pc?
b) Wie lang braucht das Licht, um einen Atomkern zu durchqueren ($d = 10^{-15}$ cm)?
c) Wie lang braucht das Licht, um unser Sonnensystem ($d = 1,2 \cdot 10^{13}$ m) zu durchqueren?
d) Welche Zeit benötigt das Licht von der Sonne zur Erde ($r = 1$ AE)?
(3,26 a; $3,3 \cdot 10^{-23}$ s; 11,1 h; 8,3 min)

2. Aufgabe:
Für eine Bewegung wurde die folgende Meßtabelle aufgenommen:

t	0	1	2	3	4	5	in s
s	10	30	50	60	70	75	in m

a) Fertigen Sie ein t-s-Diagramm an.
b) Bestimmen Sie die Geschwindigkeiten in den einzelnen Zeitabschnitten ($\Delta t = 1$ s).
(20 m/s ; 20 m/s ; 10 m/s ; 10 m/s ; 5 m/s)

3. Aufgabe:
Vorgegeben ist nebenstehendes t-s-Diagramm (Abb. 1.3.6):
a) Stellen Sie die zugehörige Wertetabelle der Bewegung auf.
b) Berechnen Sie die Geschwindigkeit der Bewegung im Zeitintervall $\Delta t = 6$ s, sowie die einzelnen Geschwindigkeiten in den Zeitintervallen $\Delta t = 1$ s.
(5,8 m/s; 5 m/s; 15 m/s; 0 m/s; 5 m/s)

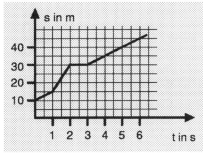

Abb. 1.3.6 t-s-Diagramm

4. Aufgabe:
Skizzieren Sie für die folgenden Bewegungen jeweils ein t-s-Diagramm:
a) für einen im Koordinatenursprung ruhenden Körper.
b) für einen 5 m vom Koordinatenursprung entfernt ruhenden Körper.
c) für einen geradlinig, mit konstanter Geschwindigkeit bewegten Körper (2 Möglichkeiten).

5. Aufgabe:
Mit einem Zeitmarkengeber, der Markierungen im Abstand 0,1 s zeichnet, wurde folgender Meßstreifen aufgenommen:

Abb. 1.3.7

a) Fertigen Sie eine Wertetabelle für die aufgezeichnete Bewegung an.
b) Zeichnen Sie das zugehörige t-s-Diagramm.
c) Berechnen Sie die Geschwindigkeiten für Zeitintervalle von $\Delta t = 0,1$ s und $\Delta t = 1$ s.
d) Welche Geschwindigkeit erhält man, wenn man nur die Werte für den ersten und letzten Punkt vorliegen hat?
(5; 8; 12; 15; 18; 18; 13; 7; 5; 3 cm/s; 10,4 cm/s)

---

6. Aufgabe:
Ein PKW fährt auf einer Autobahn mit der konstanten Geschwindigkeit von 120 km/h geradlinig.
a) Welchen Weg legt er in 20 min zurück?
b) In welcher Zeit schafft er einen Weg von 2,0 km?
(40 km; 60 s)

---

7. Aufgabe:
Ein Fahrzeug bewegt sich mit einer Geschwindigkeit von 40 m/s in Richtung B-Stadt. Es startet dabei in einer Entfernung von 3,0 km von A-Stadt in Richtung B-Stadt.
a) Welche Entfernung von A-Stadt hat es nach 10 min Fahrt?
b) Wie lange braucht es dann, um mit einer Geschwindigkeit von 30 m/s vom Zielpunkt seiner Fahrt in a) nach A-Stadt zurückzukehren?
(27 km; 15 min)

1.3.5 Mittlere und Momentangeschwindigkeit; t-v-Diagramm

Ebenso, wie man die Zuordnung t → s graphisch darstellen kann, läßt sich auch die Zuordnung t → v in einem Diagramm (**t-v-Diagramm**) festhalten. Die Tabelle aus 1.3.1 liefert zum Beispiel das t-v-Diagramm der Abb. 1.3.8.
Es wurde jeweils über eine Sekunde eine Geschwindigkeit berechnet, welche in ihrem Zeitintervall konstant ist. Auf diese Weise erhält man eine abschnittsweise definierte Funktion mit Geradenstücken, die parallel zur t-Achse liegen.

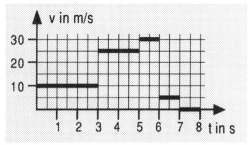

Abb. 1.3.8 t-v-Diagramm zu 1.3.1

Ein Fahrzeug, das sich mit der konstanten Geschwindigkeit 50 m/s bewegt, liefert folgendes t-v-Diagramm:
Im t-s-Diagramm findet man ein Maß für die Größe Geschwindigkeit in der Steigung der Geraden. Genauso kann man im t-v-Diagramm ein Maß für den Weg finden: die Gleichung s = v · t (bei dieser Bewegung!) beschreibt die Fläche des Rechtecks mit den Seitenlängen v und t (Abb. 1.3.9).

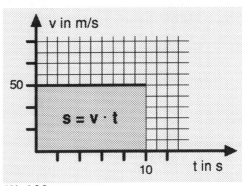

Abb. 1.3.9

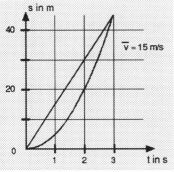

Abb. 1.3.10

Eine Bewegung (Abb. 1.3.10, Parabelteil) mit nicht konstanter Geschwindigkeit könnte man z. B. durch die Gleichung

$$s(t) = 5\frac{m}{s^2} \cdot t^2$$

beschreiben. Dabei muß man die Einheit in der Gleichung so wählen, daß sich für s(t) eine Längeneinheit ergibt.

Der Graph ist keine Gerade, s und t sind nicht proportional zueinander.
Um die Geschwindigkeit bestimmen zu können, greift man auf ihre Definiton (v = Δs / Δt) zurück:
Wählt man als erstes Zeitintervall die gesamten drei Sekunden, so berechnet sich $\overline{v}$ zu:

$$\overline{v} = \frac{s(3s) - s(0s)}{3s - 0s} = \frac{45\,m - 0\,m}{3s - 0s} = \frac{45\,m}{3\,s} = 15\frac{m}{s}$$

Man hat so eine **mittlere Geschwindigkeit** im Zeitintervall von 0 s bis 3 s berechnet (v_{mittel}; $\overline{v}$). Die Steigung der Geraden (Sekante) durch die beiden Punkte (0/0) und (3/45) ist ein Maß für die berechnete mittlere Geschwindigkeit.
Betrachtet man nur die Zeit zwischen 1. und 3. Sekunde, so bekommt man $\overline{v}$ zu:

$$\overline{v} = \frac{45\,m - 5\,m}{3s - 1s} = 20\frac{m}{s}$$

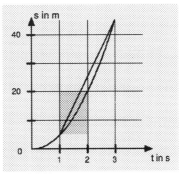

Abb. 1.3.11

Der Ausschnitt von 1 s bis 2 s ist vergrößert in Abb. 1.3.12 dargestellt:

$$\overline{v} = \frac{20\,m - 5\,m}{2\,s - 1\,s} = 15\,\frac{m}{s}$$

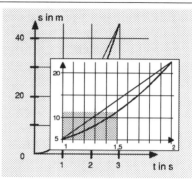

Abb. 1.3.12

Weitere Vergrößerungen zeigen Abb. 1.3.13 und 1.3.14:

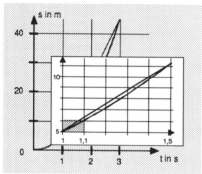

Abb. 1.3.13

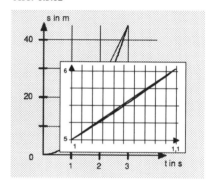

Abb. 1.3.14

$$\overline{v} = \frac{11,25\,m - 5\,m}{1,5\,s - 1\,s} = 12,5\,\frac{m}{s}$$

$$\overline{v} = \frac{6,055\,m - 5m}{1,1\,s - 1\,s} = 10,5\,\frac{m}{s}$$

In jedem der einzelnen Diagramme ist die Steigung der entsprechenden Sekante ein Maß für die Geschwindigkeit. Mit zunehmender Vergrößerung des Ausschnittes kann man folgendes beobachten:

1. das vorhandene Graphenstück wird jeweils immer mehr durch eine Gerade genähert,
2. das betrachtete Zeitintervall wird zunehmend kleiner,
3. die Sekante schmiegt sich weiter an den Graphen an (und wird schließlich zur Tangente),
4. der Wert der Geschwindigkeit nähert sich einem festen Wert (Grenzwert).

Will man die Geschwindigkeit zum Zeitpunkt 1 s berechnen, so muß man das Zeitintervall so lange weiter verkleinern, bis es im "Grenzübergang" schließlich 0 s wird:

Für $\Delta t = 0,01$ s   (1 s bis 1,01 s) ⇨ $v = 10,05\,\frac{m}{s}$

Für $\Delta t = 0,001$ s (1 s bis 1,001 s)⇨ $v = 10,005\,\frac{m}{s}$ usw.

$v(1s) = \lim\limits_{\Delta t \to 0} \frac{\Delta s}{\Delta t}$;   dabei steht "lim" für "limes" (Grenzwert) und bedeutet, daß das Zeitintervall Δt gegen 0 gehen soll. Das Ergebnis der Berechnung heißt **Momentangeschwindigkeit** zum Zeitpunkt 1 s. Ein Maß für die Geschwindigkeit liefert nach obiger Überlegung die Steigung der Tangente zum Zeitpunkt 1 s.

Genaugenommen muß man diesen Grenzwert t → 1 s für t > 1 s und t < 1 s berechnen. Die beiden Ergebnisse müssen übereinstimmen, damit per mathematischer Definition der Grenzwert **existiert**.

Eine exakte Methode zur Berechnung des Grenzwertes liefert die Differentialrechnung, welche von Isaac Newton und Gottfried Wilhelm Leibniz etwa gleichzeitig (1672 und 1684) entwickelt wurde. Symbolisch schreibt man :

$$v(t) = \lim_{\Delta t \to 0} \frac{\Delta s}{\Delta t} = \frac{ds}{dt} = \dot{s}(t)$$

Teilt man die Bewegung aus dem Beispiel in Zeitabschnitte der Länge 0,5 s ein, kann man mit Hilfe der nächsten Tabelle ein t-v-Diagramm der auf diesen Zeitintervallen (konstanten) mittleren Geschwindigkeiten zeichnen.

t_2	t_1	s_2	s_1	v_{mittel}
0,5	0	1,25	0	2,5
1,0	0,5	5	1,25	7,5
1,5	1,0	11,25	5	12,5
2,0	1,5	20	11,25	17,5
2,5	2,0	31,25	20	22,5
3,0	2,5	45	31,25	27,5
s	s	m	m	m/s

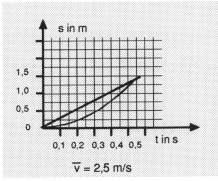

$\overline{v} = 2,5$ m/s

Abb. 1.3.15a

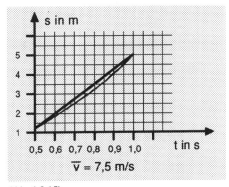

$\overline{v} = 7,5$ m/s

Abb. 1.3.15b

25

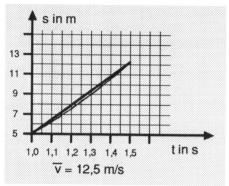

$\overline{v} = 12,5$ m/s

Abb. 1.3.15c

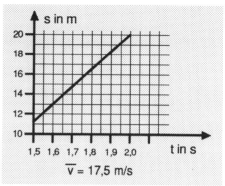

$\overline{v} = 17,5$ m/s

Abb. 1.3.15d

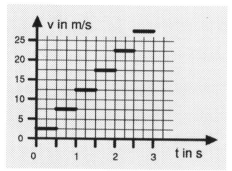

Abb. 1.3.16

Abb. 1.3.16 zeigt eine **Treppenfunktion**. Verkleinert man die Zeitintervalle weiter (z.B.: $\Delta t = 0,1$ s; $\Delta t = 0,01$ s; usw.), dann werden die einzelnen "Stufen" immer kleiner. Für den Grenzübergang Δt gegen 0 stellt sich ein durchgehender Graph ein, welcher die Momentangeschwindigkeiten der Bewegung beschreibt (Abb. 1.3.17).

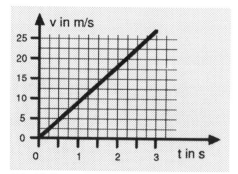

Abb. 1.3.17

Das t-v-Diagramm 1.3.17 zeigt eine Ursprungsgerade, d.h. hier gilt: v ist direkt proportional zu t oder $v(t) = \text{const} \cdot t$.

Eine mathematische Ableitung zeigt:

$$\lim_{t_1 \to t_2} \frac{s(t_2) - s(t_1)}{t_2 - t_1} = \lim_{t_1 \to t_2} \frac{5\,m/s^2 \cdot t_2^2 - 5\,m/s^2 \cdot t_1^2}{t_2 - t_1} =$$

$$\lim_{t_1 \to t_2} \frac{5\,m/s^2 \cdot (t_2 - t_1) \cdot (t_2 + t_1)}{t_2 - t_1} = \lim_{t_1 \to t_2} 5\frac{m}{s^2} \cdot (t_2 + t_1) = 10\frac{m}{s^2} \cdot t_2$$

26

Erfolgt die Bewegung nicht entlang einer Geraden, so benötigt man, wie in 1.1.1 bzw. 1.2 festgestellt, zur Beschreibung des Bewegungsvorganges bis zu drei Koordinatenfunktionen x(t),y(t) und z(t). Deswegen werden sich im allgemeinen auch drei Geschwindigkeitskomponenten ergeben:

$$v_x(t) = \dot{x}(t), \quad v_y(t) = \dot{y}(t) \quad und \quad v_z(t) = \dot{z}(t)$$

Die Geschwindigkeit ist daher immer eine vektorielle Größe (ebenso wie der Weg s). Bei geradlinigen Bewegungen kommen wir mit einer der drei Komponenten (z.B. $v_x = v$) aus.

Beispiel 1.9:
Ein Fahrzeug startet in der Ortschaft A. Mit gleichbleibender Geschwindigkeit fährt es in 10 min zu einer Tankstelle in 10 km Entfernung. Das Tanken dauert 15 min. Danach fährt es in 6 min mit einer anderen, gleichbleibenden Geschwindigkeit zurück.
a) Zeichnen Sie ein t-s-Diagramm.
b) Zeichnen Sie ein t-v-Diagramm.

Lösung:

$$v_1 = \frac{10\,km - 0\,km}{10\,min - 0\,min} = 60\,\frac{km}{h} \qquad v_2 = \frac{10\,km - 10\,km}{25\,min - 10\,min} = 0\,\frac{km}{h}$$

$$v_3 = \frac{0\,km - 10\,km}{6\,min} = -100\,\frac{km}{h}$$

Da das Fahrzeug die letzten 6 Minuten wieder zurückfährt, ergibt sich die entsprechende Geschwindigkeit negativ (Gegenvektor zur Ausgangsgeschwindigkeit).

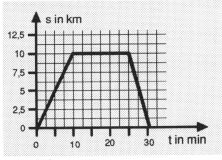

Abb. 1.3.18

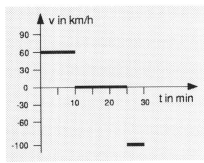

Abb. 1.3.19

1.3.6 Aufgaben

1. Aufgabe:
Vorgegeben ist eine Meßtabelle von t- und s-Werten:

t	0	1	2	3	4	5	6	in s
s	5	10	15	30	60	60	80	in m

a) Zeichnen Sie ein t-s-Diagramm.
b) Berechnen Sie die mittlere Geschwindigkeit im gesamten Bewegungszeitraum.
c) Berechnen Sie die mittleren Geschwindigkeiten für $\Delta t = 2$ s.
d) Berechnen Sie die mittleren Geschwindigkeiten für $\Delta t = 1$ s.
e) Fertigen Sie für die Aufgaben b)-d) jeweils ein t-v- Diagramm an!

(12,5 m/s; 5; 22,5; 10 m/s; 5; 5; 15; 30; 0; 20 m/s)

2. Aufgabe:
Für eine Bewegung gilt: $s(t) = 3$ m/s $\cdot$ t + 2 m
a) Zeichnen Sie ein t-s- und ein t-v-Diagramm der Bewegung für 0 s $\leq$ t $\leq$ 5 s.
b) Markieren Sie im t-v-Diagramm den Weg, welchen das Fahrzeug von der 3. bis zur 5. Sekunde zurücklegt.
c) Berechnen Sie den in b) markierten Weg:
   i) mit Hilfe der Koordinatengleichung
   ii) mit Hilfe der Aufgabe b) graphisch.
(6 m; vergleiche Abb. 1.3.9)

3. Aufgabe:
Zeichnen Sie zu den beiden t-v-Diagrammen (Abb. 1.3.20 und 1.3.21) die dazugehörigen t-s-Diagramme.

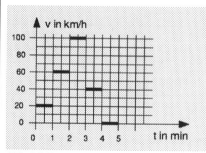

Abb. 1.3.20

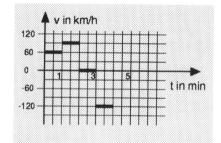

Abb 1.3.21

4. Aufgabe:
Ein Eilzug fährt von A-Stadt um 9.10 ab. Um 11.00 erreicht er die 420 km entfernte B-Stadt. Nach einen Aufenthalt von 10 min fährt der Zug in 2 Stunden und 10 min wieder nach A-Stadt zurück.
a) Zeichnen Sie ein t-s-Diagramm und ein t-v-Diagramm der Bewegung des Zuges.
b) Berechnen Sie die mittleren Geschwindigkeiten des Zuges während der drei Bewegungsvorgänge. Interpretieren Sie Ihr Ergebnis.
(63,6 m/s; 0 m/s; 53,8 m/s)

5. Aufgabe:
Für die folgenden Bewegungen sind jeweils ein t-s- und ein t-v-Diagramm zu zeichnen:
a) $s(t) = 10 \text{ m/s}^2 \cdot t^2$
b) $s(t) = 4 \text{ m/s}^2 \cdot t^2 + 3 \text{ m}$
c) $s(t) = -5 \text{ m/s}^2 \cdot t^2$
Die Einheiten sind jeweils sinnvoll selbst zu wählen.
Zeichnen Sie in die t-v-Diagramme jeweils die zurückgelegten Wege in der Zeit von 1 s bis 2 s ein.
Welche Bedeutung hat die Angabe "3 m" in Aufgabe b)?

1.4   Die physikalische Größe "Beschleunigung"

1.4.1 Definition der Beschleunigung

Die Änderung der Momentangeschwindigkeit mit der Zeit (z. B. Abb. 1.3.17) nennt man **Beschleunigung**. Die Größe Beschleunigung legt also fest, in welchem Zeitraum eine bestimmte Geschwindigkeitsänderung erreicht werden kann. Man definiert deshalb die Beschleunigung a[*] als:

$$a = \frac{\text{Geschwindigkeitsänderung}}{\text{benötigte Zeit}} = \frac{\Delta v}{\Delta t} \qquad \text{(Gl. 1.4.1)}$$

Als Einheit der (**abgeleiteten** Größe) Beschleunigung erhält man damit m/s[2].

$$[a] = 1 \frac{m}{s^2}$$

---

[*] accelerare (lat.) = beschleunigen

Wie bei der Geschwindigkeit, unterscheidet man zwischen einer mittleren Beschleunigung (a_{mittel}; $\overline{a}$) und der Momentanbeschleunigung ($a_{momentan} = a(t)$):

$$\overline{a} = \frac{\Delta v}{\Delta t} \quad \text{und} \quad a(t) = \lim_{\Delta t \to 0} \frac{\Delta v}{\Delta t}$$

Beispiel 1.10:
Für die in der Abb. 1.3.17 dargestellten Bewegung erhält man für die Beschleunigung:

$$a = \frac{30\,\frac{m}{s} - 0\,\frac{m}{s}}{3\,s - 0\,s} = 10\,\frac{m}{s^2}$$

Beispiel 1.11:
Ein Fahrzeug beschleunigt aus dem Stand in 11 s auf 100 km/h. Berechnen Sie seine mittlere Beschleunigung.

$$\overline{a} = \frac{\Delta v}{\Delta t} = \frac{100\,\frac{km}{h}}{11\,s} = \frac{27,8\,\frac{m}{s}}{11\,s} = 2,5\,\frac{m}{s^2}$$

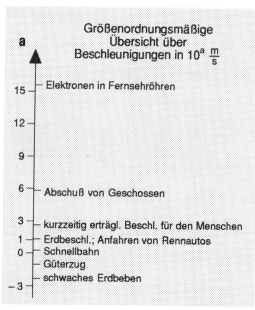

Tab. 1.4.1

1.4.2 Diagramme

Auch die Beschleunigung läßt sich graphisch in einem t-a-Diagramm darstellen. Abb. 1.4.1 zeigt das t-a-Diagramm für die gleichbleibende Beschleunigung der Bewegung aus Abb.1.3.17 .

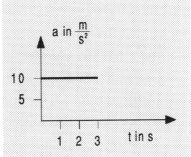

Abb. 1.4.1

Beispiel 1.12:
Aus der folgenden Wertetabelle ist ein t-s-, ein t-v- und ein t-a-Diagramm zu erstellen. Für das t-v- und t-a-Diagramm ist mit "mittleren" Ergebnissen zu arbeiten ($\Delta t = 0,5$ s).

t	0,00	0,50	1,00	1,50	2,00	2,50	3,00	3,50	4,00	4,50	5,00	s
s	0,00	0,27	0,67	1,31	2,33	3,85	6,00	8,90	12,67	17,44	23,33	m
v		0,54	0,79	1,28	2,04	3,04	4,30	5,80	7,54	9,54	11,78	m/s
a			0,50	0,98	1,52	2,00	2,52	3,00	3,45	4,00	4,48	m/s²

Aus den Werten von t und s berechnet man die jeweilige Geschwindigkeit für ein Zeitintervall von 0,5 s, z.B.:

$$\overline{v} = \frac{1,31\,m - 0,67\,m}{1,50\,s - 1,00\,s} = \frac{0,64\,m}{0,50\,m} = 1,28\,\frac{m}{s} \quad (vgl.\,Tabelle)$$

$$\overline{a} = \frac{5,80\,\frac{m}{s} - 4,30\,\frac{m}{s}}{3,25\,s - 2,75\,s} = \frac{1,5\,\frac{m}{s}}{0,50\,s} = 3,00\,\frac{m}{s^2}$$

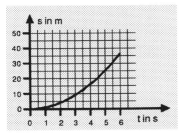

Abb. 1.4.2

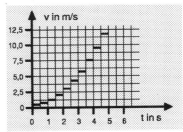

Abb. 1.4.3

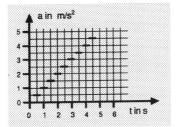

Abb. 1.4.4

Bei weiterer Verkleinerung der Zeitintervalle erhält man folgende Diagramme:

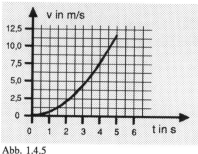

Abb. 1.4.5

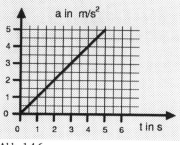

Abb. 1.4.6

Ebenso wie die Geschwindigkeit ist die physikalische Größe Beschleunigung ein Vektor mit bis zu drei Komponenten a_x, a_y und a_z. Eine Beschleunigung mit **negativem Vorzeichen** hat für die Bewegung die Bedeutung einer **"Bremsung"** oder Verzögerung.

Beispiel 1.13:

Ein Fahrzeug bewegt sich mit 100 km/h. Zum Zeitpunkt 1 s beginnt es zu bremsen und hat nach weiteren 10 s noch die Geschwindigkeit 50 km/h.
a) Zeichne ein t-v- und ein t-a-Diagramm.

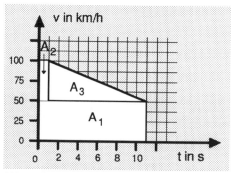

Abb. 1.4.7

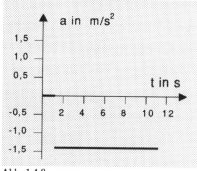

Abb. 1.4.8

$$a = \frac{\Delta v}{\Delta t} = \frac{50\,\frac{km}{h} - 100\,\frac{km}{h}}{10\,s} = \frac{-50\,\frac{km}{h}}{10\,s} = -1{,}4\,\frac{m}{s^2}$$

b) Welchen Weg legt das Fahrzeug in 11 s zurück?
$$s = 50\,km/h \cdot 11\,s + 50\,km/h \cdot 1\,s + 0{,}5 \cdot 50\,km/h \cdot 10\,s = 236\,m$$
$$= \quad A_1 \quad + \quad A_2 \quad + \quad A_3$$
(Vergleiche Abb. 1.4.7)

32

1.4.3 Bewegung mit konstanter Beschleunigung

Die Definition der mittleren Beschleunigung lautet :

$$a = \frac{\Delta v}{\Delta t}$$ (Gl. 1.4.1)

Für eine Bewegung, bei der v direkt proportional zu t ist, ist die Beschleunigung konstant. Das t-v-Diagramm stellt eine Ursprungsgerade dar (Abb. 1.4.9).

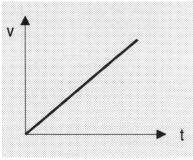

Abb. 1.4.9
Bewegung mit konstanter Beschleunigung

Für diesen Fall gilt: $a = \frac{v}{t}$ bzw:

$$v(t) = a \cdot t$$ (Gl. 1.4.2)

Liegt bereits bei Einsetzen der konstanten Beschleunigung eine Geschwindigkeit v_0 vor, so muß Gl. 1.4.2 noch um v_0 ergänzt werden:

$$v(t) = a \cdot t + v_0$$ (Gl. 1.4.3)

Zur Berechnung der Momentanbeschleunigung verwendet man den gleichen mathematischen Weg, wie bei der Ermittlung der Momentangeschwindigkeit:

Im Ausdruck $a = \frac{\Delta v}{\Delta t}$ läßt man Δt gegen 0 gehen:

$$\overline{a} = \lim_{\Delta t \to 0} \frac{\Delta v}{\Delta t} = \frac{dv}{dt} = \dot{v}(t)$$ (Gl. 1.4.4)

Die symbolische Schreibweise mit dem Punkt über dem Buchstaben (siehe auch S. 25) wird in der Physik stets dann verwendet, wenn der Zeitunterschied (also Δt), der zwischen zwei Messungen liegt, unendlich klein wird.

Für interessierte Schüler sei gesagt, daß der Ausdruck in Gl. 1.4.4 die "Ableitung der Größe v nach der Zeit" darstellt. Der mathematische Hintergrund wird im Laufe der nächsten Monate im Mathematikunterricht erarbeitet. Somit muß der Hinweis genügen, daß es möglich ist, den Zusammenhang zwischen Weg, Geschwindigkeit und Beschleunigung mit Hilfe der Differentialrechnung in Kurzform wie folgt zu schreiben:

$$a(t) = \dot{v}(t) = \ddot{s}(t) \quad \text{und} \quad v(t) = \dot{s}(t)$$

1.4.4 Aufgaben

1. Aufgabe:
Rechnen Sie die Beschleunigungseinheiten km/h^2; m/h^2; km/s^2 und
AE/a^2 in m/s^2 um.
$(7,7 \cdot 10^{-5}\,m/s^2$; $7,7 \cdot 10^{-8}\,m/s^2$; $1000\,m/s^2$; $1,5 \cdot 10^{-4}\,m/s^2)$

2. Aufgabe:
Ein Fahrzeug wird aus dem Stand in 10 s auf 120 km/h beschleunigt.
a) Berechnen Sie seine Beschleunigung.
b) Fertigen Sie ein t-v- und ein t-a-Diagramm des Bewegungsablaufes an.
c) Markieren Sie im t-v-Diagramm den vom Fahrzeug in 10 s zurückgelegten Weg.
d) Wie ändert sich der Wert von a), wenn man das Fahrzeug von einer Geschwindigkeit
   von 30 km/h in 10 s auf 120 km/h beschleunigt?
e) Zeichnen Sie für d) die entsprechenden Diagramme.
$(3,3\ m/s^2; 2,5\ m/s^2)$

3. Aufgabe:
Ein Auto fährt aus dem Stand mit einer konstanten Beschleunigung von $2,5\ m/s^2$ an.
a) Nach welcher Zeit beträgt die Geschwindigkeit 10 m/s (100 km/h)?
b) Bei einer Geschwindigkeit von 35 m/s wird das Auto durch eine Vollbremsung
   $(-8\ m/s^2)$ angehalten. Berechnen Sie die Bremszeit.
$(4,0\ s; 11,1\ s; 4,4\ s)$

4. Aufgabe:
Gegeben ist ein t-v-Diagramm (Abb. 1.4.10 und 1.4.11) einer geradlinigen Bewegung.
Zeichnen Sie das zugehörige t-a-Diagramm.
(Hinweis: Abb 1.4.11 - Wählen Sie Zeitintervalle von 1 s und berechnen Sie jeweils die
mittlere Beschleunigung)

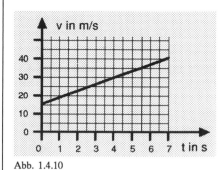

Abb. 1.4.10   Abb. 1.4.11

5. Aufgabe:
Ein Körper wird aus der Ruhe mit der konstanten Beschleunigung von 9,8 m/s² in Bewegung gesetzt. Wie lange dauert es, bis er eine Geschwindigkeit von 340 m/s ($3{,}0 \cdot 10^8$ m/s) erreicht?
(35 s; 354 d)

6. Aufgabe:
Zeigen Sie in einem t-v-Diagramm ($v_0 = 0$ m/s) den Unterschied zwischen Durchschnitts- und Momentangeschwindigkeit bei einer konstant beschleunigten Bewegung.

7. Aufgabe:
Vorgegeben ist ein t-v-Diagramm:

a) Erläutern Sie den Bewegungsvorgang, der durch das Diagramm dargestellt ist.
b) Wie groß sind die auftretenden Beschleunigungen?
c) Zeichnen Sie ein zugehöriges t-a-Diagramm.
(0,25 m/s²; 0,17 m/s²)

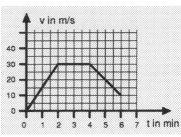

Abb. 1.4.12

8. Aufgabe:
Zeichnen Sie mit Hilfe der folgenden Wertetabelle für s und t einer Bewegung ein t-v-Diagramm und ein t-a-Diagramm (mittlere Werte, $\Delta t = 0{,}5$ s).

s	0,00	0,17	0,83	2,25	4,67	8,33	13,50	20,40	m
t	0,00	0,50	1,00	1,50	2,00	2,50	3,00	3,50	s

1.5 Untersuchung der gleichmäßig beschleunigten Bewegung auf einer Luftkissenfahrbahn

Besonders geeignet zur Untersuchung von Bewegungsabläufen ist die Luftkissenfahrbahn. Die Fahrzeuge (Gleiter) bewegen sich praktisch reibungsfrei auf einem Luftpolster.
Die Aufnahme der einzelnen Diagramme (t-s-, t-v- und t-a-) kann wie bisher mit Hilfe von Lichtschranken erfolgen. Benötigt man die Werte (z.B. die Beschleunigung) für weitere Auswertungen, bietet sich die Verwendung eines Bewegungsmeßwandlers an.

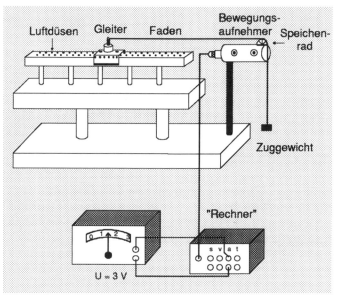

Abb. 1.5.1

Der sog. Bewegungsaufnehmer ist rechts an der Fahrbahn angebracht. In ihm befindet sich ein leichtes, spitzengelagertes Speichenrad. Der mit dem Gleiter verbundene dünne Faden läuft über dieses Rad und setzt es in Bewegung. Das Speichenrad unterbricht periodisch die Lichtstrahlen zweier im Bewegungsaufnehmer befindlichen Lichtschranken. Dabei ist die Zahl der Unterbrechungen proportional zum zurückgelegten Weg des Gleiters. Diese Information wird dem "Rechner" des Bewegungsmeßwandlers zugeführt. Von ihm kann man über einen s-Ausgang den Weg in verschiedenen Anzeigegeräten erfassen, über den v- bzw. a-Ausgang die Geschwindigkeit bzw. die Beschleunigung. Dabei ist die Geschwindigkeit zur Anzahl der Unterbrechungen pro Zeiteinheit proportional. Die Beschleunigung errechnet der Bewegungsmeßwandler so, wie in Kapitel 1.4 beschrieben.
Als Anzeigegerät kommt ein normales Spannungsmeßgerät (Meßbereich: 100 mV bis 3 V) in Frage. Dabei entspricht die Anzeige 1 V der Weglänge 1 m. Der maximal meßbare Weg beträgt ca. 4 m. Beim Geschwindigkeitsausgang steht für 1 V die Geschwindigkeit 1 m/s, bei der Beschleunigung für 1 m/s².
Weitere Anzeigegeräte sind x-y-Schreiber, mit denen die entsprechenden Bewegungsdiagramme direkt dargestellt werden können. Ebenso kann man die Signale des Bewegungsmeßwandlers über einen Computer auswerten lassen.

1.6 Zusammenfassung

Die Bahn einer Bewegung setzt sich aus den Koordinatenfunktionen $x(t)$, $y(t)$ und $z(t)$ zusammen. Der Weg $\vec{s}(t) = (x(t), y(t), z(t))$, die Geschwindigkeit $\vec{v}(t) = (v_x(t), v_y(t), v_z(t))$ und die Beschleunigung $\vec{a}(t) = (a_x(t), a_y(t), a_z(t))$ sind vektorielle Größen.

Für geradlinige Bewegungen genügt zur Beschreibung des Bewegungsablaufes eine Koordinatenachse x.
Eine geradlinige Bewegung mit konstanter Geschwindigkeit wird durch folgende Koordinatenfunktion beschrieben:

$$s(t) = (x(t){=}) \, v \cdot t + s_0$$

Zusammenfassung der bislang behandelten t-s-, t-v- und t-a-Diagramme:

1. Das Fahrzeug ruht (Abb. 1.6.1):

a) im Koordinatenursprung

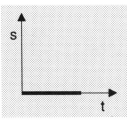

Abb. 1.6.1a

b) am Ort s_0

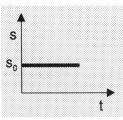

Abb. 1.6.1b

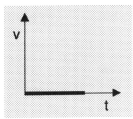

Abb. 1.6.1c

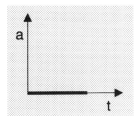

Abb. 1.6.1d

2. Das Fahrzeug bewegt sich mit konstanter Geschwindigkeit v_0 (Abb. 1.6.2):

a) $s(0 \text{ s}) = 0 \text{ m}$

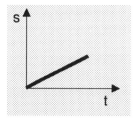

Abb. 1.6.2a

b) $s(0 \text{ s}) = s_0$

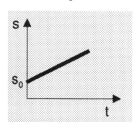

Abb. 1.6.2b

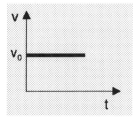

Abb. 1.6.2c

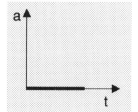

Abb. 1.6.2d

3. Das Fahrzeug bewegt sich mit konstanter Beschleunigung a_0 (Abb. 1.6.3):

t-s-Diagramm
zur Zeit noch unbekannt

a) $v(0 \text{ s}) = 0 \text{ m/s}$

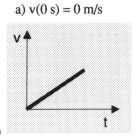

Abb. 1.6.3a

b) $v(0 \text{ s}) = v_0 \text{ m/s}$

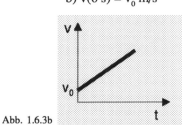

Abb. 1.6.3b

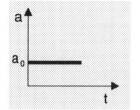

Abb. 1.6.3c

Kapitel 2

PHILOSOPHIÆ
NATURALIS
PRINCIPIA
MATHEMATICA.

AUCTORE
ISAACO NEWTONO,
EQVITE AVRATO.
EDITIO ULTIMA
AUCTIOR ET EMENDATIOR.

AMSTÆLODAMI
SUMPTIBUS SOCIETATIS,
MDCCXIV.

Titelblatt aus der "Philosophia naturalis principia Mathematica" von Isaac Newton, Amsterdam, 1714

Überblick:

Nachdem das erste Kapitel der Frage "Wie bewegen sich Körper?" nachgegangen ist, sollen im folgenden Ursachen von Bewegungen untersucht werden. Die wesentlichen Grundlagen für die Bewegursachen hat Isaac Newton in seinen "Mathematischen Prinzipien" dargelegt. Den drei grundlegenden Gesetzen von Newton folgen verschiedene Anwendungen der Gesetze, wie Bewegungen auf einer schiefen Ebene, das Fallgesetz und die harmonische Schwingung.

Zeittafel:

Straton aus Lampsakos (340 - 270 v. Chr.)
Er erkannte, daß fallende Körper verschiedene Endgeschwindigkeiten haben. Entgegen der Ansicht von Aristoteles vertrat er die Meinung, daß es ein Vakuum geben könne.

Nicolas D'Oresme (ca. 1320 - 1382)
Er erläuterte in dem Werk "Motus uniformiter difformis" die gleichförmig beschleunigte Bewegung korrekt mit dem mathematischen Term $s = \frac{1}{2} a t^2$. Die reale Existenz einer solchen Bewegung war ihm allerdings nicht bekannt.

Robert Hooke (1635 - 1703)
Robert Hooke wurde durch das von ihm aufgestellte Hookesche Gesetz zur Dehnung von Körpern bekannt.

Galileo Galilei (1564 - 1642)
Galilei schuf die Grundlagen für den von Newton endgültig formulierten Trägheitssatz. Systematische Untersuchungen der Fallbewegung führen zur Verwendung der richtigen Bewegungsgleichungen.

Isaac Newton (1643 - 1727)
Newton stellte in seinem Werk "Principia Mathematica" (vgl. Titelbild des Kapitels) die drei grundlegenden Gesetze der Bewegungslehre auf. Eine Form der Differential- und Integralrechnung erfand er mit der *"Fluxionsrechnung"*.

Gottfried Wilhelm Leibniz (1646 - 1716)
Begründer der Differential- und Integralrechnung.

Edmund Halley (1656 - 1742)
Zeitgenosse von Newton und Leibniz; Entdecker des Halleyschen Kometen.

Georg Atwood (1745 - 1807)
Erfinder einer "Fallmaschine" zur Reproduktion kleinerer Fallgeschwindigkeiten.

2.1 Der Trägheitssatz

2.1.1 Einführende Versuche

1. Ein Wagen rollt reibungsfrei eine schiefe Ebene herunter (Abb.2.1.1). Man kann beobachten, wie der Wagen schneller wird, d.h. seine Geschwindigkeit nimmt zu.
Bewegt sich der gleiche Wagen, mit einer bestimmten Anfangsgeschwindigkeit die gleiche schiefe Ebene hinauf, so nimmt seine Geschwindigkeit ab (Abb.2.1.2).

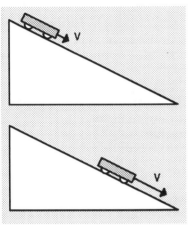

Abb. 2.1.1

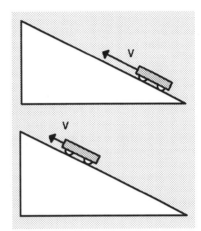

Abb. 2.1.2

Wie müßte sich nun der Wagen, welcher sich wiederum mit einer vorgegebenen Geschwindigkeit bewegt, auf einer Ebene verhalten, die weder steigt noch fällt (Abb.2.1.3)?

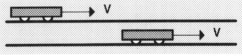

Abb. 2.1.3

Als Grenzfall der beiden vorangegangenen Beobachtungen sollte sich der Wagen mit der ihm vorgegebenen Anfangsgeschwindigkeit weiterbewegen. Im Experiment kann man dies zumindest über eine Distanz von einigen Metern nachweisen.

2. Betrachten wir einen Körper (z.B. Holzklotz), der auf irgendeine Weise auf eine bestimmte Geschwindigkeit v_0 gebracht wurde. Im ersten Fall bewegt er sich auf einer Holzunterlage (Abb.2.1.4).
Man beobachtet, wie der Körper sehr schnell abgebremst wird und zum Stehen kommt. Verwendet man als Unterlage dagegen eine Eisfläche, so bewegt sich der Holzklotz wesentlich weiter (Abb.2.1.5).

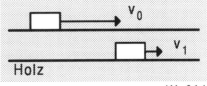

Abb. 2.1.4

41

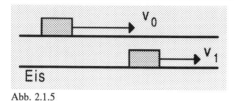

Abb. 2.1.5

Er verringert seine Geschwindigkeit merklich langsamer. Von der Mittelstufe her weiß man, daß die Verzögerung durch die entstehende Reibung zwischen Holzklotz und Unterlage zustande kommt. Stellt man sich nun eine reibungsfreie Unterlage vor, so wird der Körper nicht langsamer, sondern behält seine Geschwindigkeit genauso bei, wie der Dynamikwagen aus Versuch 1 auf der ebenen Unterlage.

3. Ein Gleiter auf einer geraden Luftkissenfahrbahn bewegt sich über die gesamte Länge der Fahrbahn durchgehend mit konstanter Geschwindigkeit.

Man kann die drei Versuche kurz wie folgt zusammenfassen:

> **Ein Körper behält seine Geschwindigkeit bei, wenn keine Ursache für eine Bewegungsänderung vorhanden ist.**

(Trägheitssatz von Galileo Galilei)

Damit muß man die eingangs gestellte Frage nach Bewegursachen grundlegend modifizieren. Es muß nicht nach einer **Bewegursache** geforscht werden, sondern nach **Ursachen von Bewegungsänderungen.** Insofern hat Galileo Galilei mit seinem Trägheitssatz eine grundlegende Änderung im Verständnis für Bewegungen eingeleitet. Der Ruhezustand ist nunmehr ein Spezialfall einer Bewegung mit der konstanten Geschwindigkeit (0 m/s) und keine Besonderheit mehr, wie bei Aristoteles.

Forscht man weiter nach den Ursachen einer Bewegungsänderung, so kann man anhand der drei Versuchsbeispiele sofort erkennen, daß die Kraft eine entscheidende Rolle spielt: Im Versuchsbeispiel 1 dürfte die Hangabtriebskraft für das Schnellerwerden des Wagens zuständig sein; im Beispiel 2 die Reibungskraft für die Verzögerung.

2.1.2 Die physikalische Größe "Kraft"

In der Mittelstufe wurde die Kraft als vektorielle Basisgröße eingeführt. Erkennbar waren Kräfte auf Grund ihrer Auswirkungen, z.B. Verformung einer Feder oder Beschleunigung eines Fahrzeuges.
Zum Vergleichen von Kräften bediente man sich des statischen Kräftevergleiches: Eine größere Kraft dehnt eine elastische Schraubenfeder weiter aus, als eine kleinere Kraft.

Die Einheit der Größe Kraft wurde zu Ehren von Isaac Newton ein Newton (N) genannt:

$$\boxed{[F] = 1 \text{ N}}$$

Die wichtigsten Zusammenhänge waren:

1. **Das Hookesche Gesetz: F = D · s**
   wobei D die Federhärte in N/m und s die durch die Kraft hervorgerufene Verlängerung der Feder in m darstellt.

2. **Der Zusammenhang zwischen Gewichtskraft und Masse: G = m · g**
   G: Gewichtskraft in N, m: Masse eines Körpers in kg, g: Ortsfaktor in N/kg.

Die zweite Gleichung läßt deutlich erkennen, daß eine der beiden Größen, Masse oder Kraft, keine Basisgröße sein kann.

2.1.3 Die physikalische Größe "Masse"

Die Masse m* wurde ebenfalls in der Mittelstufe als Basisgröße wie folgt definiert:

1. Zwei Körper haben die gleiche Masse, wenn auf sie am selben Ort die gleichen Gewichtskräfte ausgeübt werden (Massengleichheit).
2. Ein Körper hat die n-fache Masse eines anderen, wenn seine Gewichtskraft am selben Ort gleich der n-fachen Gewichtskraft des anderen Körpers ist (Massenvielfachheit).
3. Die Einheit der Masse ist das Kilogramm. Ein Kilogramm ist die Masse des internationalen Kilogrammprototyps. Der Kilogrammprototyp ist ein zylindrischer Körper aus Platin-Iridium, der in Sèvres bei Paris aufbewahrt wird.

$$
\begin{aligned}
1 \ \mu\text{g} &= 10^{-6} \text{ g} = 10^{-9}\text{kg} && \text{(Mikrogramm)}\\
1 \ \text{mg} &= 10^{-3} \text{ g} = 10^{-6}\text{kg} && \text{(Milligramm)}\\
1 \ \text{g} &= 10^{-3} \text{ kg} && \text{(Gramm)}\\
1 \ \text{t} &= 10^{3} \text{ kg} && \text{(Tonne)}\\
1 \ \text{u} &= 1{,}6603 \cdot 10^{-27} \text{ kg} && \text{(atomare Massenein-}\\
& && \text{heit)}
\end{aligned}
$$

Tab. 2.1.1: Einheiten der Masse

$$1\frac{\text{kg}}{\text{dm}^3} = 1\frac{\text{g}}{\text{cm}^3}$$

$$= 1\frac{\text{t}}{\text{m}^3}$$

$$= 1000\frac{\text{kg}}{\text{m}^3}$$

Tab. 2.1.2:
Einheiten der Dichte

Der Quotient aus Masse und Volumen beschreibt den materiellen Aufbau eines Körpers und wird **Dichte** ρ ("rho") genannt:

$$\rho = \frac{m}{V} \qquad \text{mit} \quad [\rho] = 1\frac{\text{kg}}{\text{dm}^3}$$

Besteht ein Körper durchgehend aus dem gleichen Material (**homogener** Körper), so ist seine Dichte in jedem Teil des Körpers konstant.

---

* massa (lat.) = Klumpen, Teig, Masse

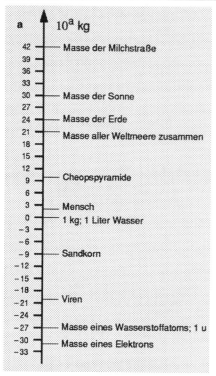

Tab. 2.1.3: Massen (Größenordnungen)

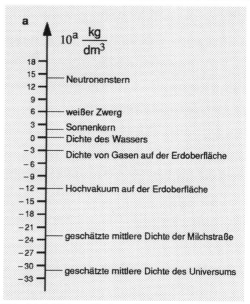

Tab. 2.1.4: Dichten (Größenordnungen)

2.1.4 Der Trägheitssatz nach Newton

Mit Hilfe des Begriffes "Kraft" kann man, den Überlegungen aus 2.1.2 folgend, den Trägheitssatz umformulieren:

> **Ein Körper verharrt im Zustand der Ruhe oder der gleichförmigen Bewegung, wenn keine Kraft auf ihn ausgeübt wird.**

(Trägheitssatz nach Isaac Newton; 1. Axiom von Newton)

Beispiel 2.1:

Ein Motorfahrzeug bewegt sich auf einer geradlinigen Fahrbahn mit konstanter Geschwindigkeit. Augenscheinlich wird auf das Fahrzeug die Motorkraft F_M ausgeübt (Abb.2.1.7). Insbesondere wird auf das Motorfahrzeug eine Kraft ausgeübt - und trotzdem bewegt es sich mit konstanter Geschwindigkeit. Allerdings ist die Motorkraft nicht die einzige Kraft, welche das Fahrzeug verspürt: Es greifen zudem noch die Gewichtskraft (F_G) an, eine Haltekraft

(F$_H$) in die entgegengesetzte Richtung, sowie die Reibungskraft (F$_R$), welche entgegen der Motor-kraft wirkt. Insgesamt liegen also vier Kräfte vor für die gilt: F$_M$ = F$_R$ und F$_G$ = F$_H$. Die Kräfte sind im "Kräftegleichgewicht", das bedeutet, daß die resultierende Kraft F$_{Res}$ = 0 N ist.

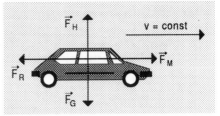

Abb. 2.1.7

Ergebnis:

> **Wenn für alle an einem Körper angreifenden Kräfte gilt F$_{Res}$ = 0 N, so ist dies im Sinne des Trägheitssatzes gleichbedeutend mit "es wird keine Kraft auf den Körper ausgeübt".**

2.1.5 *Inertialsysteme

Wenn man von einem Körper behauptet, daß er sich im Zustand der Ruhe befindet, so setzt das voraus, daß irgendein Bezugssystem ausgewählt wurde, in welchem dieser Körper ruht (vgl. Beispiel 1 aus 1.1.2). Von Ruhe oder irgendeiner Bewegung eines Körpers zu sprechen ist erst nach Angabe eines Bezugssystems sinnvoll.

Die Frage ist nun, ob der Trägheitssatz von Newton in jedem Bezugssystem gültig ist. Betrachtet man dazu einen Körper, der auf der Ladefläche eines Lastkraftwagens liegt. Der Körper soll in dem Bezugssystem, welches mit dem LKW verbunden ist, untersucht werden. Dabei kann man folgendes beobachten: Der Körper ruht auf der Ladefläche, und plötzlich beginnt er ohne jede erkennbare Einwirkung nach vorne zu gleiten. Es liegt augenscheinlich eine Verletzung des ersten Gesetzes von Newton vor. Die Erklärung ist relativ einfach: Der sich zunächst gleichförmig, geradlinig bewegende LKW wurde abgebremst. Der Körper will dabei in seinem Zustand der gleichförmigen, geradlinigen Bewegung verharren und rutscht dadurch, je nach Reibung, nach vorne. Daraus erkennt man, daß das mit der Straße verbundene Koordinatensystem den Trägheitssatz erfüllt, das des bremsenden LKW allerdings nicht.

Koordinatensysteme, in denen der Trägheitssatz gilt, nennt man Inertialsysteme*; andere sind nichtinertiale Systeme (z.B. verzögerte oder beschleunigte Aufzüge, rotierende Systeme).

Ergebnis:

> **Koordinatensysteme, welche ruhen oder geradlinig gleichförmig bewegt sind, bezeichnet man als Inertialsysteme.**

---

* inertia (lat.) = Trägheit

2.1.6 Aufgaben

1. Aufgabe:
Ein Glas Wasser ist mit einem Stück Pappe abgedeckt (Abb.2.1.8).
Auf der Pappe liegt ein Zehnerl. Erklären Sie, was mit dem Geldstück geschieht, wenn man
a) die Pappe schnell in Pfeilrichtung wegzieht
b) die Pappe langsam in Pfeilrichtung wegzieht.
Begründen Sie Ihre Meinung.

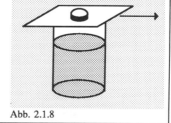

Abb. 2.1.8

2. Aufgabe:
Ein Eisenklotz ist, wie Abb. 2.1.9 zeigt, an der Decke befestigt. An der unten angebrachten Öse wird
a) ruckartig angezogen
b) langsam angezogen.
Erklären Sie, an welcher Stelle die Schnur jeweils reißt.
Begründen Sie Ihre Meinung.

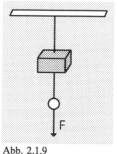

Abb. 2.1.9

3. Aufgabe:
Auf einem Experimentierfahrzeug wird ein Holzklotz aufgestellt (Abb. 2.1.10). Wie muß man das Fahrzeug anschieben, damit der Klotz nicht umfällt?
Wie verhält sich der Klotz, wenn das Fahrzeug auf das Hindernis auffährt?

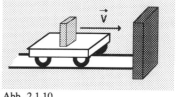

Abb. 2.1.10

4. Aufgabe:
Von der Decke eines Personenkraftwagens hängt an einem Faden eine Kugel. Wie unterscheidet sich die Lage der Kugel im PKW, wenn er
a) geradlinig gleichförmig mit der Geschwindigkeit 20 km/h fährt ?
b) geradlinig gleichförmig mit der Geschwindigkeit 80 km/h fährt ?
c) abbremst ?
d) anfährt ?
e) eine scharfe Linkskurve fährt ?

5. Aufgabe:
Was würde geschehen, wenn die Erde plötzlich ihre Bewegung
a) um die eigene Achse
b) um die Sonne
einstellen würde?

6. Aufgabe:
Welche Dichte hat ein Würfel der Masse 84 kg bei einer Kantenlänge von 20 cm? Um welches Material könnte es sich handeln?
($10,5$ kg/dm^3)

7. Aufgabe:
a) Ein Eisberg hat ein Volumen von 10 m^3. Berechnen Sie die Masse des Eisberges.
b) Welche Masse hat ein Eiswürfel der Kantenlänge 3 cm?
($9,2$ t; 25 g)

8. Aufgabe:
Auf eine Marmorplatte der Länge 4,0 m und der Breite 1,0 m soll höchstens eine Gewichtskraft von 5,3 kN ausgeübt werden. Wie dick darf die Platte demnach maximal sein?
($0,50$ m)

9. Aufgabe:
Ist die Bewegung des Mondes auf seiner Bahn um die Erde ein Beispiel für den Trägheitssatz? Begründen Sie Ihre Meinung.

2.2 Das 2. Newtonsche Gesetz

2.2.1 Zusammenhang zwischen Kraft und Beschleunigung

Wie in 2.1 gezeigt wurde, bleibt ein Körper in Ruhe oder im Zustand der gleichförmigen geradlinigen Bewegung, wenn die auf ihn einwirkende, resultierende Kraft 0 N ist.

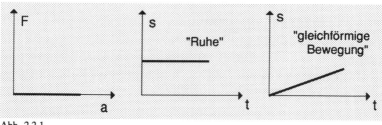

Abb. 2.2.1

Es liegt in diesen Fällen jeweils keine Beschleunigung vor:

$$F_{Res} = 0 \, N \quad \Rightarrow \quad a(t) = 0 \, m/s^2$$

Im weiteren gilt es, einen Zusammenhang zwischen den beiden Größen F ($\neq 0$ N) und a zu erforschen.

Versuch 1:

Ein Gleiter einer Luftkissenfahrbahn wird durch eine konstante Kraft, welche durch die Gewichtskraft auf ein kleines Massenstück (2 g; 4 g; 6 g bzw. 8 g) hervorgerufen wird, beschleunigt. Die auftretende Beschleunigung wird mit Hilfe des Bewegungsmeßwandlers ermittelt (Abb.2.2.2; vgl. auch Kapitel 1.5).

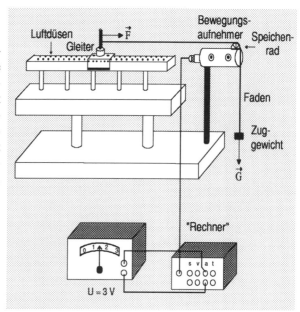

Abb. 2.2.2

48

Meßprotokoll:

m in g	2	4	6	8
F in cN	1,96	3,9	5,9	7,8
a in m/s^2	0,09	0,18	0,26	0,35

Ergebnis:

$$F \sim a$$

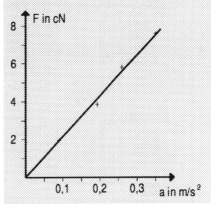

Abb. 2.2.3 a-F-Diagramm des Versuches

Bei der Durchführung des Versuches wird darauf geachtet, daß die Gesamtmasse konstant bleibt. Der Gleiter hat eine Masse von 200 g, die maximal vorkommende beschleunigende Masse beträgt 8 g, so daß sich eine Gesamtmasse von 208 g ergibt. Beim ersten Versuch hat also der Gleiter zusammen mit drei 2 Gramm-Massestücken eine Masse von 206 g; die beschleunigende Kraft wird durch ein Massestück von 2 g bewirkt. Beträgt die beschleunigende Masse 4 g, hat der Gleiter zusammen mit zwei 2 g-Massestücke noch 204 g ; usw..

Versuch 2:

In einem weiteren Versuch mit dem gleichen Versuchsaufbau von Versuch 1 verändert man die Masse des Fahrzeuges bei konstant gehaltener beschleunigender Kraft (1,96 cN).

Meßprotokoll:

m in g	100	200	300
a in cm/s^2	20	9,8	6,5

Aus dem Diagramm kann man eine indirekte Proportionalität von m und a vermuten. Zum Nachweis bildet man die jeweiligen Produkte m · a und erhält 2000 g · cm/s^2, 1960 g · cm/s^2, sowie 1950 g cm/s^2 – also einen (fast) konstanten Wert.

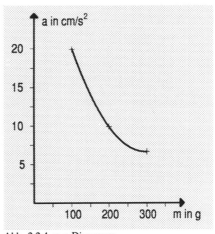

Abb. 2.2.4 m-a-Diagramm

Ergebnis:

$$a \sim \frac{1}{m}$$

Setzt man die Ergebnisse aus den Versuchen 1 und 2 zusammen erhält man:

$$\left.\begin{array}{c} F \sim a \\ \dfrac{1}{m} \sim a \end{array}\right\} \quad \Rightarrow a \sim \dfrac{F}{m}$$

Beim Vergleich der 1. Messung des 1. Versuches mit der 2. Messung des 2. Versuches erkennt man, daß die auftretende Proportionalitätskonstante den Wert 1 annehmen muß.

$$\boxed{\begin{array}{c} \mathbf{F = m \cdot a} \\ \textbf{"Kraft = Masse mal Beschleunigung"} \end{array}} \qquad \text{(Gl. 2.2.1)}$$

(2. Axiom von Newton)

Als Einheit der Kraft wurde in der Mittelstufe 1 Newton eingeführt. Nun läßt sich die Zusammensetzung der Krafteinheit 1 N erkennen:

$$[F] = 1\,N = 1\,\frac{kg \cdot m}{s^2}$$

Ein Newton ist also diejenige Kraft, welche einem Körper der Masse 1 kg eine Beschleunigung von 1 m/s² erteilt.

In Absatz 2.1.2 wurde aus dem Zusammenhang G = mg schon gefolgert, daß die physikalische Größe "Kraft" keine Basisgröße darstellt. Der Ortsfaktor g (z.B. 9,81 N/kg) erhält nun die neue Bedeutung einer Beschleunigung: g = 9,81 m/s². Diese Beschleunigung wird einem Körper durch die Einwirkung der Gewichtskraft erteilt.

Betrachtet man nocheinmal die beiden Formeln G = m · g und F = m · a, so hat man es eigentlich mit zweierlei "m" zu tun. Das "m" in der ersten Formel beschreibt die **"Schwere"** (schwere Masse, m_S) eines Körpers, während das "m" im zweiten Newtonschen Axiom die **Trägheit** (träge Masse, m_T) des Körpers beschreibt. In zahlreichen Versuchen wurde herausgefunden, daß $m_S = m_T$ gilt.

Wie bereits aus Kapitel 1 bekannt ist, handelt es sich bei der Beschleunigung um eine vektorielle Größe. Ebenso ist die Kraft ein Vektor, während die Masse ein Skalar ist:

$$\vec{F} = m \cdot \vec{a}$$

Bei Zeichnungen ist darauf zu achten, daß die Kraftpfeile einen Angriffspunkt (meist Massenmittelpunkt des Körpers) aufweisen.

2.2.2 Aufgaben

1. Aufgabe:
Mit Hilfe eines Bewegungsmeßwandlers wurden bei einer Luftkissenfahrbahn folgende Beschleunigungswerte ermittelt:

F in cN	1,0	2,0	2,9	3,9	4,9
a in cm/s^2	3,3	6,6	9,7	13	.....

Die Gesamtmasse aus Gleiter und beschleunigender Masse wurde bei diesem Experiment nicht verändert.
a) Beschreiben Sie die Funktionsweise eines Bewegungsmeß-wandlers.
b) Wie läßt sich die Gesamtmasse konstant halten?
c) Zeichnen Sie ein a-F-Diagramm.
d) Welcher Wert dürfte zu 4,9 cN gehören?
e) Welche Gesamtmasse wurde bei dem Experiment verwendet?
f) Welche Masse hatten jeweils die beschleunigenden Gewichtsstücke?
(16,3 cm/s^2; 300 g; 1 g; 2 g; 3 g; 4 g; 5 g)

2. Aufgabe:
Bei einem Experiment mit dem Versuchsaufbau der Aufgabe 1 ergaben sich folgende Meßwerte:

a in cm/s^2	39,2	19,6	13,1
m in g	100	200	300

a) Welche Größe muß bei diesem Versuch konstant gehalten werden?
b) Zeigen Sie mit Hilfe der angegebenen Werte die Beziehung a~1/m rechnerisch.
c) Stellen Sie eine Tabelle mit den Größen a und 1/m auf. Fertigen Sie dann ein a-1/m-Diagramm an. Was stellen Sie fest?
d) Zeichnen Sie auch ein a-m-Diagramm.
e) Wie groß war die bei dem Experiment angreifende, beschleunigende Kraft?
(3,9 cN)

3. Aufgabe:
Ein Fahrzeug der Masse m wird durch die Kraft F beschleunigt.
Wie verändert sich die Beschleunigung,
a) wenn bei gleichbleibender Masse die Kraft verdoppelt wird
b) wenn bei halber Masse die Kraft verdreifacht wird?
Wie muß man die Kraft verändern,
c) wenn das Fahrzeug bei sechsfacher Masse nur halb so stark beschleunigt werden soll?
d) wenn das Fahrzeug die gleiche Beschleunigung erhalten soll, seine Masse jedoch nur 1/3 der Ausgangsmasse ist?
(2; 6; 3; 1/3)

4. Aufgabe:

Vorgegeben sind die folgenden drei
a-F-Diagramme: (Abb.2.2.5)

a) Welche Bedeutung haben die Stei-
    gungen der drei Geraden?
b) Mit welchen Massen wurden die
    Versuche jeweils durchgeführt?
(2,5 kg; 6,7 kg; 20 kg)

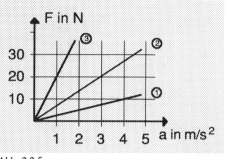

Abb. 2.2.5

5. Aufgabe:

Ein Fahrzeug der Masse 800 kg wird in 9,2 s aus dem Stand auf 100 km/h beschleunigt.
Berechnen Sie die erforderliche Motorkraft.
(2,4 kN)

6. Aufgabe:

Eine Kraft von 5,00 kN wird auf ein ruhendes Fahrzeug der Masse 700 kg 5,00 s lang
ausgeübt. Welche Geschwindigkeit hat das Fahrzeug nach Ablauf der 5,00 s erlangt?
(35,7 m/s)

7. Aufgabe:

Zeigen Sie, daß der Trägheitssatz ein Spezialfall des 2. Newtonschen Gesetzes ist.

8. Aufgabe:

Einer Luftgewehrkugel wird durch die Kraft 0,50 N eine Beschleunigung von 20 m/s^2
erteilt. Welche Masse hat die Kugel?
(25 g)

9. Aufgabe:

Ein Fahrzeug der Masse 1,0 t wird 10 s mit der Kraft 3,0 kN beschleunigt.
a) Welche Geschwindigkeit erreicht das Fahrzeug aus dem Stand in 20 Sekunden?
b) Welche Kraft wäre nötig, wenn das Fahrzeug in der gleichen Zeit auf die gleiche
    Geschwindigkeit beschleunigt werden soll, jedoch zur Zeit t = 0 s schon eine
    Geschwindigkeit von 20 m/s vorliegt?
(30 m/s; 1,0 kN)

2.3 Actio gegengleich Reactio

2.3.1 Das 3. Newtonsche Gesetz

Isaac Newton beobachtete die Bewegungen zweier Korkschiffchen auf dem Wasser. Eines der beiden Schiffchen war mit einem kleinen Magneten ausgerüstet, das andere mit einem Eisenstück (Abb. 2.3.1).

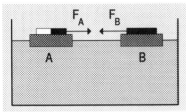

Abb. 2.3.1

Die beiden Schiffchen bewegen sich aufeinander zu, treffen sich und verbleiben im Zustand der Ruhe. Die Analyse der auftretenden Kräfte zeigt: Schiffchen A übt eine Kraft F_B auf das Schiffchen B aus und setzt es in Bewegung (beschleunigt es). Umgekehrt übt das Schiffchen B eine Kraft F_A auf A aus, wodurch dieses beschleunigt wird. Da die beiden Schiffchen nach dem Aufeinandertreffen ruhen, schloß Newton, daß die beiden Kräfte F_A und F_B gleich groß sein müssen.

Mit Hilfe von zwei mit Magneten ausgerüsteten Fahrzeugen (z.B. Dynamikwagen) läßt sich die Gleichheit der auftretenden Kräfte auch direkt nachweisen. Man bringt an beide Fahrzeuge einen geeigneten Kraftmesser (z.B. 10 Newton) an, und nähert die beiden Fahrzeuge einander (Abb. 2.3.2). Die Kraftmesser zeigen bei beliebigem Abstand der beiden Fahrzeuge jeweils gleiche Werte, was natürlich nicht bedeutet, daß sich diese Kräftepaare nicht mit dem Abstand ändern.

$$F_A = F_B$$

Zusätzlich ist nun noch zu berücksichtigen, daß es sich bei F_A und F_B um Vektoren handelt. Aus beiden Experimenten ist ersichtlich, daß die Richtungen der beiden Kraftvektoren entgegengesetzt sind.

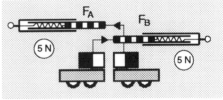

Abb. 2.3.2

Somit gilt vektoriell geschrieben:

$$\vec{F}_A = -\vec{F}_B \quad \text{oder} \quad \vec{F}_A + \vec{F}_B = 0$$

Die angegebene Vektorgleichung allein beschreibt das dritte Gesetz von Newton noch nicht. Separat gelesen könnte sie auch für den Zustand des Kräftegleichgewichtes stehen (Abb.2.3.3).

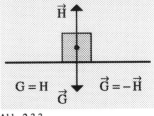

$$G = H \qquad \vec{G} = -\vec{H}$$

Abb. 2.3.3

Beim Kräftegleichgewicht greifen die beiden gleichgroßen, entgegengerichteten Kräfte allerdings am **gleichen** Körper an; während bei *"Actio gegengleich Reactio"* die Angriffspunkte bei zwei **verschiedenen** Körpern liegen.

3. Gesetz von Newton:

> **Übt ein Körper A eine Kraft F_B auf einen Körper B aus, so übt dieser eine gleich große, entgegengerichtete Kraft F_A auf A aus.**
>
> $$\vec{F}_A = -\vec{F}_B$$

2.3.2 Anwendungen des 3. Gesetzes

Alle Arten der Fortbewegung basieren auf dem 3. Gesetz von Newton.

a) Fortbewegungsart "Gehen":

Wie kommt ein Fußgänger vorwärts? Der Fußgänger übt eine Kraft auf die Erde entgegen der Laufrichtung aus, während die Erde eine gleich große Kraft in Laufrichtung auf den Fußgänger ausübt. Diese "Reactio" beschleunigt den Fußgänger.

Naiverweise könnte man sich fragen, warum der Fußgänger beschleunigt wird, die Erde aber nicht? Folgendes Beispiel zeigt die Größenordnung der Beschleunigung der Erde durch den Fußgänger:

Beispiel 2.2:

Ein Fußgänger der Masse 75 kg übt eine Kraft von 19 N auf die Erde aus ($m_E = 6{,}0 \cdot 10^{24}$ kg). Welche Beschleunigung erfährt der Fußgänger, welche die Erde?

$F = ma$; $a = F/m$

$a_{Fußgänger} = 19\ N/\ 75\ kg = 0{,}25\ m/s^2$
$a_{Erde} \quad = 19\ N/\ 6{,}0 \cdot 10^{24}\ kg = 3{,}2 \cdot 10^{-24}\ m/s^2$

b) Fortbewegungsart "Fahren":

Beim Fahren eines Fahrzeuges gelten die gleichen Aussagen, wie beim Gehen. Abb. 2.3.4 zeigt ein Fahrzeug, welches eine Kraft F_B auf den Untergrund ausübt; der Untergrund beschleunigt das Fahrzeug entsprechend mit der gleich großen, entgegengesetzten Kraft F_A.

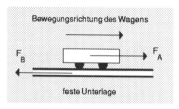

Abb. 2.3.4

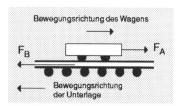

Abb. 2.3.5

Abb.2.3.5 zeigt die Fortbewegung eines Motorfahrzeuges auf einem instabilen Untergrund (z.B. auf Rollen gelegtes Stück Pappe). Die Kraft, welche der Wagen auf den Untergrund ausübt (F_B), beschleunigt in diesem Experiment den Untergrund, welcher sich in entgegengesetzter Richtung wegbewegt.

c) Raketenantrieb:

Eine Rakete, welche sich im luftleeren Raum bewegen soll, hat im Vergleich zum Fußgänger und dem Fahrzeug keine Unterlage, deren "Reactio" sie zur Fortbewegung ausnutzen könnte.

Die Rakete stößt (durch Verbrennungsvorgänge) aus ihrem Triebwerk Gase entgegen der Flugrichtung aus. Anders ausgedrückt heißt dies, die Rakete übt eine Kraft entgegen der Bewegungsrichtung auf die Verbrennungsgase aus. Die Verbrennungsgase ihrerseits üben damit eine gleich große Kraft in Flugrichtung auf die Rakete aus (Abb.2.3.6).

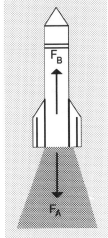

Abb. 2.3.6

2.3.3 Aufgaben

1. Aufgabe:
Erklären Sie das Zustandekommen der Fortbewegung bei
a) einem Ruderboot,
b) einem Güterzug.

2. Aufgabe:
Aus einem Boot, mitten in einem See, werden entgegen der Fahrtrichtung Steine geworfen. Erklären Sie, wie sich das Boot so vorwärts bewegen kann.

3. Aufgabe:
Zwei ruhende Fahrzeuge der Masse 1,0 kg und 2,0 kg stoßen einander ab (z.B. durch eine Feder; durch Magnete). Das Fahrzeug mit der Masse 1,0 kg hat nach 2,0 s eine Geschwindigkeit von 3,0 m/s erreicht.
a) Veranschaulichen Sie die auftretenden Kräfte anhand einer Zeichnung.
b) Welche Geschwindigkeit hat das andere Fahrzeug 3,0 s nach dem Abstoßen erreicht? (2,25 m/s)

4. Aufgabe:

In einem Versuch werden sog. "Schwebemag-
nete" untersucht (Abb. 2.3.7):
Zwei Magnete (Masse je 100 g) liegen so auf
einer Waage, daß der eine Magnet über dem
anderen schwebt. Die Masse des Haltegestells
betrage weitere 100 g.

a) Welche Massestücke müssen auf der rechten Seite aufgelegt werden?

b) Erklären Sie das Ergebnis von a) mit Hilfe
der auftretenden Kräfte (Skizze).

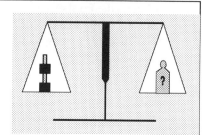

Abb. 2.3.7

c) Was geschieht, wenn man den oberen Magnet
   – anhebt?
   – nach unten drückt?
   Begründen Sie Ihre Meinung.

(300 g)

5. Aufgabe:

Zwei Schüler (m_1 = 40 kg; m_2 = 55 kg) sitzen auf Experimentiertischen (je 10 kg) und
ziehen an den Enden eines Seiles.

a) Zeigen Sie anhand einer Skizze alle bei diesem Experiment auftretenden Kräfte.

b) Schüler 1 (40 kg) zieht mit einer Kraft von 20 N am Seil. Welche Beschleunigungen
   erhalten die beiden Schüler dadurch?

(0,4 m/s² ; 0,31 m/s²)

2.4 Geschichtliche Entwicklung

Isaac Newton wurde am 4.1.1643 in Woolsthorpe (Lincolnshire) als Sohn eines Gutsherrn geboren. Sein Vater starb bereits vor seiner Geburt. Newton war von seinem Gesundheitszustand her nicht fähig, die Arbeit eines Landwirtes zu bewältigen. So besuchte er mehrere Schulen (Dorfschule; Lateinschule; Trinity College in Cambridge). Einen sehr großen Einfluß auf seine spätere Entwicklung nahm in Cambridge der Mathematiker und Theologe Isaac Barrow. Bei Barrow handelte es sich um den "letzten" Mathematiker, der noch ohne Infinitesimalrechnung auskam. Er erkannte, daß die sogenannte Quadratur (Flächenberechnung) und das Tangentenproblem (Steigung einer Tangente) invers zueinander sind. Mit 27 Jahren wurde Newton Nachfolger von Barrow auf dem Mathematiklehrstuhl an der Universität Cambridge. Ab 1703 war er bis zu seinem Tod am 31.3.1727 Präsident der Royal Society.

Grabinschrift in der Westminsterabtei:
"Hier ruht der Ritter ISAAC NEWTON, welcher durch fast göttliche Geisteskraft der Planeten Bewegung, Gestalten, der Kometen Bahn, der Gezeiten Verlauf, durch seine eigene Mathematik bewies. Die Verschiedenheit der Lichtstrahlen, die darauf beruhenden Eigenschaften der Farben, von denen niemand vorher nur ahnte, erforschte er. Er war der Natur, des Altertums, der heiligen Schrift flüssiger scharfsinniger Erklärer. Die Majestät Gottes verherrlichte er in seiner Wissenschaft. Die Schönheit des Evangeliums zeigte er durch seinen Wandel. Mögen die Sterblichen sich freuen, daß er unter uns lebte."

Abb. 2.4.1: Isaac Newton

(".. sibi gratulentur mortales tale tantumque extitisse humani generis decus..")

Newtons Hauptwerk ist die ***"Philosophiae naturalis principia mathematica"*** (Mathematische Prinzipien der Naturwissenschaft) (vgl. Titelbild des Kapitels 2), welches am 5.7.1686 auf Drängen von Edmund Halley nach einer Drucklegungszeit von eineinhalb Jahren entstand. Die erste Auflage betrug 300 Exemplare.
Auf den Seiten 12 und 13 findet man die *"Axiomata sive leges motus"*:

I. Corpus omne perservare in statu suo quiescendi vel movendi uniformiter in directum, nisi quatenus a viribus impressis cogitur statum suum mutare.
II. Mutationem motus proportionalem esse vi motrici impressae, et fieri secundum lineam rectam, qua vis illa imprimitur.
III. Actioni contrariam semper et aequalem esse reactionem, sive corporum duorum actiones in se motuo semper esse aequales et in partes contrarias dirigi.

Soweit der Originalwortlaut der drei Gesetze von Newton aus den Kapiteln 2.1; 2.2 und 2.3.

Zur mathematischen Lösung der Bewegungsprobleme erfindet Newton die sogenannte Fluxionsrechnung (1672). Im Wesentlichen gibt es zwei Probleme:

1. Bei vorgegebenem (stetigem) Weg ist die Geschwindigkeit gesucht.
2. Bei vorgegebener (stetiger) Geschwindigkeit soll der Weg angegeben werden.

Newton wußte bereits von Barrow, daß beide Probleme invers zueinander sind. Die Geschwindigkeit v nannte Newton die "**Fluxion**" (Fluß) des Wegs s und schrieb für die Berechnung:

$$v = \dot{s}$$

Der Weg wurde andrerseits die "**Fluente**" (fließende Größe) von v genannt und symbolisch folgendermaßen ausgedrückt:

$$s = \overset{|}{v}$$

Im Jahre 1676 erkannte Newton, daß man auch mehrfach von einer Größe die Fluxion bzw. die Fluente errechnen kann und kommt zu folgender Reihe:

$$\dots \overset{\text{\tiny III}}{z}; \quad \overset{\text{\tiny II}}{z}; \quad \overset{\text{\tiny I}}{z}; \quad z; \quad \overset{\cdot}{z}; \quad \overset{\cdot\cdot}{z}; \quad \overset{\cdot\cdot\cdot}{z}; \dots$$

Etwa gleichzeitig mit Newton entwickelte **Gottfried Wilhelm Leibniz** zum gleichen Problem die Differential- und Integralrechnung *"Calculus differentialis"* (veröffentlicht 1684/86). Anstelle der Fluente verwendet Newton für die Summation sehr kleiner Teile (dy) zunächst ein "S" als Zeichen, aus dem dann ein "∫" (Integral) wird:

$$\int y\,dy$$

Für die inverse Operation (Fluxion bei Newton) schreibt Leibniz zunächst x/d, dann dx , wobei d für "**Differenz**" steht. Leibniz hat mit Hilfe der Differentialrechnung die wesentlichen Kriterien der Kurvendiskussion aufgestellt. Zwischen den beiden Mathematikern entwickelte sich, aufgeheizt von ihren Zeitgenossen, ein heftiger Prioritätsstreit um die Erfindung der Differentialrechnung.

Abb. 2.4.2: Gottfried Wilhelm Leibniz

2.5 Anwendungen der drei Newtonschen Axiome auf Bewegungen

2.5.1 Kraft von 0 Newton

Wird auf einen Körper keine Kraft ausgeübt, so bleibt er gemäß Trägheitssatz in Ruhe oder im Zustand der geradlinigen, gleichförmigen Bewegung. Eine Beschleunigung kann nach dem 2. Axiom ($\vec{F} = m \cdot \vec{a}$) nicht auftreten.

2.5.2 Kraft F = const

Im folgenden Teil werden Bewegungen betrachtet, bei denen eine resultierende Kraft auftritt, welche konstant, aber nicht 0 N ist.
In diesem Fall liegt auch eine **konstante** Beschleunigung ($\neq 0 \ m/s^2$) vor.

a) Bewegungen auf einer waagrechten Unterlage:
Wie aus dem ersten Kapitel bekannt ist, gehört zu einer konstanten Beschleunigung eine Geschwindigkeit von $v(t) = a \cdot t$. Das zugehörige t-v-Diagramm zeigt noch einmal Abb.2.5.1. In diesem Diagramm wird noch zusätzlich von einer Anfangsgeschwindigkeit v_0 ausgegangen.

Den zugehörigen Weg s(t) erhält man, den Gedanken aus Kapitel 1 folgend, durch Berechnung der Fläche unterhalb des Graphen. Dazu teilt man die gesamte Fläche in die zwei Teilflächen (Rechteck und Dreieck) ein, und erhält zur Zeit t folgenden Weg:

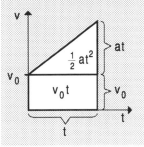

Abb. 2.5.1

$$s(t) = v_0 \cdot t \quad + \frac{1}{2} \cdot t \cdot at \quad \Rightarrow \quad s(t) = v_0 \cdot t + \frac{1}{2} \cdot a \cdot t^2$$

s(t) = Rechteck + Dreieck

$$\frac{1}{2} \cdot \text{Grundlinie} \cdot \text{Höhe}$$

Die Koordinatengleichung für den Weg einer konstant beschleunigten Bewegung lautet also:

$$\boxed{s(t) = \frac{1}{2} \cdot a \cdot t^2 + v_0 \cdot t + s_0} \qquad \text{(Gl. 2.5.1)}$$

Für eine Bewegung ohne Anfangsgeschwindigkeit (v_0) und ohne bereits vor Beginn der Beschleunigung zurückgelegten Weg (s_0), verkürzt sich die Gleichung 2.5.1 auf:

$$\boxed{s(t) = \frac{1}{2} \cdot a \cdot t^2} \qquad \text{(Gl. 2.5.2)}$$

59

Für die konstant beschleunigte Bewegung ergeben sich damit folgende Diagramme:

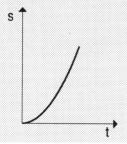

Abb. 2.5.2 t-s-Diagramm

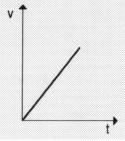

Abb. 2.5.3 t-v-Diagramm

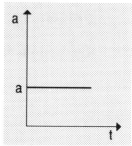

Abb. 2.5.4 t-a-Diagramm

Beispiel 2.3:
Ein Motorradfahrer beschleunigt konstant aus dem Stand in 8,0 s auf 100 km/h. Welchen Weg legt der Motorradfahrer dabei zurück?

$$a = \frac{\Delta v}{\Delta t} = \frac{100\frac{km}{h}}{8,0\,s} = \frac{27,8\frac{m}{s}}{8,0\,s} = 3,5\frac{m}{s^2}$$

$$s(8\,s) = \frac{1}{2} \cdot 3,5\frac{m}{s^2} \cdot (8,0\,s)^2 \approx 0,11\,km$$

Beispiel 2.4:
Ein Fahrzeug bewegt sich geradlinig so, daß seine Geschwindigkeit in 15 Sekunden von 12 m/s auf 19,5 m/s zunimmt.

a) Berechnen Sie die erforderliche Beschleunigung.

$$a = \frac{\Delta v}{\Delta t} = \frac{19,5\frac{m}{s} - 12\frac{m}{s}}{15\,s} = 0,5\frac{m}{s^2}$$

b) Welche Geschwindigkeit hat das Fahrzeug nach Ablauf von 10 Sekunden?

$$v = at + v_0 = 0,5\frac{m}{s^2} \cdot 10\,s + 12\frac{m}{s} = 17\frac{m}{s}$$

c) Welchen Weg legt das Fahrzeug in 10 Sekunden zurück?

$$s = \frac{1}{2}at^2 + v_0 t = \frac{1}{2} \cdot 0,5\frac{m}{s^2} \cdot 100\,s^2 + 12\frac{m}{s} \cdot 10\,s = 145\,m$$

d) Welche Geschwindigkeit hat das Fahrzeug, nachdem es 140 m zurückgelegt hat?

$$s = \frac{1}{2}at^2 + v_0 t \quad und \quad v = at + v_0$$

In dieser Aufgabe ist die Geschwindigkeit gesucht, bei vorgegebenem Weg s (= 140 m) und der Beschleunigung a (= 0,5 m/s²), jedoch bei einer fehlenden Zeitangabe.
Deshalb benötigt man einen **Zusammenhang** zwischen den Größen v, a und s:

$$(1) \quad s = \frac{1}{2}at^2 + v_0 t \qquad (2) \quad v = at + v_0$$

Auflösen von (2) nach t liefert: $at = v - v_0$ bzw. $t = \dfrac{v - v_0}{a}$

Einsetzen in (1):

$$s = \frac{a \cdot (v - v_0)^2}{2a^2} + \frac{v_0 \cdot (v - v_0)}{a} = \frac{v^2 - 2vv_0 + v_0^2}{2a} + \frac{v_0 v - v_0^2}{a} = \frac{v^2 - v_0^2}{2a} \quad \Rightarrow$$

$v^2 - v_0^2 = 2as$ oder: $\boxed{v = \sqrt{2as + v_0^2}}$ (Gl. 2.5.3)

Im 2. Beispiel berechnet sich so die Geschwindigkeit zu:

$$v = \sqrt{2 \cdot 0,5\,\frac{m}{s^2} \cdot 140\,m + 144\,\frac{m^2}{s^2}} = 16,9\,\frac{m}{s}$$

Anmerkung: Für $v_0 = 0$ m/s verkürzt sich Gl. 2.5.3 auf:

$$\boxed{v = \sqrt{2as}}$$

Aufgaben:

1. Aufgabe:
Ein Fahrbahnwagen der Masse 2,0 kg steht auf einer waagrechten Unterlage. Ein Gewichtsstück der Masse 25 g beschleunigt den Wagen (Abb.2.5.5).
a) Welche Beschleunigung erhält der Wagen?
b) Welche Geschwindigkeit hat der Wagen nach 5 Sekunden?
c) Welchen Weg hat der Wagen in dieser Zeit zurückgelegt?
d) Zeichnen Sie ein zu der Bewegung gehörendes t-s-, t-v- und t-a-Diagramm.
(0,12 m/s²; 0,6 m/s; 1,5 m)

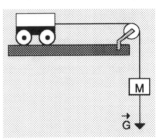

Abb. 2.5.5

2. Aufgabe:
Ein Auto der Masse 1100 kg fährt mit einer konstanten Geschwindigkeit von 144 km/h geradeaus auf der waagrechten Bundesautobahn. In 130 Meter Entfernung sieht der Fahrer des PKW plötzlich einen verlorengegangenen Reifen auf der Fahrbahn liegen.
a) Der Fahrer beginnt nach einer Reaktionszeit von 0,7 s zu bremsen. Welchen Weg legt der Wagen bis zum Einsetzen der Bremsung noch mit unverminderter Geschwindigkeit zurück?
b) Wie groß muß die Bremskraft mindestens sein, damit das Fahrzeug noch vor dem Reifen zum stehen kommt?
c) Zeichnen Sie für den Bremsvorgang ein t-s-, ein t-v-, sowie ein t-a-Diagramm.
(28 m; 8,6 kN)

---

3. Aufgabe:

Ein mit 90 km/h fahrender Eilzug wird durch Betätigen der Notbremse mit 0,75 m/s²
abgebremst.
a) Nach welcher Zeit ist die Geschwindigkeit des Zuges auf die Hälfte abgesunken?
b) Wann kommt der Zug zum Stehen?
c) Wie lang ist der Bremsweg?
(17 s; 33 s; $4{,}2 \cdot 10^2$ m)

---

4. Aufgabe:

Wie groß ist die durchschnittliche Beschleunigung eines Geschosses, das in einem 60 cm
langen Gewehrlauf eine Geschwindigkeit von 600 m/s erreicht? Wie lange bewegt sich
die Kugel durch den Lauf?
($3{,}0 \cdot 10^5$ m/s²; $2{,}0$ ms)

---

5. Aufgabe:

Bei einem Crash-Test wird bei dem Fahrzeug mit einer Kraft von 3,0 kN eine konstante
Beschleunigung von 2,7 m/s² erzielt.
a) Welche Masse m hat das Fahrzeug?
b) Nach welcher Zeit ist das Fahrzeug aus dem Stand auf 100 km/h beschleunigt?
c) Mit der erreichten Geschwindigkeit von 100 km/h prallt das Fahrzeug auf eine Mauer
   und wird dabei 1,0 m eingedrückt (Knautschzone). Mit welcher Kraft müßte sich ein
   Fahrer der Masse 70 kg dabei gegen das Fahrzeug stemmen?
($1{,}1 \cdot 10^3$ kg; 10 s; 27 kN)

---

6. Aufgabe:

Ein Versuchswagen der Masse 5,0 kg wird reibungsfrei über eine Umlenkrolle mit Hilfe
einer Masse von 2,0 kg beschleunigt. Nach einer Wegstrecke von 1,5 m hört diese
Zugkraft auf und der Wagen läuft reibungsfrei weitere 2,5 m auf der ebenen Bahn weiter.
a) Berechnen Sie die auf das Fahrzeug ausgeübte Beschleunigung.
b) Mit welcher Geschwindigkeit verläßt der Wagen die Bahn von der Gesamtlänge
   4,0 m?
c) Nach welcher Zeit verläßt der Wagen die Bahn?
d) Zeichnen Sie ein t-s-, t-v- und t-a-Diagramm des gesamten Bewegungsvorganges.
($3{,}9$ m/s²; $3{,}4$ m/s; $1{,}6$ s)

---

7. Aufgabe:

Ein Körper bewegt sich gleichmäßig beschleunigt aus der Ruhelage heraus und legt in
der ersten Sekunde einen Weg von 20 cm zurück.
a) Wie groß ist der in der 5. Sekunde (10. Sekunde) zurückgelegte Weg?
b) Nach welcher Zeit hat der Körper eine Geschwindigkeit von 30 m/s erreicht?
($1{,}8$ m; $3{,}8$ m; 75 s)

---

8. Aufgabe:

Ein Flugzeug löst sich nach einer Beschleunigungszeit von 20 s mit einer Geschwindigkeit von 108 km/h vom Boden.
a) Berechnen Sie die verwendete Beschleunigung.
b) Welche Länge muß die Startbahn für diesen Startvorgang mindestens haben?
($1{,}5$ m/s²; 300 m)

---

9. Aufgabe:

Bei einer Geschwindigkeit von 72 km/h wird ein Fahrzeug auf einer Strecke von 0,20 km über 7,0 Sekunden beschleunigt. Berechnen Sie die Beschleunigung und die Endgeschwindigkeit des Fahrzeuges.

(2,4 m/s²; 132 km/h)

10. Aufgabe:

Ein Fahrradfahrer fährt mit konstanter Beschleunigung und erreicht in 4,0 Sekunden aus dem Stand eine Geschwindigkeit von 5,0 m/s. Danach fährt er 20 s mit dieser Geschwindigkeit. Abschließend bremst er mit konstanter Verzögerung und kommt nach 2,0 Sekunden zum Stehen.

Zeichnen Sie ein t-v-Diagramm des Bewegungsablaufes und berechnen Sie den insgesamt zurückgelegten Weg.

(65 m)

11. Aufgabe:

Auf einer eingleisigen, noch immer nicht stillgelegten Strecke der Bundesbahn, bleibt ein Personenzug wegen Lokschadens stehen. Im 1,0 km entfernten Bahnhof startet eine Ersatzlok mit der Beschleunigung 2,0 m/s² in Richtung des stehenden Zuges. Sie beschleunigt 15 s und fährt dann mit konstanter Geschwindigkeit weiter.

a) Wie weit vor dem stehenden Zug sollte die Ersatzlok den Bremsvorgang einleiten, wenn sie gerade noch vor dem stehenden Zug anhalten soll und mit einer Verzögerung von 5,0 m/s² abgebremst werden kann?

b) Wie lange dauert es, bis die Ersatzlok bei dem defekten Zug ankommt?

c) Zeichnen Sie ein t-s-, t-v- und t-a-Diagramm.

(90 m; 44 s)

12. Aufgabe:

Auf einer horizontalen Luftkissenfahrbahn befindet sich ein Gleiter W, der über einen dünnen Faden und eine kleine Rolle R mit dem Körper K verbunden ist. Der Wagen wird durch einen Haltemagneten H festgehalten. Wird der Schalter S geöffnet, so setzt sich der Wagen sofort in Bewegung. Er wird durch den Körper K solange beschleunigt, bis er B erreicht. Genau in diesem Augenblick trifft der Körper K auf die Platte P und bleibt dort liegen. Der Wagen fährt jedoch weiter und passiert die Marke C. Bei einem Versuch werden die Strecke s_{BC} sowie die Fahrzeiten t_{AB} und t_{BC} für die Teilstrecken s_{AB} und s_{BC} gemessen.

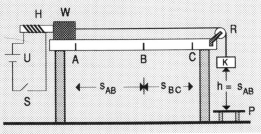

Man erhält folgende Meßwerte:

$s_{BC} = 0,40$ m;
$t_{AB} = 2,30$ s;
$t_{BC} = 0,58$ s

Abb. 2.5.6

Von Masse und Dehnung des Fadens, sowie von Reibungskräften wird abgesehen.

a) Erläutern Sie kurz, wie die Zeiten t_{AB} und t_{BC} gemessen werden können.
b) Berechnen Sie den Betrag der Geschwindigkeit v_B des Wagens in Punkt B.
c) Zeichnen Sie das t-v-Diagramm für die Bewegung des Wagens auf der Strecke s_{AC} (Maßstab: 1,0 s = 4 cm ; 0,10 m/s = 1 cm)
d) Entnehmen Sie dem Diagramm den Betrag der Beschleunigung a des Wagens auf der Strecke s_{AB}.
e) Ermitteln Sie mit Hilfe des Diagrammes die Länge der Strecke s_{AB}. Kennzeichnen Sie die Strecke s_{BC} in Ihrem Diagramm.
f) Zeichnen Sie das t-s-Diagramm für die Bewegung des Wagens auf der Strecke s_{AC}.
g) Die Masse des Wagens W beträgt $m_W = 320$ g. Berechnen Sie die Masse m_K des Körpers K.
(0,69 m/s; 0,30 m/s² und 0,79 m; 1,0 · 10⁻² kg)
(Aus dem Fachoberschulabitur 1990)

b) Bewegungen auf der schiefen Ebene:

Welche Bewegung führt der Klotz K auf der geneigten Ebene der Figur 2.5.7 aus? Dazu muß man zunächst einmal klären, welche Kraft insgesamt ($F_{resultierend}$) auf den Körper ausgeübt wird. Dann kann man mit Hilfe des 2. Axioms von Newton (F = m · a) über a(t) an v(t) und s(t) gelangen.

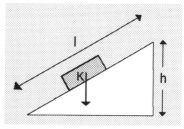

1. Fall:

Abb. 2.5.7

Wir legen einen Körper der Masse 500 g auf die in Abb.2.5.7 gezeigte schiefe Ebene. Auf ihn wird die Gewichtskraft G = mg = 0,5 kg · 10 m/s² = 5 N ausgeübt. Allerdings zeigt die Gewichtskraft nicht in eine mögliche Bewegungsrichtung (hangaufwärts, bzw. hangabwärts). Deswegen muß man die Gewichtskraft in zwei Komponenten F_H und F_N zerlegen. Dabei bezeichnet man F_H als **Hangabtriebskraft** während F_N **Normalkraft** genannt wird (Abb.2.5.8).
Weiter läßt sich der Abb. 2.5.8 entnehmen:

$$F_H = G \cdot \sin \alpha = mg \cdot \sin \alpha$$

$$F_N = G \cdot \cos \alpha = mg \cdot \cos \alpha$$

Der Winkel α ist dabei kleiner als 90° ($\alpha < 90°$). In der Abb.2.5.8 ergibt sich der Winkel α zu:

$\tan \alpha = 3/4 \Rightarrow \alpha = 36,9°$ bzw. $\sin \alpha = 0,6$ und $\cos \alpha = 0,8$, woraus die Hangabtriebskraft zu $F_H = 5$ N · 0,6 = 3 N und die Normalkraft zu $F_N = 5$ N · 0,8 = 4 N berechnet werden kann.

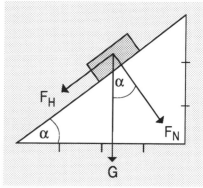

Abb. 2.5.8

Damit ist die für die Bewegung entscheidende Kraft, die Hangabtriebskraft F_H = const berechnet und man kann auf die Beschleunigung durch den Ansatz

$F = m \cdot a = mg \cdot \sin \alpha$ ⇨ $a = g \cdot \sin \alpha$ kommen. (*)

$a = 10 \frac{m}{s^2} \cdot 0{,}6 = 6 \frac{m}{s^2}$. Mit Hilfe der Formeln aus 2.5.2 a) läßt sich nunmehr s(t) und v(t) herleiten.

Bei der bisherigen Betrachtungsweise, wurde die Bedeutung der Normalkraft außer acht gelassen. Diese Kraft hängt, wie aus der 10. Klasse bekannt ist, mit der **Reibungskraft F_R** zusammen:

$$F_R = \mu \cdot F_N$$

Läßt man dies mit in die Rechnung einfließen, muß man den Ansatz (*) entsprechend verändern:

$F = m \cdot a = F_H - \mu F_N = mg \cdot \sin \alpha - \mu mg \cdot \cos \alpha$ ⇨

$$\boxed{a = g \cdot \sin \alpha - \mu g \cdot \cos \alpha} \qquad (Gl.2.5.4)$$

Die Reibungskraft muß als **bewegungshindernde Kraft** mit einem Minuszeichen verrechnet werden.

Verändert man den Winkel α der schiefen Ebene, gelangt man zu einem Fall, in dem der Körper gerade noch anfangen kann herunterzurutschen. Bei kleineren Winkeln findet keine Bewegung mehr statt. Für diesen Grenzfall gilt:

$F = F_H - \mu F_N = 0$ N bzw. $F_H = \mu \cdot F_N$ oder $g \cdot \sin \alpha = \mu g \cdot \cos \alpha$ ⇨

$$\boxed{\mu = \tan \alpha} \qquad (Gl.2.5.5)$$

Aus dieser Gleichung kann man den Grenzwinkel berechnen, ab dem bei einer vorgegebenen Haftreibungszahl eine Bewegung überhaupt erst einsetzen kann. Bei einem Winkel von 45° ist der Wert des Tangens 1. Ein derartiger Hang hat eine **Steigung von 100%**. Eine z.B. für den Straßenbau übliche Steigung wäre 7%. Der zugehörige Winkel ist somit:
tan $\alpha = 0{,}07$; $\alpha = 4°$.

Beispiel 2.5:
Ein Körper der Masse 5,0 kg gleitet aus dem Stand, oben beginnend, eine schiefe Ebene der Höhe 4,0 m auf einer Länge von 10 m herunter.
a) Welchen Neigungswinkel besitzt die schiefe Ebene?
b) Berechnen Sie die auftretende resultierende Kraft auf den Körper, wenn die Reibung 0,30 beträgt.
c) Berechnen Sie die auftretende Beschleunigung a(t) und geben Sie an, welche Zeit der Körper zum Durchrutschen der Ebene benötigt.

Lösung:

a) *gegeben: h = 4 m ; l = 10 m*

  gesucht: α

  $\sin \alpha = \dfrac{4}{10} = 0,4 \quad \Rightarrow \quad \alpha \approx 23,6°$

b) *gesucht: F in N*

  $F = mg \cdot \sin \alpha - \mu mg \cdot \cos \alpha = 6,2 \ N$

c) *gesucht: a in m/s² und t in s*

$$a = \frac{F}{m} = 1,3 \frac{m}{s^2} \quad und \quad s = \frac{1}{2}at^2 \Rightarrow t = \sqrt{\frac{2s}{a}} = 3,9 \ s$$

2. Fall:

Jetzt bewegt sich der Körper nicht mehr sich selbst überlassen nach unten, sondern wird mit Hilfe einer **Zugkraft** (F_Z), z.B. mit einer Motorkraft, nach oben gezogen. Dann sind die Hangabtriebskraft und die Reibungskraft der Zugkraft entgegengerichtet:

$$\boxed{F = m \cdot a = F_Z - F_H - \mu F_N = F_Z - mg \cdot \sin \alpha - \mu mg \cdot \cos \alpha} \qquad (Gl. \ 2.5.6)$$

Sollte die Zugkraft dabei kleiner werden als F_H und F_N, erfolgt die Bewegung wieder hangabwärts. Dabei muß man beachten, daß dann das Vorzeichen der Reibungskraft wieder positiv wird.

Bewegung hangabwärts mit Zugkraft:

$$\boxed{F = m \cdot a = F_Z - mg \cdot \sin \alpha + \mu mg \cdot \cos \alpha}$$

Beispiel 2.6:

Ein Körper der Masse 10 kg wird eine schiefe Ebene mit dem Neigungswinkel 12° mit der Kraft 100 N nach oben gezogen. Die Reibungszahl betrage 0,17. Berechnen Sie die auftretende resultierende Kraft.

$F = F_Z - mg \cdot \sin \alpha - \mu mg \cdot \cos \alpha = 100 \ N - 20 \ N - 15 \ N = 65 \ N$

c) Der freie Fall

Mit zunehmendem Winkel α der schiefen Ebene nimmt die resultierende Beschleunigung a ebenfalls zu. Im reibungslosen Fall war a = g · sin α, so daß wir a = g erreichen, wenn α = 90°, die "schiefe Ebene" also senkrecht ist. In diesem Fall fällt der Körper frei; die resultierende Kraft ist nichts anderes als die Gewichtskraft G = mg.

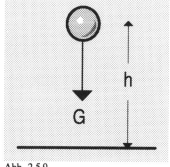

Abb. 2.5.9

Wendet man die Bewegungsgleichungen aus 2.5.2 a) an, erhält man:

$$h(t) = \frac{1}{2}gt^2; \quad v(t) = gt \quad und \quad a(t) = g = const.$$

Aus der Gl. 2.5.3 wird entsprechend: $\quad v = \sqrt{2gh + v_0^2}$

Beispiel 2.7:
Mit welcher Geschwindigkeit trifft ein Mensch auf der Wasseroberfläche bei einem Sprung von einem 5,0 m hohen Turm auf?

$h = 5m; \quad v = gt \quad und \quad h = \frac{1}{2}gt^2 \quad eingesetzt\ in\ die\ Geschwindigkeit:$

$$v = g \cdot \sqrt{\frac{2h}{g}} = \sqrt{2gh} = 9,9\frac{m}{s} = 36\frac{km}{h}$$

Mit dem in Abb. 2.5.10 skizzierten Versuchsaufbau kann man den Fall einer Metallkugel aus verschiedenen Höhen h protokollieren. Ein Kurzzeitmesser wird beim Ausschalten des Elektromagneten eingeschaltet, beim Auftreffen der Metallkugel auf der Kontaktplatte wieder gestoppt.

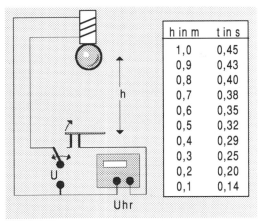

h in m	t in s
1,0	0,45
0,9	0,43
0,8	0,40
0,7	0,38
0,6	0,35
0,5	0,32
0,4	0,29
0,3	0,25
0,2	0,20
0,1	0,14

Abb. 2.5.10

Wie man dem t-h-Diagramm entnehmen kann, handelt es sich um eine gleichmäßig beschleunigte Bewegung.
Der beschriebene Versuch kann umgekehrt, wenn man den Bewegungsablauf beim freien Fall kennt, zur Bestimmung der Erdbeschleunigung (Ortsfaktor) verwendet werden. Aus der Meßtabelle kann man g bestimmen zu:

$$g = \frac{2 \cdot h}{t^2} = \frac{2 \cdot 1,0m}{(0,45s)^2} = 9,87\frac{m}{s^2}$$

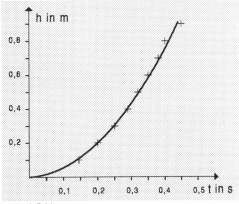

Abb. 2.5.11:
t-h-Diagramm der Meßtabelle aus Abb. 2.5.10

67

Auffällig ist, daß in den Formeln für den freien Fall die Größe **Masse** überhaupt nicht vorkommt. Scheinbar fallen Körper, unabhängig von ihrer Masse, immer gleich. Dieser Sachverhalt scheint der Erfahrung zu widersprechen. Läßt man z.B. ein Geldstück und ein Blatt in einem **Fallrohr** gleichzeitig fallen (Abb. 2.5.12), so kommt das Geldstück wesentlich schneller am unteren Ende an, als das Blatt. Dies gilt aber nur im Reibungsfall. Aus Kap. 2.5.2 b) ist bekannt, daß die resultierende Kraft bei auftretender Reibung nicht allein die Gewichtskraft ist, sondern, daß eine weitere Kraft F_R entgegen der Gewichtskraft auftritt. Versucht man die Reibungskraft im Fallrohr durch Evakuieren des Rohres auszuschließen, erkennt man, daß die beiden Körper tatsächlich gleich schnell fallen.

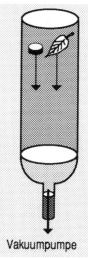

Vakuumpumpe

Abb. 2.5.12 Fallrohr

Der augenscheinliche Unterschied beim Fall zweier Körper unterschiedlicher Masse hat die Entwicklung der Fallgesetze relativ lang behindert. Bei **Aristoteles** fiel der Stein zur Erde, weil er dorthin gehörte. Zudem kannte, bzw. leugnete Aristoteles die Existenz eines Vakuums. Bei ihm war die konstante Fallgeschwindigkeit proportional zur Masse des fallenden Körpers und indirekt proportional zur Dichte des Mediums, welches er durchfällt. Dies hätte bei einem luftleeren Raum (Dichte: 0 kg/m^3) zu einer unendlich großen konstanten Fallgeschwindigkeit geführt. Somit mußte er die Existenz eines Vakuums ablehnen, weil er eine unendlich große Geschwindigkeit für unsinnig erachtete. Nicht alle Philosophen des alten Griechenland ließen sich von den Vorstellungen des Aristoteles überzeugen. So war **Straton** aus Lampsakos der Meinung, daß es durchaus ein Vakuum gebe könne. Ebenso erkannte er beim qualitativen Vergleich von Endgeschwindigkeiten fallender Körper, daß bei dieser Bewegung die Geschwindigkeit durchaus nicht konstant ist. Eine vollständige Beschreibung frei fallender Körper gelang erst Galileo Galilei im Laufe des ersten Jahrzehnts des 17. Jahrhunderts. Die entsprechenden Formeln erhielt er weit mehr durch reines Nachdenken, als durch systematisches Experimentieren. Im Experiment bestätigte er lediglich seine theoretisch gefundenen Formeln. Seine viel zitierten Fallversuche vom schiefen Turm von Pisa gehören aber in den Bereich der Legende. Insbesondere war es ihm mit seinen Mitteln kaum möglich, bei einem

Abb. 2.5.13
Galileo Galilei, 1564 - 1642

solchen Experiment die benötigten Zeiten korrekt zu messen. Ein Blick in das nachgebaute Arbeitszimmer von Galilei im Deutschen Museum in München (Abb.2.5.13) zeigt, daß er im Experiment mit wesentlich kleineren Beschleunigungen als mit der Fallbeschleunigung gearbeitet hat. Bei seinen Experimenten verwendet er nichts anderes als eine schiefe Ebene (Kugelrollbahn), wobei die auftretenden Beschleunigungen von g abhängig sind, jedoch $(g \cdot \sin \alpha)$ kleinere Werte annehmen. Die Zeitmessung erfolgte mit Hilfe von "Wasseruhren". Galilei zu Ehren wurde die Erdbeschleunigung mit einem "g" gekennzeichnet.

Abb. 2.5.14 Arbeitszimmer von Galilei

d) Die Fallmaschine nach Atwood:

Um Fallbeschleunigungen kleiner Fallhöhen genau ermitteln zu können bedarf es einer relativ genauen Zeitmessung (im Millisekundenbereich, vgl. Meßtabelle in Abb. 2.5.10). Beliebig verkleinern lassen sich die auftretenden Beschleunigungen mit Hilfe einer Fallmaschine nach Atwood (Abb.2.5.14).

Zwei Massestücke m_1 und m_2 sind über eine Schnur, welche über eine ortsfeste Rolle geführt ist, miteinander verbunden. Auf beide Massen wird eine entsprechende Gewichtskraft $G_i = m_i \cdot g$ (i = 1,2) ausgeübt.

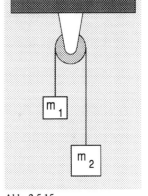

Für die resultierende Kraft F_{res} gilt:

$$F_{res} = G_2 - G_1 = m_2 \cdot g - m_1 \cdot g = (m_2 - m_1) \cdot g = (m_1 + m_2) \cdot a$$

Abb. 2.5.15
Atwoodsche Fallmaschine

Die resultierende Beschleunigung erhält man daraus zu:

$$\boxed{a = \frac{m_2 - m_1}{m_1 + m_2} \cdot g}$$ (Gl. 2.5.7)

Beispiel 2.8:
Welche Beschleunigung kann man mit Hilfe der Massen $m_1 = 400$ g und $m_2 = 600$ g errei-chen? Nach Gl. 2.5.6 ergibt sich:

$$a = \frac{0,2kg}{1kg} \cdot 9,8\,\frac{m}{s^2} = 1,96\,\frac{m}{s^2}$$

2.5.3 Aufgaben

1. Aufgabe
Ein Körper der Masse 2,0 kg gleitet eine 8,0 m lange, um 30° geneigte schiefe Ebene hinunter und kommt nach 2,0 Sekunden unten an. Die Reibung sei während der Bewegung konstant.
a) Berechnen Sie die beschleunigende Kraft.
b) Berechnen Sie die Größe der Reibungskraft.
(8,0 N; 1,8 N)

2. Aufgabe:
Ein Körper von 100 kg wird auf einer um 40° geneigten schiefen Ebene durch eine Kraft von 1,5 kN parallel zum Boden hangauf- wärts beschleunigt (Abb. 2.5.15).
a) Berechnen Sie die auftretende Normal- kraft.
b) Berechnen Sie die Größe der Reibungs- kraft, wenn die Reibungszahl $\mu = 0,10$ ist.
c) Mit welcher Beschleunigung wird der Körper hangaufwärts bewegt?
(1,7 kN; 0,17 kN; 3,4 m/s²)

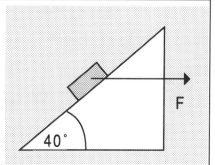
Abb. 2.5.16

3. Aufgabe:
Ein Stein fällt in einen tiefen Brunnen. Den Aufschlag des Steines kann man erst nach 12 s hören. Wie tief ist der Brunnen, wenn die Schallgeschwindigkeit 340 m/s beträgt?
$(5,3 \cdot 10^2$ m)

4. Aufgabe:
Peter wirft von einem 120 m hohen Turm einen Stein. 2 Sekunden später wirft er einen zweiten Stein hinterher.
a) Wie tief ist der erste Stein gefallen, wenn der zweite losgelassen wird?
b) Wie lange ist einer der Steine unterwegs?
c) Wie groß ist die Aufschlaggeschwindigkeit der Steine?
d) Bleibt der Abstand der beiden Steine voneinander in der ganzen Zeit, in der beide Steine eine Fallbewegung ausführen, gleich groß, oder verändert er sich? Begründen Sie Ihre Meinung.
(19,6 m; 4,95 s; 175 km/h)

5. Aufgabe:

Über eine masselose und reibungsfreie Rolle ist eine Schnur gelegt. An einem Ende der Schnur hängt ein Körper der Masse m (500 g), am anderen Ende ein Körper der Masse m + Δm (Δm = 50 g, siehe Abb. 2.5.16).

a) Mit welcher Beschleunigung setzen sich diese Körper in Bewegung?

b) Welche Geschwindigkeit erreichen sie aus der Ruhe nach 3,0 s und welchen Weg haben sie nach dieser Zeit zurück-gelegt?

c) Ändern sich die in a) bzw. b) berechneten Größen, wenn man auf beiden Seiten zusätzlich je einen Körper der Masse 100 g anhängt? Begründen Sie Ihre Meinung!

d) Wie groß muß man Δm wählen, damit man eine Be-schleunigung von 0,20 m/s² erhält?

(0,47 m/s²; 1,4 m/s; 2,1 m; 21 g)

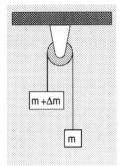

Abb. 2.5.17

6. Aufgabe:

Ein Stein der Masse 1,0 kg fällt frei auf die Oberfläche des Planeten Saturn. Nach 22 m hat er die Geschwindigkeit 22 m/s erreicht.

a) Berechnen Sie die Fallgeschwindigkeit auf dem Planeten Saturn.

b) Welches Gewicht hat dieser Stein auf dem Saturn?

c) Wie groß ist die Fallbeschleunigung auf dem Saturn für einen Stein der Masse 40 kg? Begründen Sie Ihre Meinung!

(11 m/s²; 11 N)

7. Aufgabe:

Die Fallbeschleunigung g soll experimentell ermittelt werden.

a) Skizzieren Sie eine Versuchanordnung und erläutern Sie kurz die Funktionsweise der wesentlichsten Teile.

b) Beschreiben Sie den Versuchsablauf.

c) Welche Größen werden bei dem Versuch gemessen, wie werden die Ergebnisse ausgewertet?

8. Aufgabe:

Aus welcher Höhe müßte man ein Fahrzeug frei fallen lassen, um einen Frontalaufprall mit einer Geschwindigkeit von 130 km/h (220 km/h) zu simulieren?

(66,5 m; 190 m)

9. Aufgabe:

In der allgemeinen Hektik des Manövers "Schneller Igel" springt ein Soldat ohne Fallschirm aus einem Flugzeug, welches in einer Höhe von 500 m fliegt. 5,0 Sekunden nach seinem Absprung bemerkt der Soldat beim verzweifelten Suchen nach dem Auslösemechanismus des Fallschirmes, daß er gar keinen dabei hat.

a) Wie weit ist der Soldat in diesem Zeitpunkt noch von der Erdoberfläche entfernt?

b) Wie lange ist der Soldat noch unterwegs?

c) Mit welcher Geschwindigkeit trifft er den "rettenden" 6 Meter hohen Heuhaufen?

(Bei den fortschrittlichen Kampfanzügen kann man Luftreibung getrost vernachlässigen!)

$(3,8 \cdot 10^2$ m; 5,0 s; 98 m/s)

10. Aufgabe:

Ein Körper K_1 der Masse $m_1 = 12,0$ kg befindet sich auf einer schiefen Ebene mit dem Neigungswinkel $\alpha = 35°$. K_1 beginnt mit der Anfangsgeschwindigkeit $v_0 = 2,50$ m/s abwärts zu gleiten.

a) K_1 gleitet zunächst reibungsfrei.
Welche Beschleunigung erfährt K_1?
Wie groß ist seine Geschwindigkeit nach $s_1 = 2,50$ m Gleitweg?

b) In einem neuen Versuch beträgt die Gleitreibungszahl $\mu = 0,85$. K_1 hat wieder die abwärtsgerichtete Anfangsgeschwindigkeit v_0.
Nach welchem Gleitweg s_2 kommt K_1 zum Stillstand?

c) Nach welcher Zeit ist die Geschwindigkeit auf den halben Wert gesunken?
Für welchen Neigungswinkel würde sich K_1 gleichförmig bewegen?

d) Nun wird ein Körper K_2 der Masse m_2 mit einem Seil an K_1 befestigt (Abb. 2.5.17).
Wie groß muß m_2 bei $\alpha = 35°$ gewählt werden, damit K_1 gleichförmig abwärts gleitet?
Wie groß ist die Zugkraft im Seil?

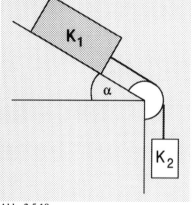

Abb. 2.5.18

(Aus dem LK-Abitur 1982, Baden-Württemberg)

$(5,6$ m/s^2; 5,9 m/s; 2,6 m; 1,05 s; 40,4°; 1,47 kg; 14,4 N)

11. Aufgabe:

Ein Körper K_2($m_2 = 7,0$ kg), der sich in einer Höhe $h = 7,5$ m über dem Punkt B befindet, ist durch ein Seil mit dem Körper K_1($m_1 = 2,0$ kg) verbunden. Die Körper setzen sich zur Zeit $t = 0$ s aus der Ruhe heraus in Bewegung. K_1 gleitet reibungsfrei auf einer schiefen Ebene mit dem Neigungswinkel $\alpha = 30°$.

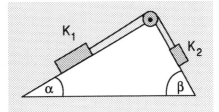

a) Wann und mit welcher Geschwindigkeit v erreicht K_2 den Punkt B?

b) Mit welcher Kraft wird K_1 auf der schiefen Ebene nach oben gezogen?

Abb. 2.5.19

c) In B wird K_2 abgetrennt. Nachdem der Körper K_1 zur Ruhe gekommen ist, gleitet er wieder zurück. Wann und mit welcher Geschwindigkeit erreicht K_1 wieder die Ausgangslage A?

(Aus dem LK-Abitur 1983, Baden-Württemberg)

(10 m/s; 23,4 N; 6,1 s)

12. Aufgabe:

Zwei Körper K_1 der Masse $m_1 = 600$ g und K_2 mit der Masse m_2 gleiten auf schiefen Ebenen, die die Winkel $\alpha = 30°$ und $\beta = 60°$ mit der Horizontalen bilden. Die Körper sind über eine Umlenkrolle durch ein Seil miteinander verbunden (Abb. 2.5.19).

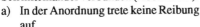

a) In der Anordnung trete keine Reibung auf.
Berechnen Sie m_2 so, daß K_1 und K_2 in Ruhe bleiben.

Abb. 2.5.20

b) Mit welcher Beschleunigung setzen sich die Körper in Bewegung, wenn die beiden Massen gleich groß sind?

c) Nun tritt auf beiden schiefen Ebenen eine Haftreibung von $\mu = 0,40$ auf.
Berechnen Sie die maximale Masse von K_2, bei der die Körper gerade noch in Ruhe bleiben.

(Nach dem LK-Abitur 1986, Baden-Württemberg)

(0,35 kg; 1,8 m/s²; 0,76 kg)

13. Aufgabe:

Ein frustrierter Physiklehrer springt vom Dach eines vierstöckigen Gymnasiums (Höhe $h = 28$ m).

a) Wie lange hat er Zeit diesen Entschluß zu bereuen?

b) Mit welcher Geschwindigkeit trifft er auf das vorher unten aufgespannte Sprungtuch?

(2,4 s; 85 km/h)

14. Aufgabe:

Ein Wagen der Masse 600 kg fährt am Sandstrand ($\mu = 0,30$). Der Motor bringt eine Kraft von 3,0 kN auf die Räder.

a) Berechnen Sie die auftretende Beschleunigung.

b) Wie lange braucht der Wagen von 0 km/h auf 100 km/h?

c) Wenn der Wagen eine Sanddüne mit dem Steigungswinkel 8° befährt, so verringert sich seine Beschleunigung. Um wieviel m/s^2 wird sie geringer?

($2,1$ m/s^2; 14 s; $0,72$ m/s^2)

15. Aufgabe:

Ein Stein wird von einem 100 m hohen Turm fallengelassen.

a) Welche Höhe hat er nach drei Sekunden durchfallen?

b) Nach welcher Zeit schlägt er am Boden auf?

c) Mit welcher Geschwindigkeit schlägt er auf?

(Reibungseffekte sind zu vernachlässigen!)

(44 m; $4,5$ s; 44 m/s)

16. Aufgabe:

Ein Körper bewegt sich auf einer schiefen Ebene aus der Ruhelage. Die Messung ergibt:

s in m	0,0	0,12	0,48	1,08	1,92
t in s	0,0	1,00	2,00	3,00	4,00

a) Fertigen Sie ein t-s-Diagramm der Bewegung an ($1s \,\hat{=}\, 2cm$; $1m \,\hat{=}\, 5cm$).

b) Um welche Bewegungsart handelt es sich? Nachweis!

c) Berechnen Sie die bei der Bewegung auftretende Beschleunigung!

d) Stellen Sie die vollständige Bahngleichung auf! (Mit entsprechend eingesetzten Werten; $s(t) = ...$).

e) Wie erhält man die Momentangeschwindigkeit zum Zeitpunkt $t_0 = 2,5$ s (graphisch; rechnerisch)?

f) Berechnen Sie die Momentangeschwindigkeit aus e)!

($0,24$ m/s^2; $0,6$ m/s)

2.6 Die harmonische Schwingung

In Kapitel 2.5 wurden die Fälle F = 0 N und F = const. behandelt. In der Realität ändert sich die Kraft F oft in Abhängigkeit von der Zeit t, bzw. vom Weg s ⇨ F = F(t), bzw. F = F(s). Ein Beispiel dafür sind Schwingungen.

2.6.1 Das Fadenpendel

Eine in Bewegung befindliche Schiffschaukel (Abb. 2.6.1) wird nur durch die Reibung (Drehachse, Luft,...) gebremst. Ohne Reibung würde sich die Schaukelbewegung zwischen den beiden Umkehrpunkten unaufhörlich wiederholen. Eine solche zeitlich periodisch sich wiederholende Bewegung um eine Gleichgewichtslage heißt **Schwingung**. Damit eine Schwingung stattfinden kann, müssen sogenannte Rückstellkräfte F_R vorhanden sein, die auf den schwingenden Körper stets in Richtung der Gleichgewichtslage wirken. Sind diese Kräfte mechanischer Natur (Schwerkraft, Federkraft,...) spricht man von mechanischen Schwingungen (z.B. im Gegensatz zu elektrischen Schwingungen).

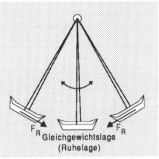

Abb. 2.6.1

Abstrahiert man die schwingende Schiffschaukel, erhält man einen an einem masselosen Faden schwingenden Körper der Masse m. Eine solche Vorrichtung heißt Fadenpendel (Abb. 2.6.2). Die Auslenkung wird durch den Winkel a ausgedrückt. Die Gewichtskraft F_G kann in zwei Komponenten zerlegt werden: F_F und F_R. Die Kraft F_F wirkt in Richtung des gestreckten Fadens und spannt diesen, die Kraft F_R treibt den Körper in Richtung Gleichgewichtslage und stellt die Rückstellkraft dar.

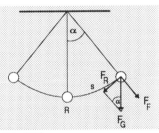

Abb. 2.6.2

Nach Abb. 2.6.2 gilt: $\sin\alpha = \dfrac{F_R}{F_G}$ ⇨ $F_R = F_G \cdot \sin\alpha$

α in Grad	α im Bogenmaß	sinα	Unterschied
1	0,01745	0,01745	0,000 %
3	0,05236	0,05234	0,005 %
5	0,08727	0,08716	0,046 %
7	0,12217	0,12187	0,127 %
10	0,17453	0,17365	0,250 %
15	0,26180	0,25882	1,152 %

Tab. 2.6.1

Die Rückstellkraft ist keine konstante Größe, sondern abhängig von der Auslenkung

⇨   F = F(s)

Für kleine Auslenkungen α unterscheidet sich der Bogen nur unwesentlich von der Strecke $\overline{RU}$ (siehe Abb. 2.6.3). Wie man aus der Tabelle 2.6.1 sieht, kann man in diesem Fall für sin α näherungsweise α (im Bogenmaß) setzen.

Nach Abb. 2.6.3 gilt:

$$\sin\frac{\alpha}{2} \approx \frac{\alpha}{2} \approx \frac{0,5 \cdot s}{1} \qquad \Rightarrow \qquad \alpha \approx \frac{s}{1}$$

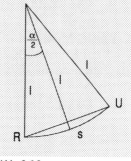

Abb. 2.6.3

Unter dieser Näherung wird die Rückstellkraft F_R zu

$$F_R = F_G \cdot \sin\alpha = F_G \cdot \alpha = mg \cdot \frac{s}{1} = F_R\,(s)$$

Beispiel 2.9:
Ein Pendel (l = 20 cm, m = 0,60 kg) wird um 12° ausgelenkt.
Berechnen Sie die Rückstellkraft.
Für den Bogen s gilt:

$$s = r \cdot \pi \cdot \frac{\alpha}{180°} = 0,2\,m \cdot 3,14 \cdot \frac{12°}{180°} = 0,04\,m \quad \Rightarrow \quad F_R = 0,6\,kg \cdot 9,81\frac{m}{s^2} \cdot \frac{0,04\,m}{0,2\,m} = 1,2\,N$$

Zur Darstellung der Schwingung wählen wir ein Bezugssystem, bei dem der Koordinatenursprung in der Gleichgewichtslage des Körpers liegt. Damit erhält F_R ein negatives Vorzeichen.

$$F_R = -mg \cdot \frac{s}{1} \qquad \text{(Gl. 2.6.1)}$$

Nach dieser Gleichung gilt $F_R \sim s$. Schwingungen, bei denen die Rückstellkraft, wie in diesem Fall, der Auslenkung direkt proportional ist, heißen **harmonische Schwingungen**.

Beispiel 2.10:
Eine Kugel, die an einer masselosen Feder hängt, wird aus der Ruhelage nach unten gezogen und losgelassen. Sie beginnt zu schwingen (Federpendel). Die Rückstellkraft ist in diesem Fall die negative Federkraft F = – D · s. Diese Kraft ist ebenfalls proportional zur Auslenkung s, die Schwingung ist also harmonisch.

Die momentane Auslenkung eines schwingenden Körpers ist zeitabhängig und wird als **Elongation s(t)** bezeichnet. Die maximal erreichbare Elongation heißt **Amplitude A**. Wenn ein Körper schwingt, besitzt er in jedem Punkt seiner Bahn einen genau definierten Schwingungszustand (Ort, Geschwindigkeit, Beschleunigung). Die Zeit zwischen zwei aufeinanderfolgenden, gleichen Schwingungszuständen heißt **Schwingdauer T** oder **Periode T**.

Beispiel 2.11:
Ein Fadenpendel schwingt von der Gleichgewichtslage zum linken Umkehrpunkt, von da zurück zum rechten Umkehrpunkt. Passiert es nun bei der Rückkehr vom rechten Punkt wieder die Gleichgewichtslage, besitzt es denselben Schwingungszustand. Die Zeitdauer für die gesamte Bewegung ist die Schwingdauer T.

Will man die Schwingdauer experimentell bestimmen, wird man beispielsweise ein Fadenpendel mehrere Schwingungen (Anzahl n) ausführen lassen und die dazu benötigte Zeit t messen. Man definiert:

 $$\boxed{\textbf{Frequenz } f = \frac{n}{t}}$$ (Gl. 2.6.2) ⇨ $[f]$ in $\frac{1}{s} = 1\,Hz$

Die Einheit der Frequenz ist eine Zahl durch eine Zeiteinheit, z.B. $\frac{1}{s}$. Dafür wird die abgeleitete Einheit Hertz, in Zeichen Hz, verwendet:

Für n = 1 ist die benötigte Zeit t die Schwingdauer T: ⇨

 $$\boxed{f = \frac{n}{t} = \frac{1}{T}}$$ (Gl. 2.6.3)

Beispiel 2.12:
Ein Pendel führt in 20 Sekunden 8 Schwingungen aus.

$$f = \frac{8}{20\,s} = 0,4\,Hz \quad und \quad T = \frac{1}{f} = \frac{1}{0,4\,Hz} = 2,5\,s$$

---

1. Aufgabe:
Ein Fadenpendel besitzt die Frequenz 1,2 Hz. Wieviele Schwingungen werden in 5 Sekunden ausgeführt?
(6)

---

2. Aufgabe:
Ein Körper der Masse 2,0 kg hängt an einem masselosen Faden der Länge 40 cm und wird um 18° aus der Ruhelage ausgelenkt. Bestimmen Sie die Rückstellkraft.
(6,2 N)

---

3. Aufgabe:
Ein Fadenpendel (Pendellänge l = 25 cm, Masse m = 1,50 kg) besitzt eine Rückstellkraft von 10 N. Berechnen Sie die momentane Auslenkung in Grad und geben Sie die Höhe über der Gleichgewichtslage an.
(38,9°; 5,6 cm)

2.6.2 Bahnbestimmung

Eine Masse m hängt an einer masselosen Feder mit der Federkonstante D. Die Feder wird um $s_0 = A$ aus der Gleichgewichtslage gedehnt und losgelassen. Die Feder schwingt harmonisch (Abb. 2.6.4, vgl. Beispiel 3).

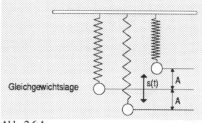

Abb. 2.6.4

Um die Bahn des Körpers rechnerisch zu erfassen, zerlegen wir sie in Einzelpunkte, die den zeitlichen Abstand Dt besitzen (vgl. Methode in Kap. 1.4). Im Augenblick des Loslassens (Startzeit t = 0 s) besitzt der Körper eine Elongation $s = s_0$, keine Geschwindigkeit ($v_0 = 0$ m/s), jedoch eine Beschleunigung a. Mit Hilfe der Gleichungen von Kap. 1 ist es möglich, die Daten für den nächsten Bahnpunkt zu berechnen. Dieser Punkt wird nun als Ausgangspunkt verwendet und der nächste berechnet.

Die Rückstellkraft F_R ist der Kraft, die nötig ist, die Feder zu dehnen, entgegengesetzt gleich:

$$F_R = -D \cdot s = m \cdot a \quad \Rightarrow \quad a = -\frac{D \cdot s}{m}$$

Mit der daraus bestimmten Beschleunigung läßt sich nach Gl. 1.4.3 die Geschwindigkeit im nächsten Punkt zur Zeit $t + \Delta t$ berechnen: $\qquad v(t + \Delta t) = v_0 + a \cdot \Delta t$

Mit diesem Wert und mit Gl. 1.3.3: $\qquad \Rightarrow \qquad s(t + \Delta t) = s_0 + v(t + \Delta t) \cdot \Delta t$

Es läßt sich folgende Tabelle erstellen:

Zeit	Geschwindigkeit	Ort	Beschleunigung	
t	v_0	s_0	$a_0 = -(D \cdot s_0)/m$	
$t_1 = t + \Delta t$	$v_1 = v_0 + a_0 \cdot \Delta t$	$s_1 = s_0 + v_1 \cdot \Delta t$	$a_1 = -(D \cdot s_1)/m$	
$t_2 = t + 2 \cdot \Delta t$	$v_2 = v_1 + a_1 \cdot \Delta t$	$s_2 = s_1 + v_2 \cdot \Delta t$	$a_2 = -(D \cdot s_2)/m$	usw.

10 input"Zeitintervall:";dt	Eingabe des Zeitintervalles
20 m = 1: d = 27.5: s = -40	Festlegen der Grunddaten
30 t = 0: v = 0:ende=2/dt	Startzeit, Startgeschw., Ende
40 for i = 1 to ende	Schleifenbeginn
42 print t, s	Ausdruck von Zeit und Ort
44 a$ = inkey$	Ausdruck nur auf Tasten-
46 if a$ = "" then goto 44	druck weiter
50 f = -D*s: a = f/m	neue Beschleunigung berechnen
60 v = v + a*dt	neue Geschwindigkeit berechnen
70 s = s + v*a*t	neuen Ort berechnen
80 t = t + dt	Um ein Zeitintervall erhöhen
90 next i	nächster Wert
99 end	Ende

Abb. 2.6.5

Für solche Berechnungen eignet sich ein Computer. Abb. 2.6.5 zeigt ein einfaches BASIC Programm. Mit Hilfe eines Rechenprogramms kann dann auch das Zeitintervall sehr einfach verkleinert werden. Tab. 2.6.2 zeigt die Ergebnisse einer solchen Rechnung. Dabei wurden folgende Daten vorgegeben:

Masse: $\qquad m = 1$ kg

Startauslenkung: $s_0 = -40{,}0$ cm

Federkonstante: $D = 27{,}5$ N/m

Startzeit: $\qquad t = 0$ s

Zeitintervall: $\qquad \Delta t = 0{,}1$ s (0,01 s; 0,001 s)

Zeit	verschiedene Zeitintervalle Δ t		
t in s	Δt = 0,1 s	Δt = 0,01 s	Δt = 0,001 s
0,0	- 40,0	- 40,0	- 40,0
0,1	- 29,0	- 34,1	- 34,6
0,2	- 10,1	- 19,0	- 19,9
0,3	11,7	1,2	0,2
0,4	30,2	21,0	20,2
0,5	40,4	35,2	34,8
0,6	39,5	40,0	40,0
0,7	27,7	34,0	34,5
0,8	8,3	18,8	19,7
0,9	- 13,4	- 1,4	- 0,4
1,0	- 31,4	- 21,2	- 20,4
1,1	- 40,8	- 35,3	- 34,9
1,2	- 38,9	- 40,0	- 40,0
1,3	- 26,4	- 33,5	- 34,4
1,4	- 6,6	- 18,7	- 19,5
1,5	15,0	1,6	0,6
1,6	32,5	21,4	20,5
1,7	41,0	35,4	35,0
1,8	38,3	40,0	40,0
1,9	25,0	33,8	34,3
	Weg s(t) in cm		

Tab. 2.6.2

Bei der Berechnung der Werte wird davon ausgegangen, daß die Geschwindigkeit zwischen zwei Punkten konstant ist. Aufgrund dieser falschen Annahme ergeben sich in der ersten Spalte noch sehr grobe Werte. Dabei können sich Ausschläge ergeben, die größer als die Startauslenkung sind (vgl. t = 1,7 s bei Δt = 0,1 s). Für die weitere Arbeit verwenden wir die wesentlich genaueren Werte der rechten Spalte.

Tragen wir nun die Werte in ein t-s-Diagramm ein (Abb. 2.6.6):

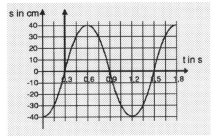

Abb. 2.6.6 t-s-Diagramm

Für $t_1 = 0,6$ s und $t_2 = 1,8$ s ergeben sich nach dem Diagramm dieselben Schwingungszustände. Wir können daraus die Schwingdauer T leicht bestimmen:

$$T = t_2 - t_1 = 1,8\ s - 0,6\ s = 1,2\ s$$

Die Kurve erinnert an eine trigonometrische Funktion. Verschiebt man den Koordinatenursprung zum Schnittpunkt der Kurve mit der t-Achse (Verschiebung um 0,3 s), erhält man eine sinusähnliche Form. Da die Sinus-Funktion maximal den Wert 1 annehmen kann, hier aber der s-Wert bis s_0 reicht, rechtfertigt dies folgenden Ansatz:

$$s(t) = s_0 \cdot \sin \varphi$$

In der Größe φ muß der momentane Zeitpunkt t enthalten sein: ⇨

$$s(t) = s_0 \cdot \sin(k \cdot t)$$

Nun versucht man den Faktor k zu bestimmen. Naturgemäß wird er von den Größen m und D abhängen, da das Pendel für verschiedene Massen, bzw. für verschiedene Federkonstanten ein anderes Schwingungsverhalten zeigt. Eine Hilfe ist es, die Einheiten zu betrachten: Das Argument der Sinusfunktion ist eine unbenannte Größe, also muß k die Einheit $1/s$ besitzen. Die Frage ist, wie kann man D und m verknüpfen, um diese Einheit zu erhalten:

$$[D] \text{ in } \frac{N}{m} = \frac{kg \cdot m}{m \cdot s^2} \quad \text{und } [m] \text{ in kg}$$

Als Lösung bietet sich die Größe $\sqrt{\dfrac{D}{m}}$ in $\dfrac{1}{s}$ an ⇨ $s(t) = s_0 \cdot \sin(\sqrt{\dfrac{D}{m}} \cdot t)$

In Tab. 2.6.3 werden die Werte aus Tab. 2.6.2, dritte Spalte, mit den aus der obigen Gleichung berechneten Werten verglichen. Dabei ist die Verschiebung des Koordinatensystems um t = 0,3 s berücksichtigt.

Die Übereinstimmung der Werte bestätigt die Gleichung. Die Wurzel aus D/m wird kurz mit dem Zeichen ω bezeichnet und heißt, momentan noch nicht verständlich, Winkelgeschwindigkeit. Eine Erklärung für diesen Namen wird in Kap. 4 gegeben.

Zeit t in s	Tab. 2.7.2 s in cm	ber. Werte s in cm
0,0	- 40,0	- 40,0
0,1	- 34,6	- 34,7
0,2	- 19,6	- 20,0
0,3	0,2	0,0
0,4	20,2	20,0
0,5	34,8	34,7
0,6	40,0	40,0
0,7	34,5	34,6
0,8	19,7	19,9
0,9	- 0,4	- 0,2
1,0	- 20,4	- 20,2

Tab. 2.6.3

$$\omega = \sqrt{\frac{D}{m}} \qquad [\omega] \text{ in } \frac{1}{s} \qquad \text{(Gl. 2.6.4)}$$

Verwendet man statt der Größe s_0 den gleichwertigen Buchstaben A (Amplitude), ergibt sich für die Bahnkurve der harmonischen Schwingung:

$$s(t) = A \cdot \sin(\omega \cdot t) \qquad \text{(Gl. 2.6.5)}$$

Beispiel 2.13:
Ein Federpendel (D = 18,0 N/m; m = 0,80 kg; A = 12,0 cm) schwingt. Die Zeitmessung soll beginnen, wenn der Pendelkörper sich von unten durch die Gleichgewichtslage bewegt. Wo befindet er sich nach 3,2 s?

$$s(t) = A \cdot \sin(\omega t) = 0,12\,m \cdot \sin(\sqrt{\frac{18\,N}{0,8\,kg \cdot m}} \cdot 3,2\,s) = 0,06\,m$$

Der Körper befindet sich also 6 cm über der Ruhelage.

Im Beispiel 2.13 konnte zwar der Ort des Körpers bestimmt werden, jedoch nicht die Bewegungsrichtung. Man kann nun die Geschwindigkeit v und die Beschleunigung a des Körpers wieder in jedem Punkt (mit Hilfe des Computers) tabellieren (Tab. 2.6.4) und die entsprechenden Diagramme (mit der Verschiebung) zeichnen (Abb. 2.6.7 und Abb. 2.6.8).

t in s	v in m/s	a in m/s²
0,0	0,00	11,00
0,1	1,05	9,53
0,2	1,81	5,51
0,3	2,09	0,00
0,4	1,81	- 5,51
0,5	1,04	- 9,54
0,6	- 0,01	- 11,00
0,7	- 1,06	- 9,51
0,8	- 1,83	- 5,47
0,9	- 2,10	- 0,10
1,0	- 1,81	5,55
1,1	- 1,04	9,56
1,2	0,02	11,00
1,3	1,05	9,48
1,4	1,82	5,41
1,5	2,09	- 0,11
1,6	1,80	- 5,60
1,7	1,02	- 9,59
1,8	- 0,03	- 11,00

Tab. 2.6.4

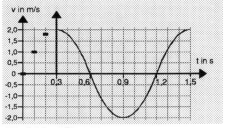

Abb. 2.6.7 t-v-Diagramm   Abb. 2.6.8 t-a-Diagramm

Die Geschwindigkeitskurve gleicht einer Kosinus-Funktion, die Beschleunigungskurve einer negativen Sinus-Funktion.

Ansatz: $v(t) = k_1 \cdot \cos(\omega \cdot t)$
$a(t) = - k_2 \cdot \sin(\omega \cdot t)$

Um die Faktoren k_1 und k_2 zu bestimmen, werden mehrere Versuche mit unterschiedlicher Amplitude A, unterschiedlichen Massen und unterschiedlichen Federkonstanten durchgeführt. Die Versuche sollen hier nicht weiter betrachtet werden, da sie grundsätzlich nichts Neues bringen. Außerdem gibt es mit Hilfe der Differentialrechnung (vgl. Kap 2.6.4) einen recht einfachen Herleitungsweg. Als Ergebnis für k_1 erhält man $A\omega$, für k_2 ergibt sich der Term $A\omega^2$.

⇨

$$v(t) = A \cdot \omega \cdot \cos(\omega \cdot t)$$ (Gl. 2.6.6)
$$a(t) = - A \cdot \omega^2 \cdot \sin(\omega \cdot t)$$ (Gl. 2.6.7)

Beispiel 2.14:
Das Federpendel (m = 1,0 kg; D = 40 N/m; A = 0,25 m) schwingt. Die Zeitmessung soll beginnen, wenn der Pendelkörper sich von unten durch die Gleichgewichtslage bewegt. In welcher Lage befindet er sich nach 5,3 s?

$$\omega = \sqrt{\frac{D}{m}} = \sqrt{\frac{40\,N}{1\,kg \cdot m}} = 6,3\frac{1}{s}$$

$s(t) = A \cdot \sin(\omega \cdot t) = 0,25\ m \cdot \sin(6,3 \cdot 5,3) = 0,23\ m$
$v(t) = A \cdot \omega \cdot \cos(\omega \cdot t) = 0,25\ m \cdot 6,3\ 1/s \cdot \cos(6,3 \cdot 5,3) = - 0,62\ m/s$
$a(t) = - A \cdot \omega^2 \cdot \sin(\omega \cdot t) = - 0,25\ m \cdot 6,3^2\ 1/s^2 \cdot \sin(6,3 \cdot 5,3) = - 9,1\ m/s^2$

Der Körper befindet sich 23 cm über der Gleichgewichtslage und bewegt sich zu ihr hin. Das negative Vorzeichen der Geschwindigkeit zeigt an, daß sich der Körper nach unten bewegt. Er kommt also von seinem oberen Umkehrpunkt zurück. Die momentane Beschleunigung beträgt – 9,1 m/s², d.h. der Körper wird abgebremst und seine Geschwindigkeit nimmt ab.

Mit Hilfe von Gl. 2.6.7 kann man nun das Newtonsche Kraftgesetz für die harmonische Schwingung aufstellen:

$F = m \cdot a(t) = -m \cdot A \cdot \omega^2 \cdot \sin(\omega t)$

Berücksichtigen wir: $s(t) = A \cdot \sin(\omega t)$ ⇨

$$\boxed{F = -m \cdot \omega^2 \cdot s(t)}$$ (Gl. 2.6.8)

Kraftgesetz der harmonischen Schwingung

Einige Hinweise zum praktischen Rechnen:

1) Um die Sinus- und Kosinuswerte am Taschenrechner zu erhalten, muß dieser selbstverständlich auf "Bogenmaß" ("RAD") eingestellt sein.

2) Bei der Berechnung der Sinus- und der Kosinusfunktionen können Taschenrechner ihren Dienst verweigern. Die Argumente der Funktionen sind dann zu groß. Nachdem aber die beiden Funktionen eine Periode von 2π besitzen, können wir vom Argument Vielfache von 2π abziehen, ohne das Ergebnis zu ändern ($\sin 40 = \sin(40 - 10\pi) = \sin 8{,}584 = 0{,}1493$).

---

4. Aufgabe:
Bestimmen Sie Ort, Geschwindigkeit und Beschleunigung nach 3,0 s für ein Federpendel mit der Masse m = 0,60 kg, der Federkonstante D = 32 N/m und der Amplitude A = 24 cm.
(2 cm; –1,75 m/s; –1,1 m/s²)

---

5. Aufgabe:
Zeichnen Sie für die Aufgabe 4 ein t-s-Diagramm, ein t-v-Diagramm und ein t-a-Diagramm.

---

6. Aufgabe:
Ein Federpendel mit $\omega = 5{,}0\ \text{s}^{-1}$ besitzt zum Zeitpunkt t = 2,0 s die Elongation s = –2,4 cm. Wie groß ist die Amplitude A?
(4,4 cm)

2.6.3 Schwingdauer einer harmonischen Schwingung

t in s	A = 10 cm s(t) in cm	A = 20 cm s(t) in cm	A = 30 cm s(t) in cm
0,0	0,0	0,0	0,0
0,2	9,5	19,0	28,5
0,4	5,8	11,7	17,6
0,6	-5,9	-11,8	-17,7
0,8	-9,6	-19,1	-28,6
1,0	0,0	0,0	0,0
1,2	9,6	19,0	28,5
1,4	5,8	11,7	17,6
1,6	-5,9	-11,8	-17,7
	D = 39,48 N/m und m = 1 kg		

Tab. 2.6.5

t in s	m_1 = 0,51 kg s(t) in cm	m_2 = 0,80 kg s(t) in cm	m_3 = 1,15 kg s(t) in cm	m_4 = 1,56 kg s(t) in cm
0,00	0,0	0,0	0,0	0,0
0,25	14,1	11,7	9,9	8,6
0,50	19,9	18,9	17,2	15,6
0,75	14,2	19,0	19,9	19,5
1,00	0,2	11,9	17,4	19,4
1,25	-14,0	0,3	10,1	15,6
1,50	-20,0	-11,5	0,0	8,6
1,75	-14,4	-18,9	-9,8	0,0
2,00	-0,5	-19,2	-17,2	- 8,8
2,25	13,8	-12,3	-20,0	-15,7
2,50	19,9	-0,7	-17,6	-19,6
2,75	14,5	11,1	-10,5	-19,5
3,00	0,6	18,7	-0,6	-15,7
3,25	-13,7	19,2	9,4	- 8,7
3,50	-19,7	12,4	16,9	0,0
	T = 2 s	T = 2,5 s	T = 3 s	T = 3,5 s
	A = 20 cm und D = 5 N/m			

Tab. 2.6.6

Die Schwingdauer T ist die Zeitdifferenz zwischen zwei benachbarten Punkten mit gleichem Schwingungszustand. Eine offene Frage ist, wie die Schwingdauer von den Grundgrößen A, D und m abhängt. Dazu schaut man sich die Gleichung der Bahnkurve an:

$$s(t) = A \cdot \sin(\omega \cdot t)$$

Der Faktor A bewirkt lediglich eine Änderung der s-Koordinate im Vergleich zweier verschiedener t-Werte, keine Verschiebung aber entlang der t-Achse. Die Amplitude A darf also keinen Einfluß auf die Schwingdauer T besitzen. Tab. 2.6.5 zeigt die Rechenergebnisse des Computerprogramms für eine Schwingung mit drei verschiedenen Amplituden, bei stets denselben D- und m-Werten. Die Schwingdauer beträgt in jedem Fall 1,0 s.

Nun betrachtet man die (berechneten) Schwingungen einer Feder mit derselben Amplitude, aber verschiedenen m-Werten. In Tab. 2.6.6 sind die Werte für vier verschiedene Massen m_1 bis m_4 bei einer Amplitude von 20,0 cm aufgeführt. Aus den Daten kann man die jeweilige Schwingdauer ablesen.

Aus der Tabelle erkennt man, daß die Schwingdauer mit zunehmender Masse größer wird. Falls die Schwingdauer T direkt proportional zur Masse m wäre, müßte der Quotient T/m konstant sein. Dies ist für T/m nicht der Fall, wohl aber für T^2/m (im Rahmen der Rechengenauigkeit).

$$\Rightarrow \quad T^2 \sim m$$

Nun führt man denselben Versuch bei gleicher Masse m mit verschiedenen Federhärten (D_1 bis D_4) durch und betrachtet die Ergebnisse in Tab. 2.6.7.

Eine Zunahme der Federkonstante D bewirkt eine Verringerung der Schwingdauer. Es könnte also eine indirekte Proportionalität vorliegen. Dann müßte das Produkt T · D konstant sein. Wie oben gilt dies nicht für T, aber für $T^2 \cdot D$ erhalten wir konstante Werte.

$$\Rightarrow \quad T^2 \sim \frac{1}{D}$$

Fassen wir beide Ergebnisse zusammen:

$$\Rightarrow \quad T^2 \sim \frac{m}{D}$$

t in s	D = 3,7 N/m s(t) in cm	D = 5,0 N/m s(t) in cm	D = 7,3 N/m s(t) in cm	D = 11,3 N/m s(t) in cm
0,00	0,0	0,0	0,0	0,0
0,25	8,6	9,9	11,7	14,1
0,50	15,6	17,2	19,0	19,9
0,75	19,4	19,9	18,9	14,2
1,00	19,5	17,4	11,6	0,1
1,25	15,6	10,1	-0,2	-14,1
1,50	8,7	0,2	-12,0	-20,0
1,75	0,0	-9,8	-19,1	-14,4
2,00	-8,7	-17,2	-19,0	-0,3
2,25	-15,6	-20,0	-11,6	13,9
2,50	-19,5	-17,6	0,3	19,9
2,75	-19,6	-10,5	12,0	14,4
3,00	-15,7	-0,6	19,1	0,4
3,25	-8,8	9,4	18,8	-13,9
3,50	-0,2	16,9	11,4	-20,0
	T = 3,5 s	T = 3 s	T = 2,5 s	T = 2 s
	m = 1,15 kg und A = 20 cm			

Tab. 2.6.7

Diese Proportionalität kann durch Einfügen eines Proportionalitätsfaktors k als Gleichung geschrieben werden:

$$T^2 = k \cdot \frac{m}{D} \quad \Rightarrow \quad k = T^2 \cdot \frac{D}{m}$$

	aus Tab. 2.6.6				aus Tab 2.6.7				
T^2	4	6,25	9	12,25	4	6,25	9	12,25	s^2
D	5	5	5	5	11,3	7,3	5	3,7	N/m
m	0,51	0,8	1,15	1,56	1,15	1,15	1,15	1,15	kg
k	39,2	39,1	39,1	39,3	39,3	39,7	39,1	39,4	

Als Mittelwert ergibt sich: $k = 314{,}2/8 = 39{,}28 \approx 4\pi^2$

$$\Rightarrow \quad \boxed{T^2 = 4\pi^2 \frac{m}{D} \quad \Rightarrow \quad T = 2\pi \sqrt{\frac{m}{D}}} \quad \text{(Gl. 2.6.9)}$$

Bei der Herleitung der obigen Gleichung wurde der Weg der **theoretischen Physik** beschritten und aus mathematischen Überlegungen ein Gesetz hergeleitet (deduktives Verfahren[*]). Dieses Gesetz muß nun durch Experimente bestätigt werden. Der Weg der **experimentellen Physik** wäre genau entgegengesetzt gewesen: Aus Versuchsergebnissen wird ein Gesetz entwickelt, das beim Einsetzen der jeweiligen Werte genau diese Ergebnisse als Lösung bringt. Durch weitere Experimente wird dann dieses Gesetz bestätigt, eventuell korrigiert und verbessert, oder widerlegt (induktives Verfahren[**]).

---

[*] deducere (lat.) = herabführen;   [**] inducere (lat.) = hineinführen

Jetzt läßt sich auch die Frequenz des Federpendels durch D und m, bzw. durch ω ausdrücken. Aus Gl. 2.6.3 ist bekannt:

$$f = \frac{1}{T} \quad \Rightarrow \quad f = \frac{1}{2\pi} \cdot \sqrt{\frac{D}{m}} = \frac{\omega}{2\pi} \quad \Rightarrow \quad \boxed{f = \frac{\omega}{2\pi}} \qquad \text{(Gl. 2.6.10)}$$

Beispiel 2.15:
*Eine Kugel der Masse 0,8 kg hängt an einer masselosen Feder und schwingt in 12 Sekunden genau 3 mal. Bestimmen Sie die Federkonstante (sogenannte **dynamische Methode**).*

$$f = \frac{n}{t} = \frac{3}{12\,s} = 0,25\,Hz; \quad (also\ T = \frac{1}{f} = 4\,s)$$

$$f = \frac{1}{2\pi} \cdot \sqrt{\frac{D}{m}} \quad \Rightarrow \quad D = f^2 \cdot 4\pi^2 \cdot m = 0,25^2 \frac{1}{s^2} \cdot 4\pi^2 \cdot 0,8\,kg = 1,97\frac{kg}{s^2} = 1,97\frac{N}{m}$$

Wir können unsere bisherigen Erkenntnisse auch auf das Fadenpendel von Kap. 2.6.1 anwenden:

Für kleine Auslenkungen gilt nach Gl. 2.6.1 $\qquad F_R = -mg \cdot \dfrac{s(t)}{l}$

Weiterhin gilt natürlich auch das allgemeine Kraftgesetz F = ma. Da hier a zeitabhängig ist wird a(t) gesetzt und dafür Gl. 2.6.7 verwendet:

$$\Rightarrow \quad F_R = -mg \cdot \frac{s(t)}{l} = m \cdot \left[-A \cdot \omega^2 \cdot \sin(\omega t) \right] \qquad \text{und da } s(t) = A \cdot \sin(\omega t) \text{ ist}$$

$$\Rightarrow \quad mg \cdot \frac{A \cdot \sin(\omega t)}{l} = m \cdot A \cdot \omega^2 \cdot \sin(\omega t) \qquad \Rightarrow \quad \frac{g}{l} = \omega^2$$

$$\Rightarrow \quad \omega = \sqrt{\frac{g}{l}} \qquad \text{mit } T = \frac{2\pi}{\omega} \qquad \Rightarrow \qquad \boxed{T = 2\pi \cdot \sqrt{\frac{l}{g}}} \qquad \text{(Gl. 2.6.11)}$$

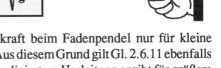

Auf Seite 75 wurde gezeigt, daß die Rückstellkraft beim Fadenpendel nur für kleine Auslenkwinkel proportional der Auslenkung ist. Aus diesem Grund gilt Gl. 2.6.11 ebenfalls **nur für kleine Auslenkwinkel α**. Eine etwas kompliziertere Herleitung ergibt für größere Winkel folgende Formel:

$$T = 2\pi \cdot \sqrt{\frac{l}{g}} \cdot \left[1 + \left(\frac{1}{2}\right)^2 \cdot \left(\sin\frac{\alpha}{2}\right)^2 + \left(\frac{1 \cdot 3}{2 \cdot 4}\right)^2 \cdot \left(\sin\frac{\alpha}{2}\right)^4 + \dots \right]$$

Den Fehler, den man begeht, wenn man statt dieser exakten Gleichung die Gl. 2.6.11 benützt, beträgt bei α = 1° nur 0,0002%, für α = 20° etwa 0,8% und für α = 40° etwa 3,1%. Dies ist allerdings nur als Hinweis für interessierte Schüler gedacht. Alle Aufgaben in diesem Buch können mit Gl. 2.6.11 behandelt werden.

2.6.4 Aufgaben

Aufgabe 1:
Wie lang muß das Pendel einer reibungsfrei schwingenden Pendeluhr sein, damit die Schwingdauer 2,0 s beträgt?
(50 cm)   1,0 m

Aufgabe 2:
Eine Kugel der Masse m = 200 g wird an eine masselose Schraubenfeder der Länge $s_0 = 60$ cm gehängt. Dadurch wird die Feder um die Strecke s = 25 cm gedehnt. Aus ihrer Gleichgewichtslage wird sie nun um 20 cm nach unten gezogen und losgelassen. Die Zeitmessung soll beim ersten Durchgang von unten durch die Gleichgewichtslage erfolgen.
a) Bestimmen Sie die Federkonstante D.
b) Bestimmen Sie Schwingdauer und Frequenz des Pendels.
c) Fertigen Sie ein t-s-Diagramm.
d) Bestimmen Sie die maximale Geschwindigkeit und die maximale Beschleunigung des Pendelkörpers.
e) Bestimmen Sie Ort, Geschwindigkeit und Beschleunigung nach 1 s.
f) Wann befindet sich die Kugel zum erstenmal 18 cm über der Gleichgewichtslage?
e) Wann erreicht die Kugel zum dritten Mal einen Punkt, der sich 10 cm unter der Gleichgewichtslage befindet?
(7,85 N/m; 1 s; 1 Hz; 1,57 m/s; 9,81 m/s²; 0,13 s; 1,57 s)

Aufgabe 3:
Eine harmonische Schwingung hat die Amplitude 8 cm und eine Schwingdauer von 0,5 s. Bestimmen Sie die Gleichung der Bahnkurve.
$(s(t) = 0,08$ m $\cdot \sin(12,57$ s$^{-1} \cdot$ t$))$

Aufgabe 4:
Ein Wasserrohr füllt einen drehbar gelagerten Behälter (siehe Abb. 2.6.9). Nach Erreichen des Wasserstandes h kippt der Behälter und entleert sich.
a) Handelt es sich bei dem Vorgang um eine (harmonische) Schwingung?
b) Zeichnen Sie ein qualitatives Diagramm (t-s-Diagramm), in dem die Höhe des Wasserstandes gegen die Zeit angetragen wird.

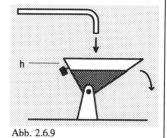

Abb. 2.6.9

Aufgabe 5:
Die Länge eines Pendels mit der Schwingdauer 4,0 s beträgt am Äquator 99,09 cm, unter 45° geographischer Breite 99,35 cm und am Pol 99,61 cm. Berechnen Sie den jeweils gültigen Wert für die Erdbeschleunigung g.
(9,77 m/s²; 9,80 m/s²; 9,82 m/s²)

Aufgabe 6:
Um die Fallbeschleunigung auf der Oberfläche des Mondes zu bestimmen, wird ein Fadenpendel auf der Erde genau vermessen. Man erhält: T = 1,605 s.
a) Bestimmen Sie die Länge des Fadenpendels.
b) Auf dem Mond erhält man als Schwingdauer T_M = 3,950 s. Bestimmen Sie die dort herrschende Fallbeschleunigung g_M.
c) Der Astronaut, der auf dem Mond den Versuch durchführt, würde auf der Erde inklusive seiner Ausrüstung 1100 N wiegen. Drücken Sie sein Gewicht auf dem Mond in % des Erdgewichtes aus.
d) Kann man statt eines Fadenpendels auch ein Federpendel für die beschriebene Messung verwenden?
(0,64 m; 1,62 m/s²; 16,5 %)

Aufgabe 7:
Ein Fadenpendel hat die Schwingdauer 2,4 s, ein anderes die Schwingdauer 3,2 s. Beide werden zur selben Zeit losgelassen.
a) Bestimmen Sie das Längenverhältnis der beiden Pendel.
b) Wann besitzen sie zum erstenmal wieder denselben Schwingungszustand?
(0,75; 9,6 s)

Aufgabe 8:
Das Mittelstück einer angeschlagenen Klaviersaite (Kammerton a mit 440 Hz) besitzt eine Amplitude von 0,8 m. Bestimmen Sie die maximale Geschwindigkeit, bzw. maximale Beschleunigung der Klaviersaite.
(2,2 m/s; 6114 m/s²)

Aufgabe 9:
An einem Fadenpendel der Länge 20 cm hängt eine Kugel der Masse m = 2,0 kg und schwingt mit der Amplitude A = 6,0 cm. Die Zeitmessung beginne beim Durchgang durch die Gleichgewichtslage. Wie groß ist die rücktreibende Kraft nach 3,0 s?
(−4,9 N)

Aufgabe 10:
In einem U-Rohr (Abb. 2.6.10) mit dem Querschnitt A befindet sich Wasser, das bis zur Höhe h_0 in beiden Rohrstücken reicht. In die linke Rohrhälfte wird nochmal Wasser gegeben, sodaß es links bis zur Höhe h reicht. Unter dem Einfluß des zusätzlichen Gewichtes beginnt die gesamte Wassersäule zu schwingen.
a) Zeigen Sie, daß es sich um eine harmonische Schwingung handelt, daß also die rücktreibende Kraft proportional zur Auslenkung ist.
b) Betrachten Sie die schwingende Flüssigkeitssäule als Federpendel und bestimmen Sie die "Federkonstante" D.

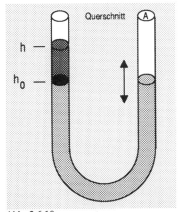

Abb. 2.6.10

c) Bestimmen Sie die Schwingdauer des Systems.

d) Bestimmen Sie die Frequenz für A = 2 cm^2; h_0 = 0,50 m; h = 10 cm

e) Welche Schwingdauer erhält man für die Daten aus d), wenn nicht Wasser hinzugegossen wird, sondern 500 g Quecksilber (ρ = 13,6 g/cm^3).

(ρAg; $T^2 = 4\pi^2(h+h_0)/g$;   0,64 Hz;   0,94 s)

*2.6.5 Die Differentialgleichung der harmonischen Schwingung

Bei einer harmonischen Schwingung ist die Rückstellkraft F stets direkt proportional zur Auslenkung s(t).

⇨   F ~ – s(t),   mit Hilfe eines Proportionalitätsfaktors D ergibt sich: F = – D · s(t)

Es ist nicht verwunderlich, daß derselbe Buchstabe D wie für die Federkonstante gewählt wird. Das Hookesche Federgesetz ist vielmehr ein Spezialfall des Kraftgesetzes der harmonischen Schwingung. Die Bezeichnung "Federkonstante", bzw. "Federhärte" drückt lediglich die praktische Bedeutung von D in diesem Fall aus. Im allgemeinen wird der Proportionalitätsfaktor D als **Richtgröße** oder **Richtmoment** bezeichnet.

In Kap 1.4, Gl. 1.4.4 wurde geschrieben: $a = \dot{v}(t) = \ddot{s}(t)$

Wendet man die aus der Mathematik vertraute Schreibweise an, erhält man:

$$v(t) = \dot{s}(t) = \frac{d\,s(t)}{d\,t} \quad \text{und} \quad a(t) = \ddot{s}(t) = \frac{d^2 s(t)}{d\,t^2}$$

Damit gilt für die Rückstellkraft F: $$F = m \cdot a(t) = m \cdot \frac{d^2 s(t)}{d\,t^2} = -D \cdot s(t)$$

Diese Gleichung enthält gleichzeitig die Bahnfunktion s(t) und ihre 2. Ableitung $a(t) = \ddot{s}(t)$. Eine solche Gleichung heißt Differentialgleichung. Ihre Lösung, d.h. die Größe, die man für s(t) einsetzen kann, ist bereits bekannt:

$$s(t) = A \cdot \sin(\omega t)$$

Differentialgleichungen kommen in der Physik sehr häufig vor. Leider ist ihre Auflösung nicht immer möglich.

Wenn an einen schwingenden Körper eine Reibungskraft angreift, werden die Ausschläge stetig kleiner. Es ergibt sich eine Bahnkurve nach Abb. 2.6.11. Eine solche Schwingung heißt gedämpft.

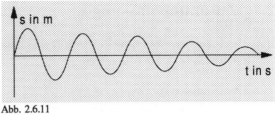

Abb. 2.6.11

Die angreifende Reibungskraft ist häufig direkt proportional zur Geschwindigkeit v(t) eines schwingenden Körpers. Sie ist ihr stets entgegengesetzt gerichtet ("bremsende" Wirkung).

⇨ $\quad F_{Reib.} \sim -v(t)$ $\qquad$ ⇨ $\quad F_{Reib.} = -k \cdot v(t) = -k \cdot \dfrac{ds(t)}{dt}$

Wenn man das Newtonsche Kraftgesetz ansetzen will, gilt es zwei Kräfte zu berücksichtigen, nämlich die Rückstellkraft und die Reibungskraft.

⇨ $\qquad F = F_R + F_{Reib} = m \cdot a(t) = -D \cdot s(t) + [-k \cdot v(t)]$

⇨ $\qquad m \cdot \dfrac{d^2 s(t)}{dt^2} = -D \cdot s(t) - k \cdot \dfrac{ds(t)}{dt}$

⇨ $\qquad m \cdot \dfrac{d^2 s(t)}{dt^2} + k \cdot \dfrac{ds(t)}{dt} + D \cdot s(t) = 0$

Diese Gleichung heißt Kraftgesetz einer gedämpften harmonischen Schwingung. Ihre Lösung verlangt Kenntnisse, die erst im Mathematikunterricht der 12. Klasse erlangt werden.

2.7 Zusammenfassung

Eine Grundlage zur Beschreibung von Bewegungsvorgängen sind die drei Gesetze von Newton, welche in Kurzform lauten:

1. Trägheitssatz
2. Kraft gleich Masse mal Beschleunigung
3. Actio gegengleich reactio.

Bei der Betrachtung verschiedener Bewegungen wurde im 2. Kapitel die "gleichmäßig beschleunigte Bewegung" vorgestellt. Es gelten folgende Zusammenhänge:

$$s(t) = \frac{1}{2}at^2 + v_0 t + s_0$$

$$v(t) = at + v_0$$

$$a(t) = a = \text{const.}$$

$$v = \sqrt{2as + v_0^2}$$

Die zugehörigen Bewegungsdiagramme zeigt qualitativ Abb. 2.7.1.

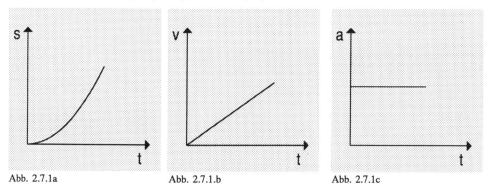

Abb. 2.7.1a   Abb. 2.7.1.b   Abb. 2.7.1c

Zur Untersuchung von Bewegungen auf einer schiefen Ebene ist zuerst die resultierende Kraft aus den möglichen auftretenden Kräften (Hangabtriebs-, Reibungs- und Zugkraft) zu bilden. Mit Hilfe des zweiten Gesetzes von Newton erhält man die auftretende konstante Beschleunigung.
Ein Grenzfall einer Bewegung auf einer reibungsfreien schiefen Ebene mit Hangwinkel 90° stellt die Bewegung des "freien Falles" dar.
Zur Darstellung kleinerer Beschleunigungen eignet sich die Fallmaschine von Atwood.

Ein Beispiel für eine Bewegung mit F = F(s) = F(t) stellt die harmonische Schwingung dar. Die Kraft $F(t) = - m \cdot A \cdot \omega^2 \cdot \sin(\omega t)$ führt zu den in Abb.2.7.2 gezeigten Bewegungsdiagrammen:

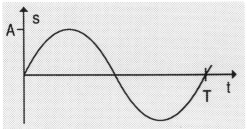

Abb. 2.7.2a: t-s-Diagramm

Dabei wird die Bewegung der harmonischen Schwingung durch folgende Gleichungen beschrieben:

$$s(t) = A \cdot \sin \omega t$$

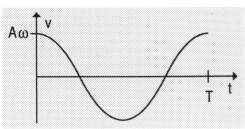

Abb. 2.7.2b: t-v-Diagramm

$$v(t) = A \cdot \omega \cdot \cos \omega t$$

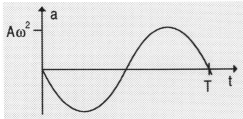

Abb. 2.7.2c: t-a-Diagramm

$$a(t) = -A \cdot \omega^2 \cdot \sin \omega t = -\omega^2 \cdot s(t)$$

Für die Schwingdauer einer harmonischen Schwingung gilt:

$$T = 2\pi\sqrt{\frac{m}{D}} \qquad\qquad T = 2\pi\sqrt{\frac{l}{g}}$$

(Federpendel)   (Fadenpendel)

Kapitel 3

Perpetuum mobile mit Becherwerk und Wasserrad (Kupferstich)
aus: Strada à Rosberg: Abriß allerhand Mühlen, 1629, S. 110

Überblick:

Im dritten Kapitel werden zunächst die Begriffe Energie und Impuls eingeführt und dann die Prinzipien der Energieerhaltung und der Impulserhaltung hergeleitet. Bei den Stoßprozessen finden sie Anwendung.

Zeittafel:

Galileo Galilei (1564 - 1642)
Er untersuchte Geschwindigkeiten von fallenden Körpern in Abhängigkeit von der Fallhöhe.

René Déscartes (1596 - 1642)
Seine Bewegungslehre (veröffentlicht 1637) enthält den Begriff der "Erhaltung" als axiomatisches, philosophisches Prinzip. Des weiteren leitete er Stoßgesetze ab.

Christiaan Huygens (1629 - 1695)
Der Niederländer stellte den Impulserhaltungssatz auf und unterschied zwischen mechanischen Energieformen.

James Watt (1736 - 1819)
Nach dem schottischen Physiker wurde die Einheit der Leistung benannt. Er erfand u.a. auch die erste, verwendbare Dampfmaschine.

Julius Robert Mayer (1814 - 1878)
Der Heilbronner Arzt formulierte einen Satz über die Erhaltung und Umwandlung der Energie.

James Prescott Joule (1818 - 1889)
Der Engländer erkannte den Druck als Impulsübertragung von kleinen, bewegten Teilchen. Die Einheit der Energie wurde nach ihm benannt.

Rudolf Clausius (1822 - 1888)
Der Begründer der Thermodynamik erkannte die Wärme als Energieform im Gegensatz zur früheren, stofflichen Wärmevorstellung.

William Thomson (Lord Kelvin, 1824 - 1907)
Thomson konnte wie Hermann von Helmholtz (1821 - 1894) aus Überlegungen zur Wärmetheorie den Energieerhaltungssatz ableiten. Er gebrauchte als erster den Begriff "Energie" im heutigen Sinne.

Albert Einstein (1879 - 1955)
In seiner Relativitätstheorie zeigte er die Gleichwertigkeit von Energie und Masse. Außerdem erkannte er die Abhängigkeit der Masse von ihrer Geschwindigkeit.

3.1 Arbeit – Energie – Leistung

Die Begriffe Arbeit, Energie und Leistung werden in der Umgangssprache oft gefühlsmäßig und mit unterschiedlicher Bedeutung verwendet. Es ist üblich, alle Tätigkeiten, die den Menschen ermüden, als Arbeit zu bezeichnen. Dazu gehört beispielsweise das Lernen von Fremdsprachen ebenso, wie das Anschieben eines Autos. Die Anstrengung beim Lernen ist abhängig von der lernenden Person, ihrem momentanen, psychischen und physischen Zustand, und ist deswegen nicht exakt bestimmbar. Das Anschieben eines Autos hingegen ist eine objektiv meßbare Größe, die von eindeutig bestimmbaren Größen, wie Gewicht und Reibung, festgelegt wird.

Es ist deshalb notwendig, den Arbeitsbegriff so zu definieren, daß er unabhängig von der ausführenden Person bestimmt werden kann.

In der Mittelstufe wurde der Begriff der mechanischen Arbeit W eingeführt. Dabei wurde die Kraft F gemessen, die notwendig ist, einen Körper eine bestimmte Strecke s zu verschieben (Abb. 3.1.1). Arbeit W nannte man das Produkt aus der aufgewendeten Kraft F und dem zurückgelegten Weg s.

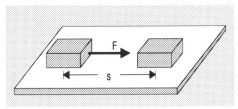

$$W = \vec{F} \cdot \vec{s}$$

Aus dieser Bestimmungsgleichung ergibt sich die Maßeinheit der Arbeit:

$[W]$ = 1 Newton · 1 Meter

= 1 Newtonmeter (Nm) = 1 Joule (J)

Abb. 3.1.1

Trägt man die Kraft F gegen den Weg s in einem Koordinatensystem an, so kann die mechanische Arbeit W über den Flächeninhalt bestimmt werden. Dabei kann auch der Fall behandelt werden, daß sich die Kraft entlang des Weges ändert. Leider verlangt die Flächenberechnung meist mathematische Kenntnisse, die man erst später erwirbt.

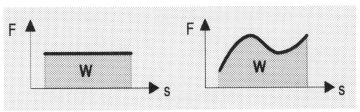

Abb 3.1.2 und 3.1.3

Im folgenden soll, sofern nicht anders vermerkt, die Kraft F stets eine konstante Größe darstellen. Sie kann aber einen beliebigen Winkel mit der Bewegungsrichtung bilden. Den Teil der in Bewegungsrichtung wirkenden Kraft F_s, die man aufwenden muß, erhält man über die Zerlegung der Kraft F in zwei zueinander senkrechte Komponenten F_s und F_n (siehe Abb. 3.1.4).

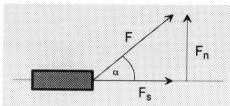

$$\cos \alpha = \frac{F_s}{F} \quad \Rightarrow \quad F_s = F \cdot \cos \alpha$$

Daraus ergibt sich für die mechanische Arbeit die Formel:

$$\boxed{W = \vec{F} \cdot \vec{s} = F \cdot s \cdot \cos \alpha} \quad \text{(Gl. 3.1.1)}$$

Abb. 3.1.4

Liegen die Richtungen der Strecke s und der Kraft F senkrecht zueinander (z.B. Tragen eines Koffers auf horizontaler Ebene), so ist der cosinus des Zwischenwinkels 0 und damit nimmt die Arbeit ebenfalls den Wert 0 J an. Im physikalischen Sinne wird also in solchen Fällen keine Arbeit verrichtet.

Die mechanische Arbeit W kann in der Realität auf recht verschiedene Art und Weise auftreten, abhängig davon welche Kraft wirkt.

3.1.1 Hubarbeit

Wird ein Körper der Masse m von der Höhe h_1 senkrecht auf die Höhe h_2 emporgehoben, muß die Gewichtskraft $F = G = mg$ des Körpers entlang der Strecke $\Delta h = h_2 - h_1$ aufgewendet werden (Abb. 3.1.5).

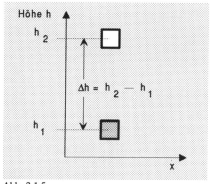

$$W = F\Delta h = mg(h_2 - h_1) = mg\Delta h$$

Abb. 3.1.5

Wird der Körper nicht senkrecht emporgehoben, sondern entlang einer Strecke s (Abb. 3.1.6), so gilt:

$$F_s = F \cdot \cos \alpha \quad \text{und} \quad \Delta s = \frac{\Delta h}{\cos \alpha}$$

$$\Rightarrow \quad W = F \cdot \cos \alpha \cdot \frac{\Delta h}{\cos \alpha} = F \cdot \Delta h = mg\Delta h$$

Die Arbeit, die gegen die Gewichtskraft verrichtet werden muß, ist also unabhängig vom Weg, auf dem die Höhenänderung erfolgt.

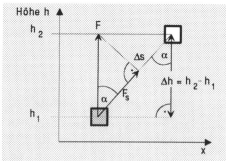

Abb. 3.1.6

3.1.2 Beschleunigungsarbeit

Wird eine konstante Kraft F auf einen Körper der Masse m ausgeübt, so verändert dieser seinen Bewegungszustand. Der Körper wird also beschleunigt (oder gebremst, d.h. negative Beschleunigung). Nehmen wir der Einfachheit halber an, die Kraft F wirke entlang des Weges Δs, dann gilt nach dem zweiten Gesetz von Newton:

$$F = ma \quad \Rightarrow \quad W = ma\,\Delta s$$

Nach den Bewegungsgleichungen (Gl. 2.5.3) gilt:

$$(\Delta v)^2 = 2a\Delta s \quad \Rightarrow \quad \Delta s = \frac{(\Delta v)^2}{2a} \quad \Rightarrow \quad W = ma\frac{(\Delta v)^2}{2a} = \frac{1}{2}m(\Delta v)^2 \qquad$$

Die Arbeit, die nötig ist, einen Körper der Masse m von der Geschwindigkeit v_1 auf die Geschwindigkeit v_2 zu bringen, hängt also quadratisch von seiner Geschwindigkeitsdifferenz ab und ist unabhängig von der Länge des Weges, auf dem die Geschwindigkeitsänderung erfolgte. Die Arbeit, die notwendig ist, eine Auto von 0 km/h auf 100 km/h zu beschleunigen, ist also unabhängig von der dafür notwendigen Wegstrecke.

Beispiel 3.1:
Ein Körper der Masse m = 800 kg wird beschleunigt. Seine Geschwindigkeit ändert sich von 36 km/h = 10 m/s auf 72 km/h = 20 m/s. Dabei wird die Arbeit W verrichtet.

$$W = \frac{1}{2} \cdot 800\,kg \cdot \left[\left(20\,\frac{m}{s}\right)^2 - \left(10\,\frac{m}{s}\right)^2\right] = 120000\,Nm = 120\,kJ$$

3.1.3 Reibungsarbeit

Wird ein Körper bewegt, muß in der Realität stets die Reibung mit überwunden werden. Die Bewegung soll horizontal über eine Strecke Δs erfolgen, ebenso sollen Unterschiede zwischen dem Anfang der Bewegung (Haftreibung) und ihrem weiteren Verlauf (Roll- oder Gleitreibung) hier nicht betrachtet werden.
Die aufzuwendende Kraft F entspricht der Reibungskraft $F_R = \mu \cdot G = \mu mg$. Daraus ergibt sich für die aufgewendete Arbeit

$$W = \mu mg\Delta s \qquad$$

Beispiel 3.2:
Ein Holzkörper der Masse m = 20 kg wird horizontal 2,0 m über eine hölzerne Tischplatte gezogen. Die geltende Gleitreibungszahl μ = 0,55 kann im Anhang A, bzw. in der Formelsammlung gefunden werden. Die dazu notwendige Arbeit beträgt dann
$W = 0,55 \cdot 20\,kg \cdot 9,81\,m/s^2 \cdot 2\,m = 215,8\,Nm \approx 0,22\,kJ$

3.1.4 Dehn- oder Spannarbeit

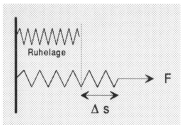

Abb. 3.1.7

Um eine Feder mit der Federkonstante D eine bestimmte Strecke Δs zu dehnen, muß Kraft aufgewendet werden. Allerdings nimmt hier die notwendige Kraft mit zunehmender Dehnung ebenfalls zu; die Kraft ist also keine konstante Größe mehr. Die Arbeitsbestimmung erfolgt hier über die Flächenberechnung im s-F-Diagramm (Abb. 3.1.8).

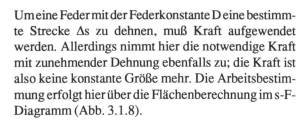

Abb. 3.1.8

Nach Hooke gilt für die zur Dehnung notwendige Kraft: $F = D \cdot \Delta s$. Dies ist eine lineare Funktion mit der Steigung D, deren Graph eine Gerade durch den Ursprung bildet. Die Arbeit, die dem markierten Flächeninhalt entspricht, ist leicht zu berechnen:

$$W = \frac{1}{2} \cdot s_2 \cdot F - \frac{1}{2} \cdot s_1 \cdot F = \frac{1}{2} \cdot s_2 \cdot D \cdot s_2 - \frac{1}{2} \cdot s_1 \cdot D \cdot s_1 = \frac{1}{2} \cdot D \cdot \left(s_2^2 - s_1^2 \right)$$

Beispiel 3.3:
Eine Feder mit der Federkonstante D = 2,0 N/cm wird aus der Ruhelage ($s_1 = 0$ cm) um 15 cm gedehnt. Für die dafür notwendige Arbeit gilt:

$$W = \frac{1}{2} \cdot 2 \frac{N}{cm} \cdot \left[(15\,cm)^2 - (0\,cm)^2 \right] = 225\,Ncm = 2,25\,Nm = 2,25\,J$$

3.1.5 Energie

Wird ein Körper der Masse m von der Erdoberfläche auf die Höhe h transportiert, muß dazu die Arbeit W = mgh verrichtet werden. Dieser Körper ist aber nun in der Lage einen anderen Körper derselben Masse m auf dieselbe Höhe zu bringen (von der Reibung wird abgesehen). Die an dem zuerst gehobenen Körper verrichtete Arbeit geht also nicht verloren, sondern wird gespeichert und kann bei Bedarf anderweitig verwendet werden. Dabei kann die Form der Arbeit wechseln. Um beispielsweise eine Armbrust zu spannen, muß Spannarbeit aufgewendet werden. Beim Lösen der Armbrust wird ein Pfeil beschleunigt. Die in der gespannten Armbrust gespeicherte Arbeit wird in Beschleunigungsarbeit umgesetzt. Diese, in einem Körper gespeicherte Arbeitsfähigkeit, wird als Energie bezeichnet:

Energie = in einem Körper gespeicherte Arbeit

Energie und Arbeit sind also gleichartige physikalische Größen. Deshalb wird für beide Formen der Buchstabe W als Formelzeichen verwendet.

Je nach gespeicherter, mechanischer Arbeitsform unterscheidet man zwischen zwei grundsätzlichen mechanischen Energieformen:

1. Wird ein Körper durch Anwendung mechanischer Arbeit in eine spezielle, stationäre Lage versetzt (ein Körper wird emporgehoben, oder ein Körper wird gespannt, bzw. zusammengepreßt) spricht man von der **Lageenergie**. Das Fachwort dafür heißt **potentielle** Energie.

$$W_{pot} = mgh$$ (Gl. 3.1.2)   bzw. $$W_{pot} = \frac{1}{2}Ds^2$$ (Gl. 3.1.3)

2. Wird ein Körper durch Anwendung mechanischer Arbeit in einen bestimmten Bewegungszustand gebracht (auf eine bestimmte Geschwindigkeit) spricht man von der **Bewegungsenergie**. Der Fachbegriff dafür lautet **kinetische** Energie.

$$W_{kin} = \frac{1}{2}mv^2$$

(Gl. 3.1.4)

Beispiel 3.4:
Ein Dachziegel der Masse m = 11 kg fällt vom Turm des Münchner Doms (100 m) auf den Erdboden. Dabei wird die Energie W freigesetzt.

$W = 11\ kg \cdot 9{,}81\ m/s^2 \cdot 100\ m$
$\quad = 10791\ Nm$
$W \approx 10{,}8\ kJ$

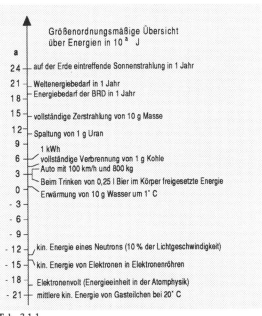

Größenordnungsmäßige Übersicht über Energien in 10^a J

a	
24	auf der Erde eintreffende Sonnenstrahlung in 1 Jahr
21	Weltenergiebedarf in 1 Jahr
18	Energiebedarf der BRD in 1 Jahr
15	vollständige Zerstrahlung von 10 g Masse
12	Spaltung von 1 g Uran
9	1 kWh
6	vollständige Verbrennung von 1 g Kohle
3	Auto mit 100 km/h und 800 kg
	Beim Trinken von 0,25 l Bier im Körper freigesetzte Energie
0	Erwärmung von 10 g Wasser um 1° C
- 3	
- 6	
- 9	
- 12	kin. Energie eines Neutrons (10 % der Lichtgeschwindigkeit)
- 15	kin. Energie von Elektronen in Elektronenröhren
- 18	Elektronenvolt (Energieeinheit in der Atomphysik)
- 21	mittlere kin. Energie von Gasteilchen bei 20° C

Tab. 3.1.1

3.1.6 Leistung

Bei der Definition der Arbeit spielt die Zeit, in der diese Arbeit verrichtet wird keine Rolle. In vielen Fällen (z. B. bei der Bezahlung einer Arbeit) ist es aber wichtig, in welcher Zeit diese Arbeit verrichtet wird. Betrachtet man die Arbeit unter diesem Aspekt, so spricht man von der Leistung. Es ist leicht einzusehen, daß eine Leistung umso größer ist, je kürzer die Zeitdauer ist, die dafür benötigt wurde. Daraus ergibt sich die Definition für die Leistung, die mit dem Buchstaben P als Formelzeichen abgekürzt wird:

$$\text{Leistung } P = \frac{\text{Arbeit } W}{\text{Zeitdauer } t} \qquad \boxed{P = \frac{W}{t}} \qquad (\text{Gl. } 3.1.5)$$

Die Einheit der Leistung ist das Watt (Einheitenzeichen W). 1 Watt ist die Leistung, bei der die Energie 1 J in 1 s umgesetzt wird.

$$1\,W = \frac{1\,J}{1\,s} = 1\,\frac{J}{s} = 1\,\frac{Nm}{s}$$

Häufig werden dezimale Vielfache dieser Einheit verwendet:

$$
\begin{aligned}
1\ mW &= 10^{-3}\ W \quad (\text{MilliWatt}) \\
1\ kW &= 10^{3}\ W \quad (\text{KiloWatt}) \\
1\ MW &= 10^{6}\ W \quad (\text{MegaWatt}) \\
1\ GW &= 10^{9}\ W \quad (\text{GigaWatt})
\end{aligned}
$$

Beispiel 3.5:
Ein Auto (800 kg) wird einmal in 10 s, ein anderes Mal in 25 s von 0 km/h auf 100 km/h beschleunigt. Die dafür notwendige Arbeit ist in beiden Fällen gleich:

$$W = \frac{1}{2}mv^2 = \frac{1}{2} \cdot 800\,kg \cdot \left(100\,\frac{km}{h}\right)^2 =$$

$$= 400\,kg \cdot \left(27{,}8\,\frac{m}{s}\right)^2 \approx 309\,kJ$$

Für die Leistung gilt im ersten Fall:

$$P = \frac{W}{t} = \frac{309000\,J}{10\,s} = 30{,}9\,kW$$

im zweiten Fall:
P = 12344 W ≈ 12 kW

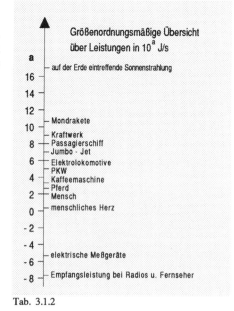

Tab. 3.1.2

Als Leistungseinheit wurde bis vor einigen Jahren auch das PS (Pferdestärke) verwendet. Diese Einheit ist auf Grund des Gesetzes über Einheiten im Meßwesen von 1971 nicht mehr zulässig.

Zur Information: 1 PS = 735,499 W $\approx$ 0,75 kW

Um ein Auto auf einer Strecke s auf einer bestimmten Geschwindigkeit v zu halten, muß eine Kraft F (in erster Linie gegen den Luftwiderstand und gegen die Rollreibung) aufgewendet werden. Die dafür nötige Leistung berechnet sich zu:

$$P = \frac{W}{t} = \frac{F \cdot s}{t} = F \cdot \frac{s}{t} = F \cdot v$$

Man sieht, daß die erreichbare Maximalgeschwindigkeit von der Leistung P des Motors eines Autos begrenzt ist. **Vorsicht:** Die oben angegebene Formel gilt nur für konstante Geschwindigkeiten.

Beispiel 3.6:
Ein Auto besitzt einen Motor mit 40 kW Leistung. Um die Reibung und den Luftwiderstand (der von der Geschwindigkeit abhängt) zu überwinden, muß eine Kraft von 200 N aufgewendet werden. Daraus kann die erreichbare Maximalgeschwindigkeit bestimmt werden:

$$v = \frac{P}{F} = \frac{40000\,W}{800\,N} = 50\,\frac{N \cdot m}{s \cdot N} = 50\,\frac{m}{s} = 180\,\frac{km}{h}$$

3.1.7 Aufgaben

1. Aufgabe:
Ein Bauarbeiter trägt 7 Säcke Zement zu je 50 kg in den 2. Stock eines Hauses (12 m Höhenunterschied). Welche Arbeit wird dabei verrichtet? Hängt diese Arbeit von der dazu benötigten Zeit ab?
(41,2 kJ)

2. Aufgabe:
Ein Bierfaß (25 kg) wird über eine schräge Rampe emporgerollt. Die Reibungszahl μ besitzt den Wert 0,050. Berechnen Sie die dafür notwendige Arbeit einmal mit und einmal ohne Reibung. Achten Sie darauf, daß für die Berechnung der Reibungskraft zuerst der senkrecht auf die Rampe drückende Gewichtsanteil bestimmt werden muß.
(1226 J; 1373 J)

3. Aufgabe:
Um eine Feder um 20 cm zusammenzudrücken, muß eine Arbeit von 5,0 J aufgewendet werden. Bestimmen Sie die Federkonstante D in N/cm.
(2,5 N/cm)

4. Aufgabe:

Berechnen Sie die Energie eines Autos der Masse 900 kg, das mit der Geschwindigkeit v = 100 km/h fährt.

(34,7 kJ)

5. Aufgabe:

Eine Kugel der Masse m = 200 g wird durch die Energie W = 2,0 kJ auf die Geschwindigkeit v gebracht. Bestimmen Sie v in m/s und km/h.

(141,4 m/s = 509,1 km/h)

6. Aufgabe:

Der Walchensee hat die Fläche 16,4 km^2. Das ausströmende Wasser fließt durch Rohre in den 200 m tiefer liegenden Kochelsee. Um welche Höhe d senkt sich der Wasserspiegel des Walchensees, damit durch das Ausströmen des Wasser in den Kochelsee die Energie W = 1 · 10^6 kJ frei wird?

(0,112 m)

7. Aufgabe:

Ein Tischtennisball mit einer Masse von 2,4 g erreicht bei einem Verteidigungsschlag eine Geschwindigkeit von etwa 50 km/h. Welche kinetische Energie besitzt der Ball unmittelbar nach dem Schlag?

(0,23 J)

8. Aufgabe:

Welche Wassermenge wird durch eine Pumpe mit der Leistung 25 kW in 5,0 h aus einem 40 m tiefen Schacht gepumpt?

(1,15 m^3)

9. Aufgabe:

Ein Auto der Masse 800 kg fährt auf horizontaler Straße mit der Geschwindigkeit 72 km/h. Die Reibungszahl gegenüber der Straße ist 0,02, die Reibungszahl für den Luftwiderstand bei dieser Geschwindigkeit beträgt 0,04. Wieviel Watt leistet der Motor? Welche Höchstgeschwindigkeit kann der Wagen fahren, wenn der Motor 20 kW besitzt und die Reibungszahl für den Luftwiderstand dabei auf 0,06 ansteigt?

(9,4 kW, 115 km/h)

10. Aufgabe:

Ein Schlitten wird mit einer Kraft von 120 N über einen Weg von 1,0 km gezogen.
a) Berechnen Sie die Arbeit, wenn Kraft und Weg parallel sind.
b) Berechnen Sie die Arbeit, wenn Kraft und Weg einen Winkel von 30° einschließen.
c) Welcher Weg kann bei einer Kraft von 120 N zurückgelegt werden, wenn die Arbeit 50 kJ beträgt und die Kraft mit dem Weg einen 30°-Winkel einschließt?

(120 kJ; 104 kJ; 0,5 km)

3.2 Energieerhaltung

Ein ruhender Körper ($v_h = 0\,m/s$) der Masse m befindet sich in der Höhe h über dem Erdboden. Nach Gl. 3.1.2 besitzt er dann die potentielle Energie $W_{pot} = mgh$. Nach freiem Fall soll der Körper beim Punkt x (Abb. 3.2.1) betrachtet werden.

a) Beim Erreichen des Punktes x besitzt der Körper noch die potentielle Energie $W_{pot} = mgx$.

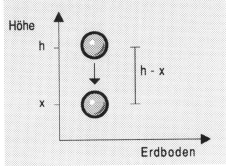

b) Der Körper hat die Strecke $\Delta s = h - x$ frei durchfallen. Nach den Gesetzen der beschleunigten Bewegung (Gl. 2.5.3) gilt:

$$v_x = \sqrt{2g\Delta s} = \sqrt{2g(h-x)}$$

Damit besitzt er die kinetische Energie

Abb. 3.2.1

$$W_{kin} = \frac{1}{2}m(\Delta v)^2 = \frac{1}{2}m(v_x - v_h)^2 = \frac{1}{2}mv_x^2 = \frac{1}{2}m\left(\sqrt{2gh(h-x)}\right)^2$$

$$\Rightarrow \quad W_{kin} = \frac{1}{2}m \cdot 2g(h-x) = mgh - mgx$$

Die Gesamtenergie des Körpers im Punkt x setzt sich aus den beiden Energieformen zusammen:

$$W_{ges} = W_{kin} + W_{pot} = mgh - mgx + mgx = mgh$$

Der Körper besitzt also im Punkt x dieselbe Energiemenge wie in der Ausgangshöhe h. Es ging also keine Energie verloren, lediglich die Energieform hat sich verändert. Die Gesamtenergie bildet eine konstante Größe.

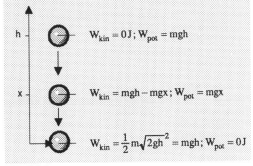

$$\boxed{W_{kin} + W_{pot} = \text{konstant}}$$

Abb. 3.2.2

Man nennt diese Aussage den **Energieerhaltungssatz der Mechanik**. Für seine Gültigkeit wird vorausgesetzt, daß kein Energieaustausch mit der Umgebung, z. B. in Form von Reibung, stattfindet. Ist dies der Fall, spricht man von einem energetisch abgeschlossenen System.

Reale Energiebetrachtung am Beispiel eines hüpfenden Balles:

Beim Start besitzt der Ball nur potentielle Energie, da seine Geschwindigkeit 0 m/s ist. Beim Herabfallen steigert sich seine Geschwindigkeit (W_{kin} nimmt zu) und er verliert an potentieller Energie. Gleichzeitig tritt ein Energieverlust durch die Luftreibung auf. Die Umgebung wird

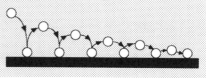

Abb. 3.2.3

dadurch geringfügig erwärmt (vergleiche: fallende kleine Meteore verglühen aufgrund der Luftreibung in der Atmosphäre). Beim Aufprall am Boden ist seine kinetische Energie maximal und fast so groß wie die potentielle Energie am Startpunkt. Nun wird der Ball elastisch verformt, in etwa vergleichbar mit dem Zusammendrücken einer Feder. Auch die Unterlage wird mehr oder minder stark verformt (vergleiche: Aufprall eines Meteors auf dem Erdboden führt zu Kraterbildung). Die kinetische Energie wird also in eine Art Verformungsenergie umgewandelt. Auch dieser Vorgang bewirkt eine Erwärmung der Umgebung. Die Elastizität des Balles (und eventuell die der Unterlage, vgl. Trampolin) schleudert den Ball wieder in die Höhe. Dabei tritt wieder Luftreibung auf. Aufgrund der Energieverluste erreicht der Ball nicht mehr ganz die Starthöhe h. Nach Erreichen der neuen Maximalhöhe wiederholt sich der Vorgang sooft, bis der Ball ruhig am Boden liegt.

Die am Anfang vorhandene Energie wurde also komplett in Verformungsenergie und Wärme (auch innere Energie genannt) umgewandelt.

Bei diesem Versuch lassen sich die auftretenden Kräfte in Gruppen einteilen:

1) Gewichtskraft, elastische Kraft
   Sie bewirken eine Änderung der Energieform. Die Energiemenge bleibt erhalten. Solche Kräfte heißen **konservativ***. Die auftretenden Energieumformungen können auch als **reversibel**** bezeichnet werden.

2) Reibungskraft, unelastische Verformungskraft
   Sie bewirken eine Formänderung, bzw. eine Temperaturerhöhung des Körpers und der Umgebung. Solche Kräfte heißen **nichtkonservativ**. Die zugehörigen Energieumformungen heißen **irreversibel**.

Der Energieerhaltungssatz kann also in der folgenden Form ausgedrückt werden:

> **Die Summe aus potentieller und kinetischer Energie ist konstant, falls in in einem abgeschlossenen System nur konservative Kräfte auftreten.**

In allen anderen Fällen wird die Energie irreversibel in eine andere Energieform übergeführt.

Unter Betrachtung dieser beiden möglichen Fälle kann noch eine wichtige Aussage über die Energie allgemein gemacht werden:

> **Energie kann weder erzeugt noch vernichtet werden. Es erfolgt lediglich stets eine Umwandlung in verschiedene Energieformen.**

*conservare (lat.) = bewahren, ** reversibel (lat.) = umkehrbar

Im folgenden werden stets nur konservative Kräfte und damit reversible Energieprozesse betrachtet. Die Reibung bleibt also außer acht.

Beispiel 3.7:

Eine Kugel K mit der Masse m = 2,0 kg hängt an einem Ende eines Fadens der Länge l = 1,50 m. Das andere Ende des Fadens ist an der Decke eines Raumes befestigt (Faden-pendel). Die Kugel K wird um $\alpha = 60°$ *gegen die Vertikale ausgelenkt und losgelassen. Nach Durchstreichen eines Winkels* $\beta = 40°$ *(Punkt B) wird die Kugel betrachtet (siehe Abb. 3.2.4).*

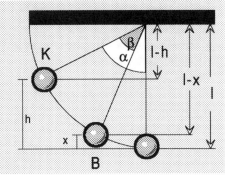

Bestimmen Sie die maximale Auslenkhöhe h, die Gesamtenergie W_{ges}, *die Geschwindigkeit v und den Höhenverlust x im Punkt B, sowie die maximale Geschwindigkeit von K im tiefsten erreichbaren Punkt des Pendels.*

Abb. 3.2.4

geg: $\quad \alpha = 60°; \beta = 40°; l = 1,50 m; m = 2,0 kg$

ges: $\quad h, W_{max}, v, x, v_{max}$

Formeln: $\quad W_{max} = mgh = \dfrac{1}{2} mv^2_{max}$

Lösung:

Es gilt: $\quad \cos\alpha = \dfrac{l-h}{l} \quad \Rightarrow \quad h = l - l \cdot \cos\alpha = 1,5 m - 1,5 m \cdot \cos 60° = 0,75 m$

$$W_{max} = 2,0 kg \cdot 9,81 \frac{m}{s^2} \cdot 0,75 m \approx 14,7 J$$

Um den Höhenverlust x zu berechnen wird zuerst die erreichte Höhe x_B *im Punkt B wie oben bestimmt:*

$x_B = l - l \cdot \cos 20° = 0,09 m$

Damit ergibt sich als Höhenverlust $x = h - x_B = 0,75 m - 0,09 m = 66 cm$

Die Geschwindigkeit v kann aus dem Energieerhaltungssatz bestimmt werden:

Die anfängliche potentielle Energie wurde teilweise umgewandelt:

$$W_{ges} = mgh = mgx + \frac{1}{2}mv^2 \quad |:m; \cdot 2$$

$$2gh = 2gx_B + v^2 \Rightarrow v^2 = 2g(h - x_B) = 2gx \Rightarrow v = 3,60\frac{m}{s}$$

Die maximale Geschwindigkeit ergibt sich aus der vollständigen Energieumwandlung:

$$W_{ges} = mgh = \frac{1}{2}mv^2_{max} \quad \Rightarrow \quad v_{max} = \sqrt{2gh} = \sqrt{2 \cdot 9,81\frac{m}{s^2} \cdot 0,75 m} = 3,84\frac{m}{s}$$

Bei der Beispielsaufgabe führt die Kugel K harmonische Schwingungen aus (Fadenpendel). Leider gelten unsere Formeln aus Kapitel 2.6 nur für kleine Ausschläge α.
Betrachten wir deshalb die Energie bei einem Federpendel:

In der Abb. 3.2.5 ist das Massestück M an einer masselosen Feder mit der Federkonstanten D befestigt. M wird in Richtung x-Achse ausgelenkt und losgelassen. Das Massestück schwingt reibungsfrei um die Ruhelage s_0.
Nach Gl. 2.6.5 gilt:

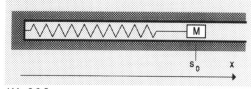

Abb. 3.2.5

$$s(t) = A \cdot \sin(\omega t) = A \cdot \sin\left(\sqrt{\frac{D}{m}} \cdot t\right)$$

Die jeweils vorhandene potentielle Energie W_{pot} ist abhängig von der momentanen Federdehnung.

Nach Gl. 3.1.3 gilt: $W_{pot} = \frac{1}{2} \cdot D \cdot s(t)^2 = \frac{1}{2} \cdot D \cdot A^2 \cdot [\sin(\omega t)]^2$

Über die zum Zeitpunkt t erreichte Geschwindigkeit gibt Gl. 2.6.6 Auskunft:

$$v(t) = A \cdot \omega \cdot \cos(\omega t) \quad \Rightarrow \quad W_{kin} = \frac{1}{2} \cdot M \cdot A^2 \cdot \omega^2 \cdot [\cos(\omega t)]^2$$

Somit erhält man für die Gesamtenergie W_{ges} zum Zeitpunkt t:

$$W_{ges} = W_{pot} + W_{kin} = \frac{1}{2} \cdot D \cdot A^2 \cdot [\sin(\omega t)]^2 + \frac{1}{2} \cdot M \cdot A^2 \cdot \omega^2 \cdot [\cos(\omega t)]^2$$

Nach Gl. 2.6.4 gilt: $D = M \cdot \omega^2$

$$\Rightarrow \quad W_{ges} = \frac{1}{2} \cdot M \cdot A^2 \cdot \omega^2 \cdot \left[(\sin(\omega t))^2 + (\cos(\omega t))^2\right]$$

Da $[\sin(\omega t)]^2 + [(\cos \omega t)]^2 = 1$

$$\Rightarrow \quad \boxed{W_{ges} = \frac{1}{2} \cdot M \cdot A^2 \cdot \omega^2 = \frac{1}{2} \cdot D \cdot A^2} \qquad \text{(Gl. 3.2.1)}$$

Die Gesamtenergie des schwingenden Systems ist stets gleich groß und hängt lediglich von der verwendeten Feder (Federkonstante D) und der Auslenkung A ab.
Während der Schwingung findet eine fortwährende Umwandlung von potentieller Energie in kinetische Energie und umgekehrt statt.

Beispiel 3.8:

Für die in Abb. 3.2.5 verwendeten Größen gelte:
M = 2,0 kg; D = 72 N/m; A = 0,30 m
Die maximale potentielle Energie ergibt sich aus:

$$W_{pot} = \frac{1}{2} D s^2 = \frac{1}{2} D A^2 = \frac{1}{2} \cdot 72 \frac{N}{m} \cdot (0,3\,m)^2 = 3,24\,J$$

Für die Geschwindigkeit gilt: $v = A \cdot \omega \cdot \cos \omega t$
Im Maximalfall ist der Faktor $\cos \omega t = 1$

$$\Rightarrow \quad v_{max} = A \cdot \omega \quad \text{und} \quad W_{kin} = \frac{1}{2} M v_{max}^2 = \frac{1}{2} M A^2 \omega^2$$

$$\text{mit} \quad \omega^2 = \frac{D}{M} \quad \Rightarrow \quad W_{kin} = \frac{1}{2} M A^2 \frac{D}{M} = \frac{1}{2} D A^2 = 3,24\,J$$

Wenn man das System zum Zeitpunkt t = 10 s nach Beginn der Schwingung betrachtet, ist es günstig den Wert für ω *zuerst zu bestimmen:*

$$\omega = \sqrt{\frac{D}{M}} = \sqrt{\frac{72\,N}{2\,kg \cdot m}} = 6\frac{1}{s}$$

$$W_{kin} = \frac{1}{2} M (A\omega \cdot \cos \omega t)^2 = \frac{1}{2} \cdot 2\,kg \cdot (0,3\,m \cdot 6\frac{1}{s} \cdot \cos 60)^2 = (1,8\,J \cdot (-0,95))^2 = 2,94\,J$$

$$W_{pot} = \frac{1}{2} D (A \cdot \sin \omega t)^2 = \frac{1}{2} \cdot 72 \frac{N}{m} \cdot (0,3\,m \cdot \sin 60) = 36 \frac{N}{m} \cdot 0,09\,m^2 \cdot (-0,30)^2 = 0,30\,J$$

$$W_{ges} = W_{pot} + W_{kin} = 0,30\,J + 2,94\,J = 3,24\,J$$

In der Realität geht bei jeder Schwingung wegen der auftretenden Reibungskräfte mechanische Energie verloren. Dies führt zu einer stetigen Verringerung der maximalen Auslenkung, zur Dämpfung der Schwingung.

Nehmen wir an, bei obigem Beispiel würde pro Schwingung 10% der Gesamtenergie verlorengehen. Das bedeutet nach der ersten Schwingung einen Verlust von 3,24 J · 0,1 = = 0,324 J. Damit sinkt die Gesamtenergie auf 3,24 J – 0,324 J = 2,916 J. Aufgrund dieser Energie ist nur noch eine geringere Auslenkung möglich:

Nennen wir die Anfangsamplitude A_0 und die Amplitude nach der ersten Schwingung A_1:

Nach der ersten Schwingung: $\frac{1}{2} \cdot D \cdot A_1^2 = 2,916\,J \quad \Rightarrow \quad A_1 = 28,5\,cm$

Die Amplitude hat sich also von 30 cm auf 28,5 cm verringert.
Das Verhältnis zweier, aufeinander folgender Amplituden ist für eine gedämpfte Schwingung konstant.

Nach Gleichung 2.6.9 gilt: $T = 2\pi\sqrt{\dfrac{M}{D}}$

Eine Verringerung der Amplitude würde also keine Änderung der Schwingdauer mit sich bringen. Dieser Schluß darf allerdings **nicht** gezogen werden, da Gl. 2.6.9 nur für reibungsfreie Systeme abgeleitet wurde. Weiterführende mathematische Ableitungen, die hier nicht durchgeführt werden, zeigen eine Abhängigkeit der Schwingdauer über einen, für die Dämpfung charakteristischen Faktor k:

$$T = \frac{2\pi}{\sqrt{\dfrac{D}{M} - \dfrac{k^2}{4M^2}}}$$ Reibung verursacht also eine Abnahme der Schwingdauer.

Interessant ist der Fall, daß der Nenner des Bruches im letzten Ausdruck den Wert 0 annimmt, oder sogar negativ wird. Dann können wir von einer Schwingdauer nicht mehr sprechen. Es kommt keine Schwingung mehr zustande und der Körper kehrt allmählich in seine Ruhelage zurück, ohne über sie hinauszuschwingen. Eine solche Bewegung heißt aperiodisch (siehe Abb. 3.2.6).

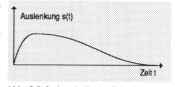

Abb. 3.2.6: Aperiodische Schwingung

Wenn nun durch den mechanischen Energieverlust durch die Reibung eine Verringerung der Schwing-dauer eintritt, wie ist es dann z. B. bei einer Penduluhr möglich, die Zeit gleichbleibend genau zu messen? Um dies zu erreichen muß man den Energieverlust ausgleichen. Dem schwingenden System muß also von außen die verlorengegangene Energie wieder zugeführt werden.

Huygens (siehe Kap. 6) konstruierte 1673 eine Penduluhr mit Gewichtsantrieb (siehe Abb. 3.2.7). Durch das absinkende Gewicht wird, über mehrere Zahnräder, ein sogenanntes Kronrad zum Drehen gebracht. Das Kronrad bewegt über die an seiner Oberseite angebrachten Zähne eine Spindel. Diese Spindel besitzt eine L-förmige Fortsetzung mit einer Öse am anderen Ende. Durch diese Öse ist die Pendelstange geführt, die nun bei nachlassender Schwingdauer automatisch angestoßen wird (siehe Abb. 3.2.8). Auf diese Weise wird die in dem Gewicht gespeicherte potentielle Energie zum korrigierenden Anstoß des Pendels benutzt.

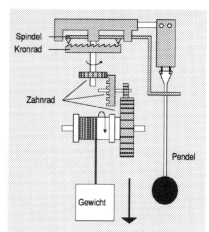

Abb. 3.2.7: Modell der Huygensschen Penduluhr (1673)

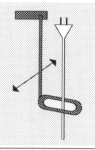

Abb. 3.2.8 Detail der Huygensschen Penduluhr

Abschließend soll noch ein Beispiel für die Energieerhaltung bei einem etwas komplizierteren Fadenpendel besprochen werden. Abb. 3.2.9 zeigt die Ausgangssituation:

Beispiel 3.9:

Eine Masse M hängt an einer (masselosen) Stange der Länge L_M. Die Stange kann sich am oberen Ende reibungsfrei um eine Achse drehen. An einer Achse durch den Schwerpunkt der Masse M hängt eine weitere (ebenso masselose) Stange der Länge L_m, die ebenso reibungsfrei schwingen kann. Am unteren Ende der zweiten Stange ist die Masse m befestigt. Die Bewegungsfreiheit der oberen Stange ist durch einen Metallkörper eingeschränkt. Sie kann höchstens um den Winkel α aus der Vertikalen ausgelenkt werden. Ist die Gesamtenergie der Schwingung groß genug, wird die obere Stange an dem Metallkörper anstoßen (der Einfachheit halber ohne Energieverlust), der untere Teil wird weiter schwingen und um den Winkel φ ausgelenkt. Das Problem ist die Bestimmung dieses Winkels φ bei einer gegebenen Gesamtenergie.

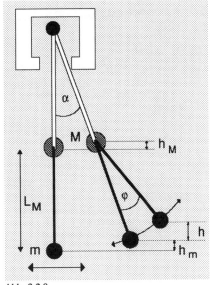

Abb. 3.2.9

Für die Rechnung nehmen wir folgende Daten:
$W_{ges} = 1000\ mJ;\ L_M = L_m = 100,0\ cm,\ M = 2,0\ kg;\ m = 1,0\ kg;\ \alpha = 10,0°$
Solange, bis die obere Stange anstößt, schwingen beide Körper in einer Linie. Dabei erreicht M die Höhe h_M, m die Höhe h_m (Die beiden Höhen sind aufgrund der unterschiedlichen Pendellängen verschieden!).

Für h_M gilt: $\quad \cos\alpha = \dfrac{L_M - h_M}{L_M}$

$\Rightarrow \quad h_M = L_M \cdot (1 - \cos\alpha) = 100\ cm \cdot 0,0152 = 1,52\ cm$

analog gilt für h_m: $\quad \cos\alpha = \dfrac{L_M + L_m - h_M}{L_M + L_m}$

$\Rightarrow \quad h_m = (L_M + L_m) \cdot (1 - \cos\alpha) = 200\ cm \cdot 0,0152 = 3,04\ cm$

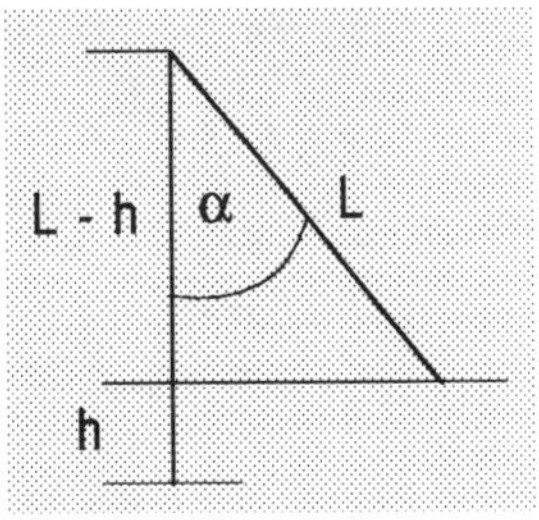

Abb. 3.2.10

Mit diesen Werten können wir die vorhandene potentielle Energie bestimmen:
$W_{pot} = Mgh_M + mgh_m = 9,81\ ms^{-2} \cdot (2\ kg \cdot 0,0152\ m + 1\ kg \cdot 0,0304\ m) = 0,596\ J$

Damit verbleibt an Energie, die zum weiteren Hochschwingen der Masse m dienen kann:
$W = W_{ges} - W_{pot} = 1,000\ J - 0,596\ J = 0,404\ J$

109

Für die weitere Höhe h gilt analog wie oben:

$h = L_m \cdot (1 - \cos \varphi)$ *und damit für* $W = mgh = mg \cdot L_m \cdot (1 - \cos \varphi)$

⇨ $0{,}404\ J = 1\ kg \cdot 9{,}81\ ms^{-2} \cdot (1 - \cos \varphi)$

⇨ $1 - \cos \varphi = 0{,}0412$

⇨ $\cos \varphi = 0{,}9588$ ⇨ $\varphi = 16{,}5°$

1. Aufgabe:
Mit welcher Anfangsgeschwindigkeit (in m/s und km/h) muß ein Fußball senkrecht in die Höhe geschossen werden, um eine Endhöhe von 25 m zu erreichen?
(22 m/s = 79 km/h)

2. Aufgabe:
Bei sogenannten Crashtests fahren Autos mit einer bestimmten Geschwindigkeit gegen eine Betonwand. Man könnte, um denselben Effekt zu erreichen, die Autos auch aus bestimmten Höhen senkrecht auf einen Betonboden fallenlassen. Aus welcher Höhe müßten die Autos herabfallen, um eine Aufprallgeschwindigkeit von 30 km/h (50 km/h, 100 km/h) zu erreichen?
(3,5 m; 9,8 m; 39,3 m)

3. Aufgabe:
Bei einem Aufschlag beim Tennis wird das Netz des Schlägers um 2,0 cm aus der Ebene des Schlägerrahmens gedehnt. Welche Geschwindigkeit erreicht der Ball (Masse 20 g), wenn die Bespannung des Schlägers einer Federkonstante von $12{,}5 \cdot 10^4$ N/m entspricht?
(50 m/s = 180 km/h)

4. Aufgabe:
Die Feder einer Federpistole besitzt eine Federkonstante von 5,0 N/cm. Die um 6,0 cm zusammengedrückte Feder schießt eine Eisenkugel (Radius r = 4,0 mm, ρ = 7,86 g/cm³) senkrecht empor. Bestimmen Sie die Gesamtenergie, die maximal erreichbare Höhe, sowie die Geschwindigkeit der Eisenkugel in 10 m, 20 m, 30 m und 40 m Höhe.
(0,9 J; 43,5 m; 25,7 m/s; 21,5 m/s; 16,3 m/s; 8,3 m/s)

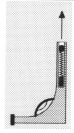

Abb. 3.2.11

5. Aufgabe:
Ein Güterwaggon (Masse 20 t) rollt eine 43 m lange schräge Rampe, die 3° gegen die Horizontale geneigt ist, hinab. Am Fuß der Rampe stößt er gegen einen dort stehenden Güterwaggon (Masse 30 t) und kuppelt ein.

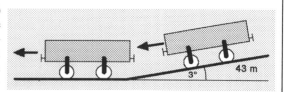

Abb. 3.2.12

Mit welcher Geschwindigkeit rollen beide Waggons weiter?
(4,2 m/s)

6. Aufgabe:

Ein schlecht aufgepumpter Ball der Masse 200 g wird aus einer Höhe h_0 = 1 m fallengelassen. Beim Aufprall am Boden verliert er 20% seiner Energie.

a) Welche maximale Höhe über dem Boden erreicht er nach dem ersten und nach dem zweiten Aufprall?

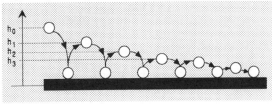

b) Die maximale Höhe nach dem ersten Aufprall sei h_1, die maximale Höhe nach dem zweiten Auf-

Abb. 3.2.13

prall h_2, usw. Zeigen Sie, daß die Höhe h_{12} nach dem zwölften Aufprall durch den Ausdruck $h_{12} = 0,8^{12} \cdot h_0$ bestimmt ist. Bestimmen Sie h_{12}.

(80 cm; 64 cm; 7 cm)

---

7. Aufgabe:

Um einen Körper zu erwärmen ist Energie nötig. Aus dem Physikunterricht der vergangenen Jahre kennt man die Beziehung $W = m \cdot c \cdot \Delta T$, wobei c die spezifische Wärmekapazität des Körpers ist und ΔT die Temperaturdifferenz bei der Erwärmung bedeutet.

Um wieviel erwärmt sich eine Eisenkugel (c_{Eisen} = 452 J/(kg · K)), die aus einer Höhe von 80 m reibungslos herunterfällt, wenn ihre Energie beim Aufschlag zu 70% in Wärme umgewandelt wird?

(1,2 K)

---

8. Aufgabe:

Eine Masse von 10 kg fällt aus einer Höhe von 80 cm auf einen in einem Brett steckenden Eisennagel (Masse 5,0 g). Dadurch wird der Nagel in das Brett getrieben. Um wieviel erwärmt sich der Nagel (spez. Wärmekapazität siehe Aufgabe 7), wenn 75% der Arbeit in Wärme umgesetzt werden?

(26 K)

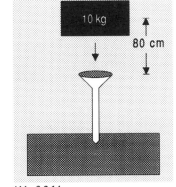

Abb. 3.2.14

9. Aufgabe:

An einer Feder mit $D = 1,5$ N/cm hängt ein 800 g schweres Massestück in Ruhelage. Mit der Kraft $F = 30$ N wird das Massestück aus der Ruhelage nach unten gezogen und losgelassen (Federpendel). Bestimmen Sie die potentielle und kinetische Energie nach jeweils 5 cm zurückgelegtem Weg des Massestückes und tragen Sie die Werte in ein Weg-Energie-Diagramm ein.
Beachten Sie: Die maximale Auslenkung beträgt 20 cm (Rechnung!). Danach erfolgt eine Wegumkehr. 25 cm Weg entsprechen 5 cm vom Umkehrpunkt in die entgegengesetzte Richtung.
(0,3 J)

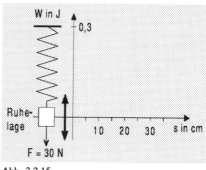

Abb. 3.2.15

10. Aufgabe:

In einem Würfel der Kantenlänge 1,0 dm befindet sich Wasserstoff der Dichte 0,090 kg/m^3 mit der Temperatur 10° C. Die Wasserstoffatome bewegen sich mit der mittleren Geschwindigkeit von $1,8 \cdot 10^3$ m/s.

a) Bestimmen Sie die Energie, die in der Bewegung der Wasserstoffatome steckt.

b) Wieviel Energie muß zugeführt werden, damit sich die Temperatur des Wasserstoffes (spez. Wärmekapazität c = 10200 J/(kg · K) um 60 K erhöht?

c) Auf welche mittlere Geschwindigkeit werden die Wasserstoffatome durch die Energiezufuhr gebracht?

(145,8 J; 55 J; 2,1 km/s)

11. Aufgabe:

Eine Masse (M = 4,0 kg) ist mit einer masselosen Feder (D = 50,0 N/m) verbunden (vgl. Abb. 3.2.5). Dem System wird die Energie W = 9,0 J zugeführt und dadurch zum reibungsfreien Schwingen gebracht.

a) Bestimmen Sie die Amplitude und die Schwingdauer.

b) Welche maximale Geschwindigkeit kann das Massestück erreichen?

(0,6 m; 1,78 s; 2,12 m/s)

12. Aufgabe:

Eine Feder besitzt die Federkonstante D = 20,0 N/m. An sie wird ein Körper der Masse 800,0 g gehängt. Dadurch taucht der Körper vollständig in eine Flüssigkeit ein (siehe Abb. 3.2.16). Nun wird von außen die Energie 2,0 J zugeführt und dadurch das System zum Schwingen angeregt. Bei den Schwingungen soll der Körper vollständig in der Flüssigkeit eingetaucht bleiben.

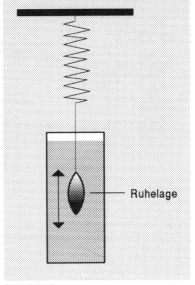

a) Bestimmen Sie die Amplitude und die Schwingdauer für reibungsfreies Schwingen.

b) Durch die Flüssigkeit wird die Schwingung gedämpft. Sie verliert pro Schwingung 20% der Gesamtenergie. Bestimmen Sie die Amplitude nach t = 1T, 2T.

c) Bei einem Energieverlust von 80% pro Schwingung ändert sich die Schwingdauer bereits meßbar. Bestimmen Sie die Schwingdauer nach der ersten Schwingung für den Dämpfungsfaktor k = 1.

d) Der Energieverlust entspricht einer Reibungsenergie W_R. Bestimmen Sie mit Hilfe der durchschwungenen Strecke näherungsweise die auftretende Reibungskraft F_R für die Fälle b) und c) jeweils für den ersten Schwingungsdurchgang.

(44,7 cm; 1,26 s; 40,0 cm; 35,8 cm; 1,27 s; 0,23 N; 1,36 N)

Abb. 3.2.16

praktische Energieerhaltung

3.3 Kraftstoß – Impuls – Impulserhaltung

Wenn eine Kraft auf einen Körper wirkt, so ist damit oft eine bestimmte Zeitdauer verbunden. Wenn beispielsweise ein Tennisspieler mit dem Schläger auf einen Ball schlägt, wirkt die Kraft, mit der der Schlag geführt wird, höchstens eine Zehntelsekunde auf den Ball. Daher ist es naheliegend, den Begriff des **Kraftstoßes** $\vec{F} \cdot \Delta t$ einzuführen. Wir wollen dabei der Einfachheit halber die Kraft in Betrag und Richtung konstant halten.

$$\boxed{\text{Kraftstoß} = \vec{F} \cdot \Delta t \text{ in Ns}}$$

Nach Newton gilt: $\vec{F} = m \cdot \vec{a}$

$\Rightarrow \quad \vec{F} \cdot \Delta t = m \cdot \vec{a} \cdot \Delta t = m \cdot \dfrac{\Delta \vec{v}}{\Delta t} = m \cdot \Delta \vec{v}$

also: $\boxed{\vec{F} \cdot \Delta t = m \cdot \Delta \vec{v}}$ (Gl. 3.3.1)

(Das Zeitintervall Δt, während dem die Kraft wirkt, ist genau das Zeitintervall Δt, in dem die Geschwindigkeitsänderung erfolgt. Daher kann durch Δt gekürzt werden.)

Die Größe $m \cdot \Delta \vec{v}$ hat in der Physik einen eigenen Namen erhalten. Man nennt sie den **Impuls** eines Körpers. Der Impuls wird mit dem Formelzeichen $\vec{p}$ abgekürzt und ist (wegen der Kraft $\vec{F}$) ein Vektor mit Betrag und Richtung.

Maßeinheit des Impulses: $[\vec{p}] = 1\,\text{Ns} = 1\,\text{kg} \cdot \dfrac{\text{m}}{\text{s}}$

Der Impuls 1 Ns bedeutet also, daß eine Kraft von 1 N auf einen Körper 1 s lang wirkt.

$\vec{F} \cdot \Delta t = m \cdot \Delta \vec{v} = \Delta \vec{p} \quad \Rightarrow \quad \boxed{\vec{F} = m \cdot \dfrac{\Delta \vec{v}}{\Delta t} = \dfrac{\Delta \vec{p}}{\Delta t} = m \cdot \vec{a}}$ (Gl. 3.3.2)

> **Wenn auf einen Körper der Masse m die Kraft $\vec{F}$ ausgeübt wird, so verursacht dies eine Änderung des Impulses $\vec{p}$ des Körpers.**

Beispiel 3.10:
Ein Tennisball von 50 g Masse wird von 0 km/h auf die Geschwindigkeit 180 km/h gebracht. Die Geschwindigkeitsänderung beträgt $\Delta v = 180$ km/h = 50 m/s. Die Impulsänderung des Tennisballes beträgt also $m \cdot \Delta v = 0{,}05$ kg $\cdot$ 50 m/s = 2,5 Ns. Wenn diese Impulsänderung während einer Zeit von 0,05 s erfolgt ist, wirkt nach Gl. 3.3.2 die Kraft F:

$$F = \frac{\Delta p}{\Delta t} = \frac{2{,}5\,Ns}{0{,}05\,s} = 50\,N$$

1. Aufgabe:
Auf einen ruhenden Golfball (46 g) wirkt die Kraft 24 N genau
0,05 s lang. Welche Geschwindigkeit erreicht er?
(26 m/s)

2. Aufgabe:
Welche Kraft muß wirken, um innerhalb einer Zehntelsekunde die
Geschwindigkeit eines fliegenden Fußballes (m = 350 g) um
36 km/h zu erhöhen?
(35 N)

3. Aufgabe:
In welcher Zeit beschleunigt eine konstante Kraft von 2,0 kN ein Auto (800 kg) von
0 km/h auf 100 km/h?
(11,1 s)

Gedankenexperiment:

Zwei Kugeln der Massen m_1 und m_2 rollen mit den Geschwindigkeiten v_1 und v_2 aufeinander zu und stoßen zentral gegeneinander. Durch den Stoß verändern die beiden Kugeln ihre Geschwindigkeiten, die nun durch die Größen u_1 und u_2 beschrieben werden sollen (Abb. 3.3.1). (Da der Stoß zentral und die Richtungsänderung nur entgegengesetzt erfolgt, kann im folgenden auf die Vektorschreibweise verzichtet werden. Die entgegengesetzte Richtung wird durch das Minuszeichen ausgedrückt.)

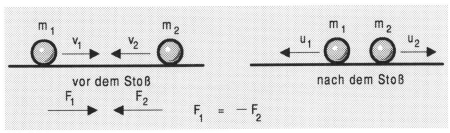

Abb. 3.3.1

Beim Stoß übt die Kugel der Masse m_1 die Kraft F_1 auf die zweite Kugel aus. Nach dem 3. Newtonschen Gesetz übt dann die zweite Kugel eine entgegengesetzt gerichtete, gleichgroße Kraft F_2 auf die erste Kugel aus: $\Rightarrow$ $F_1 = -F_2$
Der Zeitkontakt beim Stoß Δt ist für beide Kugeln gleich:

$$\Delta p_1 = F_1 \Delta t = -F_2 \Delta t = -\Delta p_2$$
$$\text{mit } \Delta p_1 = m_1(u_1 - v_1) \text{ und } \Delta p_2 = m_2(u_2 - v_2) \Rightarrow$$
$$m_1(u_1 - v_1) = -m_2(u_2 - v_2)$$
$$m_1 u_1 - m_1 v_1 = -m_2 u_2 + m_2 v_2$$
$$m_1 u_1 + m_2 u_2 = m_1 v_1 + m_2 v_2$$

Gesamtimpuls nach dem Stoß = Gesamtimpuls vor dem Stoß

Die Summe aller Impulse bleibt durch den Stoß also unverändert. Vorausgesetzt wurde dabei, daß keine weiteren Kräfte von außen einwirken, das System also abgeschlossen ist. Diese Aussage bezeichnet man als **Impulserhaltungssatz**:

> **In einem abgeschlossenen System bleibt die Summe aller Impulse (nach Betrag und Richtung) konstant.**

Bei der Herleitung des Impulserhaltungssatzes wurde keine Aussage über eventuelle Energieverluste durch Reibung, Deformation der Kugeln oder ähnliches getroffen. Deswegen gilt der Impulserhaltungssatz im Gegensatz zum Energieerhaltungssatz auch bei Energieverlusten, z.B. durch Reibung.

Beispiel 3.11:
Ein Kahn ($m_1 = 72$ kg) treibt mit der Strömung $v_1 = 1,2$ m/s flußabwärts. Eine Person ($m_2 = 85$ kg) springt mit der Geschwindigkeit $v_2 = 3,0$ m/s ins Boot.

a) Der Sprung erfolgt in Richtung des treibenden Bootes:

Impuls vorher: $\qquad p_{vor} = p = m_1 v_1 + m_2 v_2$

Impuls nachher: $\qquad p_{nach} = p' = (m_1 + m_2)u$

Impulserhaltung: $\qquad p = p'$

$\Rightarrow m_1 v_1 + m_2 v_2 = (m_1 + m_2)u$

$$u = \frac{m_1 v_1 + m_2 v_2}{m_1 + m_2} = \frac{72\,kg \cdot 1,2\frac{m}{s} + 85\,kg \cdot 3\frac{m}{s}}{72\,kg + 85\,kg} = \frac{341,4\,kg \cdot \frac{m}{s}}{157\,kg} = 2,2\frac{m}{s}$$

Der Kahn treibt also nun mit der Geschwindigkeit 2,2 m/s flußabwärts.

b) Der Sprung erfolgt gegen die Richtung des treibenden Bootes:
Die entgegengesetzte Richtung wird durch das Minuszeichen beim Impuls der Person ausgedrückt.

Impuls vorher: $\qquad p = m_1 v_1 + (-m_2 v_2)$

Impuls nachher: $\qquad p' = (m_1 + m_2)u$

Impulserhaltung: $\qquad m_1 v_1 - m_2 v_2 = (m_1 + m_2)u$

$$u = \frac{m_1 v_1 - m_2 v_2}{m_1 + m_2} = \frac{-168,6\,m}{157\,s} = -1,1\frac{m}{s}$$

Der Kahn wird also gestoppt und treibt, wenn auch nur kurzzeitig, mit der Geschwindigkeit u = –1,1 m/s gegen (negatives Vorzeichen!) die Flußrichtung.

c) Der Sprung erfolgt unter einem Winkel α = 30° zur Flußrichtung (siehe Abb. 3.3.2):
Der Impuls der Person (Vektor!) wird in zwei zueinander senkrechte Komponenten zerlegt und getrennt behandelt.

v_{2F} *Geschwindigkeit in Flußrichtung*
v_{2s} *Geschwindigkeit senkrecht zur Flußrichtung*
Es gilt: $v_{2F} = v_2 \cdot \cos \alpha$ *und* $v_{2s} = v_2 \cdot \sin \alpha$

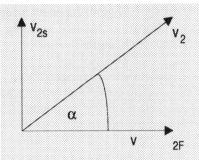

Impulserhaltung in Flußrichtung:
$$m_1 v_1 + m_2 v_{2F} = (m_1 + m_2)u$$

$$u = \frac{m_1 v_1 + m_2 v_2 \cdot \cos \alpha}{m_1 + m_2} = \frac{307,24\,m}{157\,s} = 1,96\frac{m}{s}$$

senkrecht zur Flußrichtung:
$$m_1 v_1 + m_2 v_{2s} = (m_1 + m_2)u \quad mit \quad m_1 v_1 = 0\ Ns$$

Abb. 3.3.2

$$\Rightarrow \qquad u = \frac{m_2 v_2 \cdot \sin \alpha}{m_1 + m_2} = \frac{107,5\,m}{157\,s} = 0,81\frac{m}{s}$$

Der Kahn bewegt sich also mit der Geschwindigkeit 1,96 m/s flußabwärts und mit der Geschwindigkeit 0,81 m/s senkrecht dazu. Nach Abb. 3.3.3 gilt:

$$\tan\varphi = \frac{0,81\frac{m}{s}}{1,96\frac{m}{s}} \qquad \Rightarrow \qquad \varphi \approx 22,5°$$

Die effektive Bootsgeschwindigkeit kann mit dem Satz des Pythagoras leicht berechnet werden:

$$u^2 = (0,81\frac{m}{s})^2 + (1,96\frac{m}{s})^2 \quad \Rightarrow \quad u = 2,12\frac{m}{s}$$

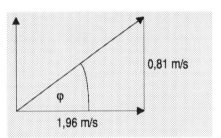

Der Kahn bewegt sich also mit der Geschwindig- Abb. 3.3.3
keit u = 2,12 m/s unter einem Winkel von 22,5° zur Flußrichtung.

Die Impulserhaltung kann natürlich auch experimentell nachgewiesen werden. Einen möglichen Versuchsaufbau zeigt Abb. 3.3.4.

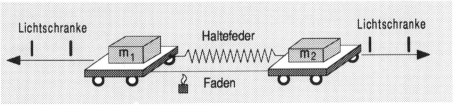

Abb. 3.3.4

Nach dem Durchbrennen des Fadens bewegen sich die Wagen (unterschiedliche Massen) mit verschiedenen Geschwindigkeiten in entgegengesetzte Richtungen. Die Geschwindigkeiten werden mit Hilfe der Lichtschranken auf der Fahrbahn gemessen. Da der Gesamtimpuls vor dem Durchbrennen des Fadens 0 Ns gewesen war, muß hinterher die Summe der beiden Impulse ebenfalls 0 Ns ergeben (eine Fahrtrichtung ist negativ, wegen der entgegengesetzten Richtung!).

Anwendung der Impulserhaltung:

Das Raketen- bzw. Düsenprinzip beruht auf dem Gesetz der Impulserhaltung. In einer Raketenbrennkammer verbrennt der Treibstoff zu gasförmigen Teilchen, die unter hohem Druck stehen. Diese Teilchen strömen mit einer hohen Geschwindigkeit aus der Düsenöffnung. Da der Impuls vor dem Verbrennen 0 Ns war, muß nun, da die Gasmasse mit hoher Geschwindigkeit ausströmt, ein gleichartiger, entgegengesetzt gerichteter Impuls vorhanden sein, der die Rakete antreibt.

Ein düsengetriebenes Flugzeug saugt Luft an, verdichtet sie und stößt sie mit großer Geschwindigkeit nach hinten aus. Dadurch wird das Flugzeug nach vorne getrieben, wie die Abb. 3.3.5 zeigt.

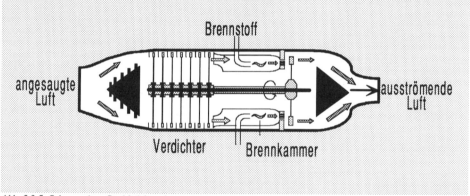

Abb. 3.3.5 Schema eines Strahltriebwerkes

4. Aufgabe:
Ein mit 8,0 km/h fahrender Güterwagen (m_1 = 15 t) prallt auf einen, in derselben Richtung fahrenden (v_2 = 5,0 km/h) zweiten Wagen (m_2 = 18 t) auf und kuppelt ein. Mit welcher Geschwindigkeit bewegen sich beide Wagen weiter?
(6,4 km/h)

5. Aufgabe:
Erklären Sie den Rückstoß beim Abfeuern eines Gewehres.

6. Aufgabe:
Ein Jumbo-Jet hat eine Startmasse von 320 t. Welche Menge Gas muß mit einer Geschwindigkeit von 1200 m/s ausströmen, um dem Flugzeug eine Geschwindigkeit von 900 km/h zu verleihen?
(66,7 t)

7. Aufgabe:
Eine Kugel der Masse m rollt reibungsfrei eine geneigte Rille hinab (Abb. 3.3.6) und wird, nach Verlassen der Rille, im aufgehängten Behälter der Masse M eingefangen. Dieser Behälter hängt an einer masselosen Schnur der Länge l und wird um den Winkel α ausgelenkt. Wie groß ist der Ausschlagwinkel α?

a) allgemein,
(cos $\alpha = [l(m+M)^2 - m^2(H-h)]/[l(m+M)^2])$

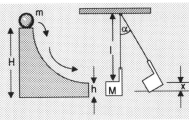

b) für die Werte:
H = 1,2 m; h = 0,4 m; l = 1,0 m
m = 300 g; M = 1 kg
(16,8°)

Hinweis: Berechnen Sie zuerst die kinetische Energie des Behälters zusammen mit der Kugel und bestimmen Sie daraus die Größe x.

Abb. 3.3.6

Massenabhängigkeit

Bei der Ableitung des Impulssatzes wurde stillschweigend vorausgesetzt, daß die Masse eine konstante Größe ist. Einstein hat jedoch nachgewiesen, daß die Masse eines Körpers von seiner Geschwindigkeit abhängt. Bei vertrauten Geschwindigkeiten ist diese Abhängigkeit allerdings so gering, daß sie vernachlässigbar ist. Erst bei Annäherung an die Lichtgeschwindigkeit (Lichtgeschwindigkeit $c = 3 \cdot 10^8$ m/s) muß sie berücksichtigt werden.
Es gibt aber noch einen zweiten Fall, bei der die Massenabhängigkeit beachtet werden muß: Raketen verlieren bei ihren Flügen durch das Verbrennen des Treibstoffes einen Großteil ihrer Masse. In diesem Fall muß das Kraftgesetz (Gl. 3.3.2) allgemeiner angewandt werden:

$$\vec{F} = \frac{\Delta \vec{p}}{\Delta t} = \frac{\Delta(m \cdot \vec{v})}{\Delta t} = \frac{m \cdot \Delta \vec{v}}{\Delta t} + \frac{\vec{v} \cdot \Delta m}{\Delta t} \qquad \text{(Gl. 3.3.2a)}$$

Die Größe $\mu = \Delta m/\Delta t$ gibt die Menge der ausgestoßenen Gase pro Zeitintervall [kg/s] an und wird als Abbrandgeschwindigkeit bezeichnet. Sie ist für Raketen i.a. eine konstante Größe.
Es sei m_{Tr} die Gesamtmasse des mitgeführten Treibstoffes, m_L die Masse der leeren Rakete. Dann gilt für die Gesamtmasse m_0 beim Start: $m_0 = m_L + m_{Tr}$.
Die Zeitdauer, bis die gesamte Treibstoffmasse verbraucht ist, soll mit T bezeichnet werden.

Unter der Voraussetzung, daß die Abbrandgeschwindigkeit μ konstant ist, gilt dann:

$$\mu = \frac{m_{Tr}}{T}$$

Für die momentane Raketenmasse m_t nach Verstreichen der Zeit t folgt:

$$m_t = m_0 - \mu t = m_0 - \frac{m_{Tr}}{T} \cdot t$$

Die Geschwindigkeit der Rakete (relativ zur Umgebung) zum Zeitpunkt t sei v_t. Die ausströmende Gasmasse besitze die Geschwindigkeit u. In einem Zeitintervall Δt strömt die Gasmenge $m\Delta t$ aus. Dadurch wird die Rakete um Δv schneller. Am Ende des Zeitintervalls Δt beträgt die

Raketenmasse: $\qquad\qquad m_t - \mu \Delta t$

Raketengeschwindigkeit: $\quad v_t + \Delta v$

Geschw. der Gasmasse

relativ zur Umgebung: $\qquad u - (v_t + \Delta v)$

Für die Impulse am Ende des Zeitintervalls Δt gelten:

$$p_{Rakete} = (m_t - \mu \Delta t) \cdot (v_t + \Delta v)$$
$$p_{Gas} = - \mu \Delta t \cdot [u - (v_t + \Delta v)]$$

Zu Beginn des Zeitintervalles hat die Rakete den Impuls $p = m_t v_t$ besessen. Nach der Impulserhaltung muß der Impuls am Anfang des Zeitintervalles und am Ende gleich groß sein:

$$\Rightarrow m_t v_t = p_{Rakete} + p_{Gas}$$

Nach Einsetzen von p_{Rakete} und p_{Gas} ergibt sich: $0 = m_t \cdot \Delta v - \mu \cdot u \cdot \Delta t$ und damit

$$m_t \cdot \frac{\Delta v}{\Delta t} = \mu \cdot u$$

Der Ausdruck $\Delta v / \Delta t$ stellt die Geschwindigkeitszunahme und damit die Beschleunigung der Rakete dar. Die zur Beschleunigung der Rakete gehörige Kraft F_s wird als Schub bezeichnet. Der Schub einer Rakete ist nicht konstant, sondern nimmt mit abnehmender Raketenmasse zu:

$$F_s = m_t a = \mu u$$

Beispiel 3.12:

Pro Sekunde werden bei einer Rakete (Gesamtmasse 80 t) 800 kg Verbrennungsgase mit einer Geschwindigkeit von 2,0 km/s ausgestoßen. Die dadurch erreichte Schubkraft ist:
$F_s = \mu u = 800\ kg/s \cdot 2000\ m/s = 1600000\ N = 1,6\ MN$
Die Beschleunigung der Rakete beträgt a = 1,6 MN/80 t = 20 m/s². Sie würde also mit der Beschleunigung 20 m/s² – 9,81 m/s² = 10,19 m/s² von der Erdoberfläche starten.

Beispiel 3.13:

Eine Rakete der Masse 20 t fliegt kräftefrei im Weltall mit der Geschwindigkeit v_R = 5,0 km/s. Durch plötzlichen Ausstoß von 5% ihrer Masse wird v_R um 4% gesteigert. Wie groß ist die Ausströmgeschwindigkeit des Gases?

$$m \cdot \frac{\Delta v}{\Delta t} = u \cdot \frac{\Delta m}{\Delta t} \qquad \Rightarrow \qquad u = \frac{m \cdot \Delta v}{\Delta m} = \frac{20\,t \cdot 200\frac{m}{s}}{2\,t} = 2000\,\frac{m}{s} = 2\frac{km}{s}$$

3.4 Stoßprozesse

Im "Gedankenexperiment" von Kapitel 3.3 stießen zwei Körper aufeinander. Solche Stoßprozesse sollen nun genauer untersucht werden. Dabei werden allerdings der Einfachheit halber nur Bewegungen betrachtet, die auf einer Geraden liegen.

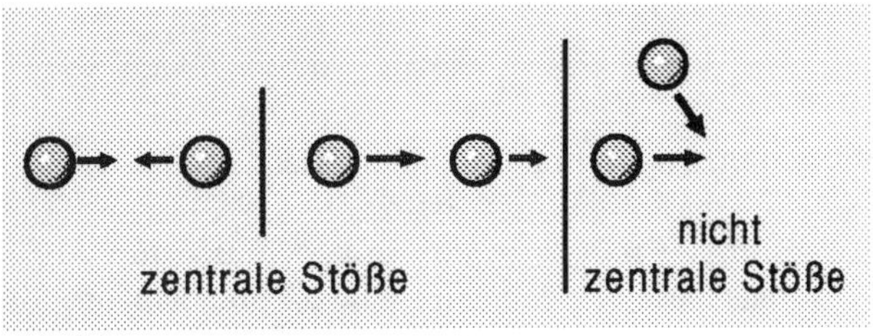

zentrale Stöße   nicht zentrale Stöße

Abb. 3.4.1

Die Geschwindigkeitsvektoren der beiden Körper können also nur gleich- oder entgegengesetzt gerichtet sein. Solche Stöße heißen zentral. Wegen dieser Beschränkung kann im folgenden auch auf die Vektorschreibweise verzichtet werden.

Betrachtet man zwei Körper, die aufeinander stoßen, so können die beiden Körper nach dem Stoß eine Einheit bilden. Einen solchen **Stoß** nennen wir **vollkommen unelastisch**. Dabei tritt meist eine Formänderung des einen oder der beiden Körper auf. Dies bedeutet einen Verlust an kinetischer Energie. Bei unelastischen Stößen gilt also der Energieerhaltungssatz für mechanische Energien nicht mehr, wohl aber der Impulserhaltungssatz.

Das Gegenstück zum vollkommen unelastischen Stoß bildet der **vollkommen elastische Stoß**. Mögliche Verformungen beim Stoß werden vollständig rückgängig gemacht, Reibung soll keine auftreten. Es geht also keine mechanische Energie verloren und beide Erhaltungssätze gelten.

3.4.1 Der vollkommen elastische Stoß

Einen vollkommen elastischen Stoß gibt es in der Realität streng genommen nicht. Allerdings sind die Verluste an kinetischer Energie in einigen Fällen (z.B. Stoß zweier Stahlkugeln) so gering, daß sie vernachlässigt werden können.

Zwei Körper der Massen m_1 und m_2, die sich mit den Geschwindigkeiten v_1 und v_2 bewegen, stoßen elastisch gegeneinander. Nach dem Stoß besitzen sie die Geschwindigkeiten u_1 und u_2. Es gelten beide Erhaltungssätze:

Impulserhaltung:
$$m_1 v_1 + m_2 v_2 = m_1 u_1 + m_2 u_2$$
$$\Rightarrow \quad m_1(v_1 - u_1) = m_2(u_2 - v_2)$$

Energieerhaltung:
$$\frac{1}{2}m_1 v_1^2 + \frac{1}{2}m_2 v_2^2 = \frac{1}{2}m_1 u_1^2 + \frac{1}{2}m_2 u_2^2 \quad |\cdot 2$$
$$\Rightarrow \quad m_1 v_1^2 - m_1 u_1^2 = m_2 u_2^2 - m_2 v_2^2$$
$$m_1(v_1 + u_1)(v_1 - u_1) = m_2(u_2 + v_2)(u_2 - v_2)$$

Dividiert man nun die linke Seite dieser Gleichung durch $m_1(v_1 - u_1)$ und die rechte Seite durch $m_2(u_2 - v_2)$ (die beiden Ausdrücke sind ja gleich), so erhält man:

$$v_1 + u_1 = u_2 + v_2 \quad \Rightarrow \quad u_2 = v_1 + u_1 - v_2$$

Ersetzt man u_2 im Impulserhaltungssatz, ergibt sich:

$$m_1 v_1 + m_2 v_2 = m_1 u_1 + m_2 v_1 + m_2 u_1 - m_2 v_2$$

Löst man diese Gleichung nach u_1 auf und berechnet dann auch u_2, erhält man:

$$u_1 = \frac{m_1 v_1 + m_2 (2 v_2 - v_1)}{m_1 + m_2}$$

$$u_2 = \frac{m_2 v_2 + m_1 (2 v_1 - v_2)}{m_1 + m_2}$$

(Gl. 3.4.1)

Für die weitere Untersuchung setzen wir voraus, daß der Körper der Masse m_1 auf den ruhenden zweiten Körper ($v_2 = 0$ m/s) stößt:

$$\Rightarrow \quad u_1 = \frac{(m_1 - m_2) v_1}{m_1 + m_2} \quad \text{und} \quad u_2 = \frac{2 m_1 v_1}{m_1 + m_2}$$

Betrachtung einiger Spezialfälle:

a) Beide stoßenden Massen sind gleich: $\mathbf{m_1 = m_2} \quad \Rightarrow \quad u_1 = 0\frac{m}{s}; \quad u_2 = \frac{2 m_1 v_1}{2 m_1} = v_1$

   Die stoßende Kugel kommt zur Ruhe, die gestoßene bewegt sich mit der ursprünglichen Geschwindigkeit u_1 in Stoßrichtung fort. Wenn eine Münze gegen eine gleichartige, ruhende Münze gestoßen wird, kann man dieses Ergebnis einfach beobachten.

b) Die stoßende Masse ist kleiner: $\mathbf{m_1 < m_2} \quad \Rightarrow$
   u_1 ist wegen des Terms $m_1 - m_2$ negativ. Der stoßende Körper prallt also zurück und bewegt sich entgegen der Stoßrichtung.

c) Die stoßende Masse ist sehr klein: $\mathbf{m_1 \ll m_2} \quad \Rightarrow$
   $m_1 \approx 0$ kg und $m_1 + m_2 \approx m_2$ und $m_1 - m_2 \approx - m_2$

$$u_1 = \frac{-m_2 v_1}{m_2} = -v_1 \quad \text{und} \quad u_2 = 0\frac{m}{s}$$

   Der zweite, schwerere Körper bleibt in Ruhe, während der erste mit derselben Geschwindigkeit zurückprallt.

Durch die Änderung der Geschwindigkeitsrichtung des ersten Körpers hat sich auch sein Impuls geändert:

$$
\begin{aligned}
\text{vor dem Stoß:} \quad & p_1 + p_2 = m_1 v_1 + m_2 v_2 = m_1 u_1 \quad (\text{da } v_2 = 0 \text{ m/s}) \\
\text{nach dem Stoß:} \quad & p_1' + p_2' = m_1 u_1 + m_2 u_2 = -m_1 v_1 + \Delta p
\end{aligned}
$$

Aus der Impulserhaltung folgt: $\quad m_1 v_1 = -m_1 v_1 + \Delta p \quad \Rightarrow \quad \Delta p = 2 m_1 v_1$

Diesen Impuls hat der zweite Körper erhalten. Die Kraftwirkung, die aufgrund dieser Impulsänderung auf den zweiten Körper vorhanden ist, ist aber wegen der geringen Größe von m_1 im Gegensatz zu m_2 äußerst gering.

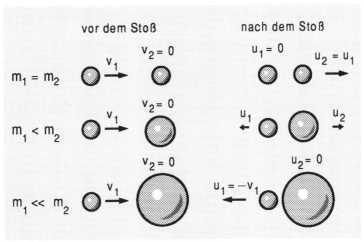

Abb. 3.4.2

Beispiel 3.14:
Eine Golfkugel ($m_1 = 40$ g) stößt mit der Geschwindigkeit $v_1 = 3,0$ m/s auf eine ruhende Billardkugel ($m_2 = 120$ g).

$$
u_1 = \frac{(m_1 - m_2) v_1}{m_1 + m_2} = \frac{(40\,g - 120\,g) \cdot 3 \frac{m}{s}}{40\,g + 120\,g} = -1,5 \frac{m}{s}
$$

$$
u_2 = \frac{2 m_1 v_1}{m_1 + m_2} = \frac{2 \cdot 40\,g \cdot 3 \frac{m}{s}}{160\,g} = 1,5 \frac{m}{s}
$$

Nach dem Stoß rollen die beiden Kugeln mit derselben Geschwindigkeit $1,5 \frac{m}{s}$ in entgegengesetzter Richtung davon.

3.4.2 Der vollkommen unelastische Stoß

Hier gilt die mechanische Energieerhaltung, wie in 3.4.1 angeführt, nicht mehr.
Impulserhaltungssatz: $\quad m_1 v_1 + m_2 v_2 = (m_1 + m_2)u$

$$\Rightarrow \qquad \boxed{u = \frac{m_1 v_1 + m_2 v_2}{m_1 + m_2}} \qquad \text{(Gl. 3.4.2)}$$

Hieraus kann der Verlust der kinetischen Energie bestimmt werden:

$$\Delta W = \frac{1}{2} m_1 v_1^2 + \frac{1}{2} m_2 v_2^2 - \frac{1}{2}(m_1 + m_2)u^2$$

ersetzt man in diesem Ausdruck die Größe u durch obigen Term:

$$\Rightarrow \qquad \boxed{\Delta W = \frac{m_1 m_2 (v_1 - v_2)^2}{2(m_1 + m_2)}} \qquad \text{(Gl. 3.4.3)}$$

bzw. falls der zweite Körper vor dem Stoß ruhte:

$$\Delta W = \frac{m_1 m_2 v_1^2}{2(m_1 + m_2)}$$

Beispiel 3.15:
Eine Stahlkugel (m_1 = 20 g) stößt mit der Geschwindigkeit v_1 = 3,0 m/s in einen ruhenden Plastilinklumpen (m_2 = 80 g).

$$u = \frac{m_1 v_1}{m_1 + m_2} \quad \text{da } v_2 = 0\frac{m}{s} \qquad \Rightarrow \qquad u_2 = \frac{20\,g \cdot 3m}{100\,g \cdot s} = 0,60\frac{m}{s}$$

Der Energieverlust beim Stoß beträgt:

$$\Delta W = \frac{m_1 m_2 v_1^2}{2(m_1 + m_2)} = \frac{0,02\,kg \cdot 0,08\,kg \cdot (3\frac{m}{s})^2}{2 \cdot 0,1\,kg} = 0,072\,J = 72\,mJ$$

3.4.3 Aufgaben

1. Aufgabe:
Ein Torwart (M = 80 kg) springt senkrecht empor und fängt einen mit 80 km/h heranfliegenden Ball (m = 400 g). Mit welcher Geschwindigkeit bewegt sich nach diesem unelastischen Stoß der Torwart rückwärts? Wie groß ist der Verlust an kinetischer Energie?
(0,11 m/s; 98,3 J)

2. Aufgabe:
Ein Ball (m_1 = 20 g) trifft mit 80 km/h elastisch auf die Rückwand eines langsam fahrenden (v_2 = 25 km/h) Lastwagens (m_2 = 6,0 t). Was können Sie über die Bewegung des Balles nach dem Aufprall aussagen ($m_1 \ll m_2$)?
(– 30 km/h)

3. Aufgabe:
Ein Körper der Masse m_1 stößt mit der Geschwindigkeit v_1 elastisch auf einen zweiten Körper der dreifachen Masse, der sich mit der Geschwindigkeit v_2 = 0,25v_1 dem ersten entgegenbewegt. Was gilt für die Geschwindigkeiten nach dem Stoß?
(– 0,125·v_1; 0,625·v_1)

4. Aufgabe:
Eine Kugel (m_1 = 2,0 kg) stößt mit v_1 = 8,0 m/s elastisch auf eine ruhende zweite Kugel unbekannter Masse. Nach dem Stoß bewegen sich beide Körper mit der Geschwindigkeit u = 4,0 m/s in entgegengesetzter Richtung. Wie groß ist m_2?
(6,0 kg)

5. Aufgabe:
Die Masse m_1 stößt auf die ruhende Masse m_2. Nach dem Stoß bewegen sich beide Körper mit entgegengesetzt gleicher Geschwindigkeit auseinander. Was kann man über das Massenverhältnis der beiden Körper und ihre Geschwindigkeiten nach dem Stoß aussagen?
($m_1 : m_2$ = 1 : 3; $|u_1|$ = $|u_2|$ = 0,5v_1)

6. Aufgabe:
Eine Gewehrkugel (m = 10 g) trifft kurz nach Verlassen der Mündung mit der Geschwindigkeit v_0 = 500 m/s auf eine senkrecht aufgehängte Stahlplatte (Länge der Aufhängung l = 2,0 m, Plattenmasse M = 5,0 kg) und prallt elastisch zurück. Wie stark (Höhe und Winkel) schlägt die aufgehängte Platte aus?
(13 cm; 20,8°)

7. Aufgabe:
Die Erde (M = 6,0 · 10^{24} kg) besitzt einen mittleren Sonnenabstand von 150 Mill. km und umkreist diese in 365 Tagen. Ein großer Meteor (kugelförmig, Radius r_M = 50 m, Dichte ρ = 5,0 g/cm^3) schlägt auf die Erdoberfläche mit der Geschwindigkeit von 6000 km/s auf. Berechnen Sie den "Energieverlust" beim Stoß von "hinten" und von "vorne" (Zum Vergleich: Der Energieverbrauch der BRD im Jahre 1989 lag bei etwa 1,124·10^{19} J).
(4,6 · 10^{22} J)

8. Aufgabe:
Auf ein Fenster (A = 2,0 m^2) prallen bei einem Hagel pro Sekunde 3000 Hagelkörner der Masse 1,0 g mit der Geschwindigkeit 120 km/h. Welcher Druck wird auf der Fensterfläche erzeugt?
(100 Pa)

9. Aufgabe:

Beim U-Bahnbau werden zur Abdichtung gegen Grundwasser Eisenschienen (m = 200 kg) senkrecht in den Boden gerammt. In einem speziellen Fall trifft eine Masse von 280 kg aus einer Höhe von 1,84 m auf eine solche Schiene und treibt sie dabei 2,0 cm in den Boden. Betrachten Sie den Vorgang als unelastischen Stoß.

a) Welche Geschwindigkeit besitzen beide Massen unmittelbar nach dem Stoß?

b) Innerhalb der 2,0 cm werden die beiden Massen auf die Geschwindigkeit 0 m/s abgebremst. Berechnen Sie die Verzögerung, die vorhandene Reibungskraft und den Energieverlust.

(3,5 m/s; -306 m/s^2; 147 kN; 2100 J)

10. Aufgabe:

In China lebten 1990 ca. 1 Mrd. Menschen. Droht der Erde (Masse $6 \cdot 10^{24}$ kg) eine Gefahr, wenn alle Chinesen (Durchschnittsmasse 50 kg) gleichzeitig aus 1 m Höhe auf die Erde springen? Berechnen Sie dazu die Geschwindigkeit der nach dem Sprung wieder vereinigten Massen.

($3,7 \cdot 10^{-14}$ m/s)

3.5 Stoßprozesse im atomaren Bereich

Stoßprozesse spielen in der Atom- und Kernphysik eine große Rolle. Sie führten zur Entstehung unserer heutigen Atomvorstellung und finden Anwendung in vielen physikalischen Effekten.

Am Ende des 19. Jahrhunderts herrschte die Vorstellung, Atome wären massive Kugeln. Rutherford (1871 - 1937) schoß mit kleinen Teilchen (α - Strahlen, Helium-Kerne) gegen eine Metallfolie, die aus wesentlich schwereren Atomen bestand. Nach den Stoßprinzipien hätten die leichteren α - Strahlen praktisch mit derselben Geschwindigkeit zurückprallen müssen. Da dies nicht der Fall war, wurde das bestehende Atommodell aufgegeben und Rutherford entwarf das Modell des positiv geladenen Atomkerns (der fast die gesamte Masse enthält) und den relativ weit davon entfernten, negativ geladenen Elektronen.

Bohr (1885 - 1962) entwickelte dieses Modell weiter und ließ nur genau definierte Abstände der Elektronen zum Atomkern zu. Er zeigte, daß die Energie eines Elektrons umso größer ist, je weiter es vom Kern entfernt ist. Er ordnete so den möglichen Abständen der Elektronen bestimmte Energieniveaus zu (Abb. 3.5.1).

(Zum Verständnis der Abb.3.5.1: Die Energien werden in der Atomphysik in eV (Elektronenvolt) gemessen. Wird das negative Elektron durch die Spannung 1 V beschleunigt, erfährt es einen Geschwindigkeitszuwachs. Die dadurch erreichte kinetische Energie ist $1,6 \cdot 10^{-19}$ J oder 1 eV.)

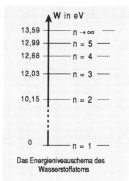

Das Energieniveauschema des Wasserstoffatoms

Abb. 3.5.1

Um Elektronen von einem Energieniveau auf ein höheres zu transportieren (das Atom wird angeregt), muß Energie zugeführt werden. Dies kann durch den Verlust an kinetischer Energie beim unelastischen Stoß geschehen. Das "hochgehobene" Elektron verweilt kurze Zeit im angeregten Zustand ($t \approx 10^{-8}$ s) und fällt dann unter Energieabgabe (in Form von Lichtquanten) in den Grundzustand zurück (Grundprinzip der Lichterzeugung in einem Laser).

Ist die Energiezufuhr durch den unelastischen Stoß groß genug, kann das Elektron die Hülle des Atoms ganz verlassen. Aus einem neutralen Atom entsteht so ein positiv geladenes Ion. Diese Ionen können elektrische Ströme bilden. Auf diese Weise wird prinzipiell radioaktive Strahlung nachgewiesen.

Hahn (1879 - 1968) und Strassmann (1902 - 1980) entdeckten 1938 beim Beschuß von Uran mit Neutronen (neutrale Teilchen mit $m_{uran} : m_{neutron} = 238 : 1$), daß, sofern die Neutronen in einem bestimmten Geschwindigkeitsbereich liegen, das Neutron vom Uranatom eingefangen (unelastischer Stoß) wird. Dabei zerfällt das Uranatom (Abb. 3.5.2) in radioaktive Bestandteile unter der Freigabe von 198 MeV = $3,168 \cdot 10^{-11}$ J und der Freisetzung von weiteren Neutronen (2 bis 3), die unter bestimmten Bedingungen weitere Uran-atome spalten können (Kettenreaktion).

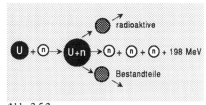

Abb. 3.5.2

Die entstehenden Neutronen sind i.a. zu schnell, um andere Uranatome zu spalten. Um die Kettenreaktion aufrecht zu erhalten, ist es deswegen notwendig, ein Material (Moderator) in die Nähe des Urans zu bringen, an dessen Kernen die Neutronen durch Stöße an Geschwindigkeit verlieren. Dabei gilt nach den Stoßgesetzen: Je näher der Massenwert der gestoßenen Kerne an der Masse der Neutronen liegt, desto stärker ist der Geschwindigkeitsverlust pro Stoß (vgl. Gl. 3.4.1). Man verwendet als Moderator daher meistens Wasser (1 Atom Sauerstoff und 2 Atome Wasserstoff), an dessen Wasserstoffkernen die Neutronen schnell abgebremst werden. Mit Hilfe dieser Moderatoren kann die Kettenreaktion gesteuert werden.

Beispiel 3.16:
Ein Neutron (m_n) stößt mit der Geschwindigkeit v_n elastisch auf einen ruhenden Deuteriumkern ($m_D = 2\,m_n$), ein anderesmal auf einen ruhenden Kohlenstoffkern ($m_C = 12\,m_n$).

Deuterium:
$$u_n = \frac{(m_n - 2m_n) \cdot v_n}{m_n + 2m_n} = -\frac{1}{3}v_n \approx -33\% \cdot v_n$$

Kohlenstoff:
$$u_n = \frac{(m_n - 12m_n) \cdot v_n}{m_n + 12m_n} = -\frac{11}{13}v_n \approx -85\% \cdot v_n$$

Beim Deuteriumkern prallt also das Neutron mit 33% seiner ursprünglichen Geschwindigkeit zurück, beim Kohlenstoffatom jedoch mit 85%.

Für Massenangaben im atomaren Bereich wird die atomare Masseneinheit u verwendet. Von Geschwindigkeiten, bei denen die Massenabhängigkeit beachtet werden muß, soll abgesehen werden. Außerdem seien für die Aufgaben noch folgende Werte gegeben:

$$1u = 1,66 \cdot 10^{-27}\,kg$$
$$m_{Neutron} \approx m_{Proton} \approx 1u$$
$$m_{Elektron} = 9,1 \cdot 10^{-31}\,kg$$
$$m_{\alpha-Teilchen} \approx 4u$$
$$1eV = 1,6 \cdot 10^{-19}\,J$$

1. Aufgabe:
Ein Elektron ($W_e = 2,0\,eV$) und ein Proton ($W_p = 200\,eV$) bewegen sich aufeinander zu. Welche Geschwindigkeiten besitzen beide Teilchen vor, bzw. nach einem elastischen (unelastischen) Stoß? (838,6 km/s, 196,4 km/s; – 443,1 km/s, 195,3 km/s; 195,8 km/s)

2. Aufgabe:
Beim unelastischen Stoß eines Neutrons mit einem Proton, die sich mit derselben Geschwindigkeit v aufeinander zu bewegen, beträgt der Energieverlust 1,0 eV. Bestimmen Sie die Geschwindigkeit der beiden Teilchen. ($1,1 \cdot 10^4$ m/s)

3. Aufgabe:
Der exp. Nachweis des Bohrschen Atommodells geschieht durch den Franck-Hertz-Versuch. Dabei stoßen Elektronen unelastisch auf Quecksilberatome ($m_{Quecksilber} = m_{Hg}$ = 202 u). Dadurch wird das Energieniveau des Quecksilberatoms um 4,9 eV angehoben. Berechnen Sie die Elektronengeschwindigkeit vor, sowie die Geschwindigkeit des Quecksilberatoms nach dem Stoß.
($1,3 \cdot 10^6$ m/s, 3,56 m/s)

4. Aufgabe:
Welche Masse müßte (rein theoretisch) ein Teilchen besitzen, das mit der Geschwindigkeit $5,0 \cdot 10^6$ m/s unelastisch auf ein ruhendes Wasserstoffatom (m_H = 1,0 u) prallt und dabei die Energie 1,88 eV freisetzt?
($1,45 \cdot 10^{-5}$ kg)

3.6 Zusammenfassung

Das in einem Körper gespeicherte Arbeitsvermögen wird als Energie bezeichnet. Sie ist eine skalare Größe und besitzt damit keine Richtung. Wir haben uns im dritten Kapitel nur mit mechanischen Energien, also Energieformen, die ein Körper aufgrund seiner Lage (potentielle Energie), bzw. seiner Bewegung (kinetische Energie) besitzt, beschäftigt. In jedem der Fälle gilt:

$$W = \vec{F} \cdot \vec{s} = F \cdot s \cdot \cos\alpha$$

wobei α den Winkel zwischen der Richtung der aufgewendeten Kraft und der tatsächlichen Bewegungsrichtung des Körpers darstellt. Insbesondere gilt:

Potentielle Energie:	"Höhenenergie"	$W = mgh$
	"Spannenergie"	$W = \frac{1}{2}Ds^2$
Kinetische Energie:	"Geschwindigkeitsenergie"	$W = \frac{1}{2}mv^2$

Im Idealfall, d.h. wenn keine Reibungsverluste auftreten, können die mechanischen Energieformen vollständig ineinander umgewandelt werden. Die Summe der in einem abgeschlossenen System vorhandenen Energien ist konstant. Dies bezeichnet man als den Energieerhaltungssatz der Mechanik.

$$W_{kin} + W_{pot} = const.$$

Im weiteren Verlauf wurde der Begriff des Kraftstoßes $\vec{F} \cdot \Delta t = \Delta(m \cdot \vec{v}) = \Delta \vec{p}$ eingeführt, der als Impulsänderung bezeichnet wurde. Mit Hilfe des Impulses $\vec{p}$ läßt sich das 2. Newtonsche Gesetz allgemeiner formulieren, da auch die Veränderung der Masse berücksichtigt werden kann:

$$\vec{F} = m \cdot \vec{a} = \frac{\Delta \vec{p}}{\Delta t} = \frac{\Delta(m \cdot \vec{v})}{\Delta t}$$

Wenn also auf einen Körper eine Kraft wirkt, verursacht dies eine Änderung des Impulses des Körpers.

Sofern in einem abgeschlossenen System keine Kräfte auf die vorhandenen Körper wirken, bzw. wenn sich die wirkenden Kräfte gegenseitig aufheben, darf keine Änderung des Impulses stattfinden. Die Summe der vorhandenen Impulse ist ebenfalls konstant. Dies wird als Impulserhaltungssatz bezeichnet. Im Gegensatz zum Energieerhaltungssatz gilt der Impulserhaltungssatz auch im Reibungsfall. Seine Aussage ist wesentlich weitreichender als beim Energieerhaltungssatz.

Die klassische Anwendung der beiden Erhaltungssätze erfolgt bei Stoßprozessen. Dabei unterscheidet man zwei Grenzfälle:

Der vollkommen unelastische Stoß:	Die beiden Körper bilden nach dem Stoß eine Einheit.
Der vollkommen elastische Stoß:	Die beiden Körper bewegen sich, ohne ihre Form geändert zu haben, nach dem Stoß völlig getrennt voneinander.

Interessant ist in beiden Fällen jeweils die Geschwindigkeit u des Körpers der Masse m, der vor dem Stoß die Geschwindigkeit v besaß, bzw. die Geschwindigkeiten u_1, u_2 der Körper mit den Massen m_1 und m_2, die sich vor dem Stoß mit den Geschwindigkeiten v_1 und v_2 bewegten. Im unelastischen Fall tritt außerdem ein Verlust an kinetischer Energie ein.

Elastischer Stoß

$$u_1 = \frac{m_1 v_1 + m_2(2v_2 - v_1)}{m_1 + m_2}$$

$$u_2 = \frac{m_2 v_2 + m_1(2v_1 - v_2)}{m_1 + m_2}$$

Unelastischer Stoß

$$u = \frac{m_1 v_1 + m_2 v_2}{m_1 + m_2}$$

$$\Delta W = \frac{m_1 m_2 (v_1 - v_2)^2}{2(m_1 + m_2)}$$

Schuß aus einer 45° geneigten Kanone nach mittelalterlicher Vorstellung (Holzschnitt)
aus: Santbech: Problematum astromicorum sectiones VII, Basel, 1561

Überblick:

Die Erhaltungssätze haben eine weitere Möglichkeit für die Berechnung von Bewegungsgrößen geboten. Im folgenden Kapitel wird wieder auf die Ausgangssituation, nämlich auf die Bewegungsgleichungen, zurückgegriffen. Allerdings werden die Bewegungen nicht mehr wie bisher ausschließlich in eine Koordinatenrichtung ablaufen.

Zeittafel:

Aristoteles (384-322 v. Chr.)

Eine krumme Geschoßbahn ist aus zwei geradlinigen Bewegungen zusammengesetzt: eine schräg ansteigende, erzwungene Bewegung und der Fallbewegung (vgl. Titelbild dieses Kapitels).

Galileo Galilei (1564 - 1642)

"Man hat beobachtet, daß Geschosse oder geworfene Körper irgendeine krumme Linie beschreiben," erläuterte Galilei, "aber daß diese Linie eine Parabel ist, hat niemand ausgesprochen". Galilei stellte so die Gesetze des freien Wurfes auf. Über die Kreisbewegung dachte er noch im Sinne der "Altpythagoräer: Die Kreisbewegung ist 'ursachlos'; sie ist die natürliche Bewegung der Himmelskörper".

Isaac Newton (1642 - 1727)

Ihm gelang die allgemeine Beschreibung jeder krummlinigen Bewegung.

Robert Hooke (1635 - 1703)

Er entwickelte eine erste Vorstellung einer Zentripetalkraft mit Kraftzentrum im Mittelpunkt des Kreises.

4.1 Der waagrechte Wurf

Auf einer Schiene in 3 m Höhe befindet sich eine Kugel der Masse 100 g. Durch einen Kraftstoß von 0,6 Ns wird sie in Bewegung versetzt. Sie erreicht dadurch eine Geschwindigkeit von

$$m \cdot \Delta v = m \cdot v_e = F \cdot \Delta t = 0,6 \text{ Ns} \quad (\text{da } v_0 = 0 \, \frac{m}{s})$$

$$v_e = \frac{F \cdot \Delta t}{m} = 6 \, \frac{m}{s}$$

Am Ende der Schiene fällt die, zunächst auf die Kugel ausgeübte Haltekraft H weg, und die Gewichtskraft G (G = m · g = 1 N) beschleunigt die Kugel nach unten. Die Bewegung erfolgt fortan nicht mehr in die eine (x–) Richtung, sondern die Kugel beschreibt zusätzlich eine Fallbewegung. Zur Beschreibung der zusammengesetzten Bewegung benötigt man eine weitere Koordinatenachse: die y-Achse.

Wertetabelle

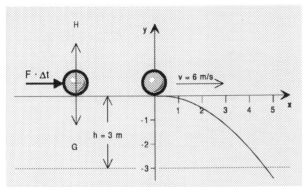

t	x	y
0,1	0,6	-0,05
0,2	1,2	-0,2
0,3	1,8	-0,45
0,4	2,4	-0,8
0,5	3,0	-1,25
0,6	3,6	-1,8
0,7	4,2	-2,45

Abb. 4.1.1

Die wichtigste Frage, die beantwortet werden muß ist, inwieweit sich die beiden Bewegungen (geradlinig gleichförmige Bewegung in x-Richtung und gleichmäßig beschleunigte Bewegung in y-Richtung ≙ freier Fall) gegenseitig stören. Zur Beantwortung dieser Frage führt man ein Experiment mit einem Wurfgerät durch: Eine Kugel wird waagrecht geworfen, während eine zweite, gleichartige Kugel aus der gleichen Höhe frei fällt. Der Aufschlag der beiden Kugeln erfolgt gleichzeitig (man hört nur einen Aufschlag). Damit kann man sicher behaupten, daß die Bewegung in y-Richtung in beiden Fällen gleich abläuft. Die Bewegung in x-Richtung stört beim waagrechten Wurf die Fallbewegung nicht.

Ergebnis:

> **Die Bewegungen in x- bzw. y-Richtung überlagern sich ungestört.**

Setzt man die Gleichungen der einzelnen Bewegungen zusammen, so bekommt man für den waagrechten Wurf die folgenden Bewegungsgleichungen:

$$x(t) = v \cdot t$$ (Gl. 4.1.1)

$$y(t) = -\frac{1}{2}gt^2$$ (Gl. 4.1.2)

Vektoriell lassen sich die Gleichungen wie folgt schreiben:

$$\vec{r} = \begin{pmatrix} x(t) \\ y(t) \end{pmatrix} = \begin{pmatrix} vt \\ -\frac{1}{2}gt^2 \end{pmatrix}$$

Obwohl die Koordinatengleichungen nunmehr bekannt sind, läßt sich die genaue Bahnkurve im Koordinatensystem (Abb. 4.1.1) noch immer nicht einzeichnen. Dazu benötigt man nicht $x(t)$ und $y(t)$, sondern $y(x)$. Löst man die Gleichung 4.1.1 nach t auf ($t = \frac{x}{v}$) und setzt in Gleichung 4.1.2 ein, erhält man:

$$y(x) = -\frac{g}{2v^2}x^2$$ (Gl. 4.1.3)

Bei der Funktion $y(x)$ handelt es sich offensichtlich um eine nach unten geöffnete Parabel mit dem Streckungsfaktor $a = -\frac{g}{2v^2}$ und dem Scheitel (0/0).

Nach welcher Zeit t hört man den Aufschlag der Kugel?

$$y(t) = -3\,m = -\frac{1}{2}gt^2 \qquad \Rightarrow \qquad t = \sqrt{\frac{6\,m}{g}} = 0,77\,s$$

Dabei ist die Kugel $x(0,77\,s) = 6\,\frac{m}{s} \cdot 0,77\,s = 4,65\,m$ vom Abwurfort entfernt.

Die Gleichungen für die Geschwindigkeiten und die Beschleunigungen in x- und y-Richtung erhält man durch Differenzieren nach der Zeit t aus $x(t)$ und $y(t)$:

$$v_x(t) = \dot{x}(t) = v_x = \text{const.}$$
$$v_y(t) = \dot{y}(t) = -gt$$
$$a_x(t) = \ddot{x}(t) = 0\,\frac{m}{s^2}$$
$$a_y(t) = \ddot{y}(t) = -g$$

Die Vektoren $\vec{v}$ und $\vec{a}$ sehen so aus:

$$\vec{v}(t) = \begin{pmatrix} v_x \\ -gt \end{pmatrix} \qquad \vec{a}(t) = \begin{pmatrix} 0 \\ -g \end{pmatrix}$$

Mit diesen Formeln läßt sich die Aufschlaggeschwindigkeit des Körpers berechnen:

$v_x = 6\,\frac{m}{s}$ und $v_y(0,77\,s) = -gt = -7,7\,\frac{m}{s}$

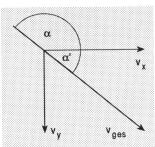

Abb. 4.1.2

Aus der Abbildung kann man erkennen:

$$|v| = \sqrt{(6\,\frac{m}{s})^2 + (7,7\,\frac{m}{s})^2} = 9,8\,\frac{m}{s}$$

Zusätzlich läßt sich der Winkel α, unter dem der Körper zur x-Richtung hin aufschlägt, herleiten:

aus $\tan\alpha' = \dfrac{7,7}{6} \quad \Rightarrow \quad \alpha' = 52°$

Damit erhält man $\alpha = 180° - 52° = 128°$.

Eine weitere Möglichkeit der Berechnung von α liefert die Anwendung der Differentialrechnung auf die Wurffunktion y(x). Die Tangente im Aufschlagpunkt bildet mit der x-Achse den oben berechneten Winkel:

Dazu differenziert man y(x) nach x und erhält:

$$y'(x) = -\frac{gx}{v^2} \qquad \text{und damit} \qquad y'(4,65m) = -1,29$$

Der $\tan\alpha = -1,29$ liefert genau wie oben: $\alpha = 128°$.

Welches Resultat für die Endgeschwindigkeit erhält man, wenn man anstelle der Bewegungsgleichungen den Energieerhaltungssatz verwendet?

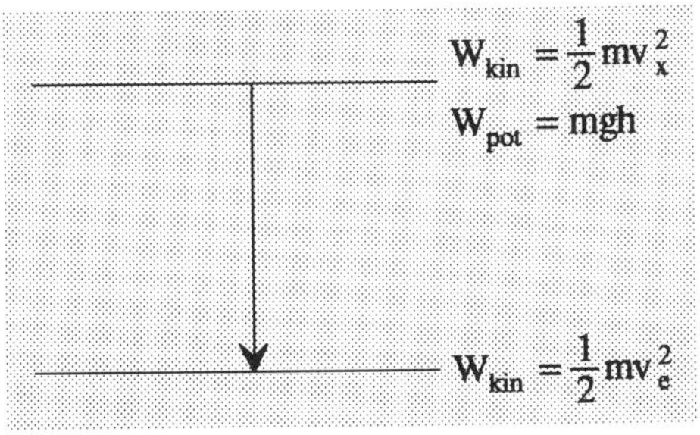

$$W_{kin} = \frac{1}{2}mv_x^2$$
$$W_{pot} = mgh$$
$$W_{kin} = \frac{1}{2}mv_e^2$$

Abb. 4.1.3

$$\frac{1}{2}mv_x^2 + mgh = \frac{1}{2}mv_e^2 \quad \big|\,:m;\cdot 2$$
$$v_x^2 + 2gh = v_e^2$$
$$v_e = \sqrt{v_x^2 + 2gh} = 9,8\,\frac{m}{s}$$

Der Term 2gh unter der Wurzel ist bekanntlich nichts anderes als v_y^2.

1. Aufgabe:

Ein Ball wird mit einer Geschwindigkeit von 15 m/s waagrecht aus einer Höhe von 20 m abgeworfen.

a) Geben Sie die Koordinatengleichungen der Bewegung an. Zeichnen Sie ein t-x und ein t-y-Diagramm der Bewegung.
b) Stellen Sie die Funktion y(x) der Bahnkurve auf.
c) Nach welcher Zeit und in welcher Entfernung schlägt der Ball auf?
d) Zeichnen Sie nun mit Hilfe einer kleinen Wertetabelle auch den Graphen der Funktion y(x).
e) Mit welcher Geschwindigkeit und unter welchem Winkel zur Flugrichtung schlägt der Ball auf?

(2 s; 30 m; 25 m/s; 127°)

2. Aufgabe:

Mit einem waagrecht gehaltenen Gewehr soll auf eine Scheibe in 300 m Entfernung geschossen werden. Wie weit oberhalb der Scheibenmitte muß man das Gewehr anlegen, damit die 600 m/s schnelle Kugel die Mitte trifft?

(1,2 m)

3. Aufgabe:

Ein Handballspieler wirft den 400 g schweren Handball waagrecht aus einer Höhe von 2,5 m auf das 10 m entfernte, gegnerische Tor.

a) Welche Geschwindigkeit muß der Ball mindestens haben, damit er das Tor erreicht (Der Spieler beabsichtigt keinen "Aufsetzer"!)
b) Welchen Kraftstoß muß der Handballspieler dafür auf den Ball mindestens ausüben?

(14 m/s; 5,6 Ns)

4. Aufgabe:

Aus einem Wasserschlauch tritt das Wasser mit einer Geschwindigkeit von 8,0 m/s aus.

a) Wie hoch muß man den Schlauch mindestens waagrecht halten, wenn man ein 6 m entferntes Beet wässern möchte?
b) Mit welcher Geschwindigkeit und unter welchem Winkel treffen für diese Höhe die Wassertropfen auf dem Beet auf?

(2,8 m; 11 m/s; 137°)

5. Aufgabe:
An der Decke eines Raumes der Höhe 2,0 m hängt eine Kugel K_1 der Masse $m_1 = 0,20$ kg an einem Faden der Länge $l = 0,90$ m. Die Kugel wird aus ihrer Ruhelage seitlich ausgelenkt und dann losgelassen. Sie stößt bei Erreichen des tiefsten Punktes zentral gegen eine ruhende Kugel K_2 der Masse $m_2 = 0,35$ kg, die an der Tischkante liegt. Die Kugel K_2 erhält dadurch die Anfangsgeschwindigkeit $u_2 = 1,1$ m/s, während die Kugel K_1 mit der Geschwindigkeit $u_1 = 0,35$ m/s

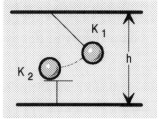

Abb. 4.1.4

zurückprallt. Reibungseinflüssse und die Masse des Aufhängefadens sind zu vernachlässigen. Die Kugeln können als Massenpunkte betrachtet werden.
a) Welche Geschwindigkeit hatte die Kugel K_1 unmittelbar vor dem Stoß?
b) Wieviel Bewegungsenergie ging bei dem Stoß "verloren"?
c) In welchem Abstand von der Vertikalen durch den Aufhängepunkt der Kugel K_1 und unter welchem Winkel gegen die Horizontale schlägt die Kugel K_2 auf?
(Aus der Abiturprüfung an den Kollegs; Physik 1981 - II. Aufgabe)
(2,3 m/s; 0,31 J; 0,52 m; 76,6°)

6. Aufgabe:
Eine Kugel der Masse $m_1 = 100$ g rollt reibungsfrei eine schiefe Ebene der Höhe 11,25 m herunter (Abb. 4.1.5).
(Alle Bewegungen sind reibungsfrei; g = 10 m/s²)

a) Welche Geschwindigkeit hat die Kugel, wenn sie die Position 1 durchrollt?
(15 m/s)
b) In Position 2 stößt die Kugel elastisch auf eine zweite Kugel der Masse $m_2 = 2 \cdot m_1$. Welche Geschwindigkeiten haben die beiden Kugeln nach dem Stoß?
(– 5 m/s; 10 m/s)

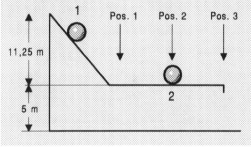

Abb. 4.1.5

c) Betrachten wir nun die weitere Bewegung der zweiten Kugel. In Position 3 ist die Führungsschiene zu Ende.
i) Welche Art von Bewegung setzt ab Position 3 ein?
ii) Gib die Bewegungsgleichungen x(t) und y(t) dieser Bewegung an und zeichne ein t-x- und ein t-y-Diagramm.
iii) Nach welcher Zeit und in welcher Entfernung von Position 3 schlägt die Kugel auf dem Boden auf? (zu durchfallende Höhe: 5 m; vgl. Bild 4.1.5!)
iv) Mit welcher Geschwindigkeit und unter welchem Winkel α schlägt die Kugel auf? Leite die Geschwindigkeit ausgehend von x(t) und y(t) her!
v) Zeichne mit Hilfe einer geeigneten Wertetabelle die Bewegung in ein y-x-Koordinatensystem (1 m entspricht 1 cm).
(1,0 s; 10 m; 14 m/s; 135°)

4.2 Die Kreisbewegung

4.2.1 Grundbegriffe der Kreisbewegung

Ein besonders vergnügsamer und auch physikalisch interessanter Ort ist ein Volksfest. Neben Schießbuden und Bierzelten kann man sich auch auf einer Menge von Karussellen vergnügen. Beobachtet man die Fahrt eines Karussells etwas genauer, so stellt man fest, daß die Leute auf dem Karussell sich auf Kreisbahnen um den Mittelpunkt (Drehachse) des Karussells bewegen. Abgesehen vom Anfahren und Anhalten scheinen die Fahrgäste bei den meisten Karussellen sich mit einer konstanten Geschwindigkeit zu bewegen. Allerdings ändert die Geschwindigkeit ständig ihre Richtung (die Bewegung ist nicht geradlinig). Somit ist der Quotient aus Δv und Δt ungleich 0 m/s^2 und es liegt eine Beschleunigung a vor. Außerhalb des Karussell stehend meint man, daß irgendeine Kraft die Fahrgäste immer wieder in Richtung auf das Drehzentrum zieht, denn ohne diese Kraft würden sich die Leute geradlinig (also tangential zum Kreis) weiterbewegen.

Abb. 4.2.1 Kettenkarussell

Mit Hilfe der Abb. 4.2.2 ergeben sich folgende Zusammenhänge für die Kreisbewegung:

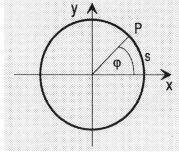

Abb. 4.2.2

Der zurückgelegte Weg Δs ist bei dieser Bewegung ein Kreisbogenstück. Die Geschwindigkeit auf der Bahn (Bahngeschwindigkeit $v = \frac{\Delta s}{\Delta t}$) ändert in jedem Punkt der Bahn ihre Richtung. Anstatt die Geschwindigkeit über den zurückgelegten Bogen zu beschreiben, kann man auch den überstrichenen Winkel φ verwenden: Den, der Bahngeschwindigkeit ähnlichen Term (Δs wird durch $\Delta\varphi$ ersetzt) nennt man **Winkelgeschwindigkeit ω** :

$$\omega = \frac{\Delta\varphi}{\Delta t}$$ (Gl. 4.2.1)

Die Winkelgeschwindigkeit wird in der Einheit $\frac{1}{s}$ angegeben (vgl. S. 80). Genauer gesagt handelt es sich um $\frac{1°}{s}$, wenn der Winkel im Gradmaß gegeben ist, bzw. um $\frac{rad}{s}$, wenn der Winkel im Bogenmaß vorliegt.

In einer konstanten Zeit beschreibt der rotierende Körper einen vollen Kreis ($\varphi = 360°$ oder $b = 2\pi r$, wobei r der Radius des Kreises ist). Diese **Umlaufzeit** bezeichnet man mit **T**. Den Kehrwert von T nennt man die **Frequenz f** (in Hz = Hertz). Die Bahngeschwindigkeit kann dann aus $v = \frac{2\pi r}{T}$ (der zurückgelegte Weg während einer Umdrehung ist gerade der Kreisumfang) berechnet werden. Der Term $2\pi/T$ ist der Ausdruck für ω: Im Zähler steht der zurückgelegte Winkel, im Nenner die dafür benötigte Zeit. Somit gilt folgender Zusammenhang für die Winkelgeschwindigkeit und die Bahngeschwindigkeit:

$$v = \omega \cdot r = \frac{2\pi}{T} \cdot r = 2\pi f \cdot r$$ (Gl. 4.2.2)

Für den zurückgelegten Weg bzw. Bogen s(t) ergibt sich:

$$s(t) = v \cdot t = \omega r \cdot t = 2\pi f \cdot r \cdot t$$ (Gl. 4.2.3)

Beispiel 4.1:
Ein Ball wird an einer 2,0 m langen Schnur horizontal herumgeschleudert. In 1,0 min schafft er 100 Umdrehungen. Berechnen Sie die Umlaufzeit, die Frequenz, seine Bahn- und Winkelgeschwindigkeit. Welchen Weg legt der Körper in 0,15 s zurück?
Lösung:
Gegeben: k = 100; t = 1,0 min
Gesucht: T in s; f in Hz; ω in 1/s; v in m/s und s(0,15 s)

$$T = \frac{k}{t} = \frac{60\,s}{100} = 0,6\,s; \quad f = \frac{1}{T} = \frac{1}{0,6\,s} = 1,7\,Hz$$

$$\omega = 2\pi f = \frac{10,5\,rad}{s} \quad und \quad v = \omega r = 10,5\frac{1}{s}\cdot 2,0\,m = 21\frac{m}{s}$$

$$s(0,15\,s) = vt = 21\frac{m}{s}\cdot 0,15\,s = 3,1\,m$$

Der zugehörige Winkel φ berechnet sich zu:
$\varphi = \omega \cdot t = 10,5\ s^{-1}\cdot 0,15\ s = 1,57\ (rad)\ (\approx \pi/2).$
Man könnte sich den Winkel auch umständlicher so überlegen:
Der Umfang des ganzen Kreises ist: U = 2πr = 12,6 m.
s(0,15) ist ein Viertel von U, also ist φ = 90° oder:

$0,15\ s$ *ist* $\frac{T}{4}$ *also:* $\varphi = \frac{360°}{4} = 90°\ (\hat{=}\frac{\pi}{2})$

---

1. Aufgabe:
Ein Hochradfahrer schafft in 10 s 20 Pedalumdrehungen.
a) Bestimmen Sie die Frequenz, die Umlaufdauer und die Winkelgeschwindigkeit des Vorderrades (r = 50 cm).
b) Wie groß ist die maximale Bahngeschwindigkeit v_B am Vorderrad? Wo ist sie minimal?
c) Mit welcher Geschwindigkeit fährt der Hochradler?
d) Berechnen Sie die Winkelgeschwindigkeit am kleinen hinteren
   Rad (r = 15 cm).
(30 Hz; 0,5 s; 12,6 rad/s; 6,3 m/s; 6,3 m/s; 42 s^{-1})

---

2. Aufgabe:
Berechnen Sie die Winkelgeschwindigkeit des Stundenzeigers
a) einer Armbanduhr und einer Kirchturmuhr.
b) Mit welcher Geschwindigkeit bewegt sich die Spitze des Zeigers der Turmuhr,
   wenn der Zeiger eine Länge von 1,5 m hat?
($1,5 \cdot 10^{-4}\ s^{-1}$; $2,2 \cdot 10^{-4}$ m/s)

---

3. Aufgabe:
Eine Ultrazentrifuge erreicht 23940 Umdrehungen pro Minute bei einem Radius von
10 cm.
a) Welche Geschwindigkeit hat dabei ein Teilchen, das sich an der Innenwand des
   Rotors befindet?
b) Welchen Weg und welchen Winkel legt es in einer Millisekunde zurück?
(40 m/s; 4,0 cm; 229°)

---

4. Aufgabe:
Ein Rad mit dem Durchmesser 40 cm macht bei gleichförmiger Drehbewegung 60
Umdrehungen in 10 s.
a) Berechnen Sie die Umlaufdauer, die Frequenz , die Winkelgeschwindigkeit und die
   Bahngeschwindigkeit des Rades.
b) Wie groß ist die Bogenlänge s (der Winkel φ) für t = 0,030 s?
(0,17 s; 6,0 Hz; 37,7 1/s; 7,5 m/s; 0,23 m; 324°)

5. Aufgabe:
Berechne die Winkelgeschwindigkeit und die Bahngeschwindigkeit des Mondes auf seiner Bahn um die Erde ($r = 3,8 \cdot 10^5$ km; $T = 27,1$ d).
($2,7 \cdot 10^{-6}$ s^{-1}; 1,0 km/s)

6. Aufgabe:
Berechne die Winkelgeschwindigkeit der Erde auf ihrer Bahn um die Sonne!
($2,0 \cdot 10^{-7}$ s^{-1})

7. Aufgabe:
Wieviele Umdrehungen je Sekunde macht ein Autoreifen mit 72 cm Durchmesser bei einer Fahrgeschwindigkeit von 90 km/h?
(11)

4.2.2 Die Bahngleichungen der Kreisbewegung

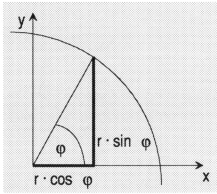

Abb. 4.2.3

An Hand der Zeichnung(4.2.3) kann man erkennen:

$x(t) = r \cdot \cos \varphi$ und $y(t) = r \cdot \sin \varphi$

Setzt man für den Winkel φ definitionsgemäß ωt ein, dann erhält man:

$$x(t) = r \cdot \cos \omega t$$
$$y(t) = r \cdot \sin \omega t$$

(Gl. 4.2.4)

Aus den Koordinatengleichungen berechnet man auf dem üblichen Weg (mit Hilfe der Differentialrechnung) die Geschwindigkeiten v_x und v_y:

$$v_x(t) = \dot{x}(t) = -r\omega \cdot \sin \omega t$$
$$v_y(t) = \dot{y}(t) = r\omega \cdot \cos \omega t$$

Die Beschleunigung hat als zweite Ableitung des Weges nach der Zeit folgendes Aussehen:

$$a_x(t) = \ddot{x}(t) = -r\omega^2 \cdot \cos \omega t$$
$$a_y(t) = \ddot{y}(t) = -r\omega^2 \cdot \sin \omega t$$

Welche Richtungen haben die Vektoren $\vec{v}$ und $\vec{a}$ bei der Kreisbewegung? Durch mathematische Umformung der Beschleunigung $\vec{a}$ erhält man:

$$\vec{a}(t) = \begin{pmatrix} -r\omega^2 \cdot \cos\omega t \\ -r\omega^2 \cdot \sin\omega t \end{pmatrix} = -r\omega^2 \cdot \begin{pmatrix} \cos\omega t \\ \sin\omega t \end{pmatrix} = -r\omega^2 \cdot \begin{pmatrix} x(t) \\ y(t) \end{pmatrix}$$

Das zeigt, daß die Vektoren $\vec{a}(t)$ und $\vec{r}(t)$ parallel sind, jedoch (–!) in die entgegengesetzte Richtung zeigen (und natürlich verschieden lang sind). Der Betrag von $\vec{a}$ berechnet sich zu: $|\vec{a}| = r\omega^2$. Diese Beschleunigung nennt man **Zentripetalbeschleunigung.**

Der Zusammenhang zwischen $\vec{v}(t)$ und $\vec{r}(t)$ ist nicht ganz so einfach ersichtlich. Offenbar sind diese beiden Vektoren nicht parallel. Das Skalarprodukt der Vektoren $\vec{v}(t)$ und $\vec{r}(t)$ zeigt:

$$\vec{v}(t) \cdot \vec{r}(t) = \begin{pmatrix} -r\omega \cdot \sin\omega t \\ r\omega \cdot \cos\omega t \end{pmatrix} \cdot \begin{pmatrix} r \cdot \cos\omega t \\ r \cdot \sin\omega t \end{pmatrix} = -r^2\omega \cdot \sin\omega t \cdot \cos\omega t + r^2\omega \cdot \sin\omega t \cdot \cos\omega t = 0$$

⇨ $\vec{v}(t) \perp \vec{r}(t)$

Der Betrag der Bahngeschwindigkeit ist:

$$|\vec{v}| = \sqrt{r^2\omega^2(\sin\omega t)^2 + r^2\omega^2(\cos\omega t)^2} = \sqrt{r^2\omega^2} = r\omega$$

Das ist der gleiche Term, der im Abschnitt 4.2.1 als Gl.4.2.2 bereits für die Bahngeschwindigkeit abgeleitet wurde.

Die Vektoren $\vec{v}(t)$ und $\vec{a}(t)$ lassen sich zusammen mit $\vec{r}(t)$ folgendermaßen darstellen (Abb. 4.2.4):

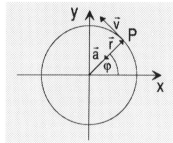

Abb. 4.2.4

4.2.3 Die Zentripetalkraft

Nach dem 2. Newtonschen Gesetz tritt bei der Kreisbewegung eine Kraft F = m · a auf:

$$\boxed{F = m \cdot a = m \cdot r\omega^2 = m \cdot \frac{v^2}{r}} \qquad \text{(Gl. 4.2.5)}$$

Die Richtung dieser Kraft entspricht der Richtung von a, also parallel zu r, aber mit Orientierung zum Mittelpunkt der Drehbewegung. Man nennt die Kraft entsprechend der Beschleunigung **Zentripetalkraft** (oder auch **Radialkraft, Zentralkraft**).

Beispiel 4.2:

Welche Zentripetalkraft wird auf unseren Ball (m = 200 g) aus dem Beispiel 4.2.1 ausgeübt?

$$F = mr\,\omega^2 = 0.2\ kg \cdot 2.0\ m \cdot (10.5\ s^{-1})^2 = 44\ N$$

Eine weitere wichtige Frage ist die, nach der, am rotierenden Körper verrichteten Arbeit. Immerhin bewegt sich der Körper mit betragsmäßig konstanter Geschwindigkeit. Das bedeutet, daß seine kinetische Energie $W = \frac{1}{2}mv^2$ bei der Bewegung nicht zunimmt. Die Überlegung von der ausgeübten Kraft her (nämlich F_z) könnte aber zunächst Verwirrung stiften. Die Arbeit ist durch F·s definiert, und weder die Kraft, noch der zurückgelegte Weg sind gleich Null. Trotzdem ist die zugeführte Energie Null, weil der Kraftvektor und der Wegvektor aufeinander senkrecht stehen:

$$W = \vec{F} \cdot \vec{s} = |\vec{F}| \cdot |\vec{s}| \cdot \cos(\vec{F}; \vec{s}) = F \cdot s \cdot \cos 90° = 0\ Nm$$

Wenn man eine Kugel, die an einem Seil befestigt ist, im Kreis herumschleudert und sich dabei selbst mitdreht (Abb.4.2.5), entsteht der Eindruck, als ziehe eine Kraft die Kugel nach außen (**Zentrifugalkraft**).

Abb. 4.2.5

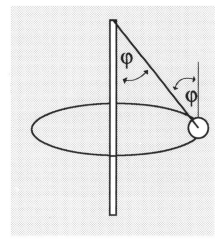

Abb. 4.2.6

Betrachtet man dagegen die gleiche Bewegung von einem ruhenden Bezugspunkt aus, so deutet nichts auf eine solche Kraft hin – die Zentrifugalkraft ist eine **Scheinkraft** (Abb.4.2.6). Um zu verstehen, wie man auf diese Scheinkraft gekommen ist, muß man die Kräfte betrachten, die auf die kreisende Kugel ausgeübt werden. Es sind dies die Seilspannung *S* und die Gewichtskraft *G*. Die Seilkraft hat eine senkrechte Komponente, welche mit der Gewichtskraft im Gleichgewicht steht, sowie eine waagrechte Komponente, die von einem ruhenden Beobachter als Zentripetalkraft interpretiert wird, welche die Kugel auf die Kreisbahn zwingt (Abb.4.2.7).

Der Beobachter, der sich selbst mitdreht, bemerkt ebenfalls den Zug der Seilspannung und die Gewichtskraft. Darüberhinaus sieht er, daß sich die Kugel immer im gleichen Abstand zu ihm bewegt, und nicht zum Zentrum hingezogen wird. Dies erklärt er mit einer Kraft, welche zur waagrechten Komponente der Seilspannung im Gleichgewicht steht: die Zentrifugalkraft.

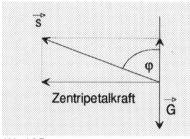

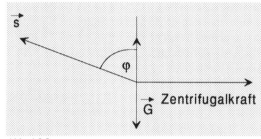

Abb. 4.2.7   Abb. 4.2.8

Die Zentrifugalkraft ist also nur eine Scheinkraft für jemanden, der sich zur Beschreibung der Bewegung in das (dann rotierende) Koordinatensystem hineinsetzt. In diesem Koordinatensystem ruhen die Körper – dafür ist das System selbst beschleunigt (kein **Inertialsystem**[*]). Deshalb treten an den Körpern im System Scheinkräfte auf.

Wenn sich ein Körper in einem rotierenden Koordinatensystem mit konstanter Geschwindigkeit auf die Drehachse zubewegt, wird eine weitere Scheinkraft, die **Corioliskraft** ($F_C = 2m\omega r$) auf den Körper ausgeübt. Die Corioliskraft steht stets senkrecht auf dem Geschwindigkeitsvektor und lenkt den Körper von seiner geraden Bahn zum Drehzentrum hin ab. Eine bedeutende Rolle spielt die Corioliskraft bei der Erklärung von Wettervorgängen auf der Erde.

*4.2.4 Das Zentralkraftgerät

Mit Hilfe eines Zentralkraftgerätes kann man die Zusammenhänge F(r), F(m) und F(T) experimentell bestimmen.

Ein Zentralkraftgerät besteht im wesentlichen aus einer rotierenden Fahrbahn mit Wagen und einer Vorrichtung zur Messung der Zentralkraft in Newton.

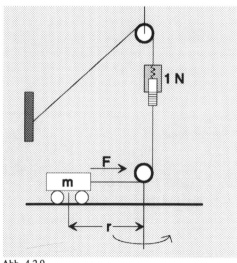

Abb. 4.2.9

[*] vgl. Kap. 2, S. 45

a) Bestimmung der Abhängigkeit F(m):

Als erstes bestimmt man den Zusammenhang zwischen F und m, indem man die Masse des Fahrzeuges durch Hinzufügen von Gewichtsstücken erhöht.

Die Umlaufdauer (z.B.: 2 s) des Gerätes, sowie die Entfernung r (r = 20 cm) des Fahrzeuges zur Drehachse werden dabei konstant gehalten. Es ergibt sich z.B. folgende Meßtabelle:

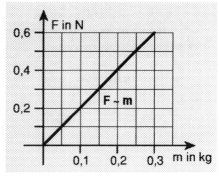

m in kg:	0,1	0,2	0,3
F in N:	0,2	0,4	0,6

Abb. 4.2.10: m-F-Diagramm

Damit erhält man das m-F-Diagramm der Abb. 4.2.10:

Ergebnis: $F = k_1 \cdot m$ (wobei k_1: Proportionalitätskonstante)

b) Bestimmung von F(r):

Bei konstant gehaltener Masse m (= 0,1 kg) und konstanter Umdrehungszahl (wie bei a) ergeben sich folgende Meßwerte für F und r:

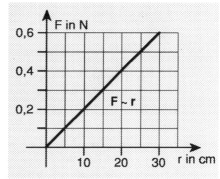

r in cm:	10	20	30
F in N:	0,1	0,2	0,3

Ergebnis: $F = k_2 \cdot r$

Abb. 4.2.11: r-F-Diagramm

c) Abhängigkeit F(T):

Als letztes muß noch die Abhängigkeit der Kraft von der Umlaufdauer bei konstanter Masse (m = 200 g) und konstantem Radius (r = 20 cm) gemessen werden.

Die Meßwerte können dabei wie folgt aussehen:

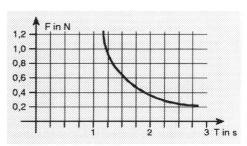

Abb. 4.2.12: T-F-Diagramm

T in s:	2,81	1,99	1,62	1,40	1,26	1,15
F in N:	0,2	0,4	0,6	0,8	1,0	1,2

In diesem Fall ist das Ergebnis nicht so einsichtig wie bei den Messungen a und b. Deutlich ist jedoch eine Hyperbel zu erkennen, so daß F umgekehrt proportional zu T, T^2 oder T^n sein muß.

Berechnet man sich die Werte für $1/T^2$ erhält man:

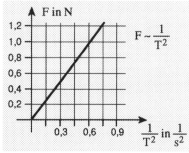

$1/T^2$ in $1/s^2$	0.13	0,25	0,38	0,51	0,63	0,76
F in N	0,2	0,4	0,6	0,8	1,0	1,2

Abb. 4.2.13

Also kommt man zu dem Ergebnis, daß $F = \dfrac{k_3}{T^2}$ gilt.

Die drei Resultate zusammengefaßt ergeben: $F = k \cdot \dfrac{m \cdot r}{T^2}$

wobei k die Konstanten k_1, k_2 und k_3 zusammenfaßt.

Aus $k = \dfrac{F \cdot t^2}{m \cdot r}$ ergibt sich mit den Werten m = 200 g; r = 20 cm und T = 1,99 s für k der Wert 40 ($\approx 4\pi^2$).

4.2.5 Geschichtliche Entwicklung der krummlinigen Bewegungen

In der aristotelischen Bewegungslehre gab es keine zusammengesetzten Bewegungen im heutigen Sinn. Die "krummen" Geschoßbahnen setzte Aristoteles einfach aus zwei geradlinigen, nacheinanderfolgenden Bewegungen zusammen: eine schräg ansteigende erzwungene Bewegung und danach eine natürliche Fallbewegung (vgl. Titelblatt des Kapitels 4).

Eine ausführliche Beschreibung der Wurfbewegung gelang erst Galileo Galilei (Abb. 2.5.13, S. 68). Er erkannte, daß die Flugbahn die Form einer Parabel aufweist. Bei der Beschreibung der Kreisbewegung hatte allerdings auch Galilei noch Probleme. Inwieweit er tatsächlich der Meinung gewesen ist, daß die Kreisbewegung "ursachlos" ist, kann hier nicht geklärt werden. Immerhin hat er in seinem "Dialog" den Vertreter seiner Vorstellungen (Salviati) folgendes sagen lassen:

Abb. 4.2.14 "Dialog des Galilei", 1632

"....Wenn jedoch dieser Verfasser (gemeint ein Gegner der kopernikanischen Lehre, C. Scheiner) wissen sollte, vermöge welchen Prinzips sich die anderen Himmelskörper im Kreis bewegen, wie sie es zweifellos tun, dann behaupte ich, daß sich die Erde aus dem gleichen Grund bewegt, aus dem sich der Mars und der Jupiter und nach Ansicht dieses Verfassers auch der gesamte Sternenhimmel bewegen. Wenn er mir die Triebkraft eines dieser bewegten Körper nennt, **fürwahr, so werde ich imstande sein, ihm zu sagen, was die Erde bewegt. Mehr noch, ich werde ihm diese Auskunft auch dann geben können, wenn er mir offenbart, warum irdische Körper zu Boden fallen**...."
Dieser letzte Satz klingt sehr prophetisch, denn einige Zeit später hat Newton ihn mit seinem universellen Gravitationsgesetz bestätigt.

René Déscartes (1596-1650) und Christiaan Huygens (1629-1695) beschrieben Kreisbewegungen nur mit Hilfe der Zentrifugalkraft. Erst Robert Hooke erkannte richtig, daß die entscheidende Kraft zum Zentrum der Drehbewegung zeigt. Er berichtete 1697/98 von einer neuen Methode Bewegungen längs gekrümmter Bahnen zu beschreiben. Dazu zerlegte er die Kraft in zwei Komponenten: eine Tangentialkomponente (Trägheitskomponente) und eine Zentripetalkomponente, die den beobachteten Körper in jedem Punkt seiner Bahn zum Mittelpunkt der Bewegung hinzieht. Mit dieser Anschauung ebnete er den Weg zur universellen Massenanziehung, denn der Körper im Zentrum muß die eben beschriebene Zentripetalkraft auf irgendeine Weise verursachen.

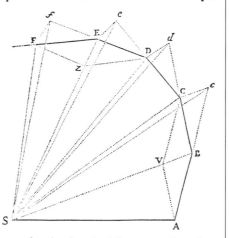

nil impediret, recta pergeret ad *c*, (per leg. 1.) defcribens lineam *B c* æqualem ipfi *A B* ; adeo ut radiis *A S*, *B S*, *c S* ad centrum actis, confectæ forent æquales areæ *A S B*, *B S c*. Verum ubi corpus venit ad *B*, agat vis centripeta impulfu unico fed magno , efficiatque ut corpus de recta *B c* declinet & pergat in recta *B C*. Ipfi *B S* parallela agatur *c C*, occurrens *B C* in *C*; & completa fecunda temporis parte, corpus (per legum corol. 1.) reperietur in *C*, in eodem plano cum triangulo *A S B*. Junge *S C*; & triangulum *SBC*, ob parallelas *S B*, *C c*, æquale erit triangulo *S B c*, atque ideo etiam triangulo *S A B*. Simili argumento fi vis centripeta fucceffive agat in *C*, *D*, *E*, &c. faciens ut corpus fingulis temporis particulis fingulas defcribat rectas *C D*, *D E*, *E F*, &c. jacebunt hæ omnes in eodem plano ; & triangulum *S C D* triangulo *S B C*, & *S D E* ipfi *S C D*, & *S E F* ipfi *S D E* æquale erit. Æqualibus igitur tempori-

Eine umfassende Beschreibung der Kreisbewegung blieb Isaac Newton in seiner **"Philosophiae Naturalis Principia Mathematica"** vorbehalten.

Mit dieser Zeichnung (Abb. 4.2.15) erklärt Newton die Zentripetalkraft. Man sieht deutlich, wie in den einzelnen Punkten eine Kraft zum Zentrum hin den Körper von seiner geradlinigen Bewegung ablenkt.
(A-B-C statt: A-B-c usw.)

Abb 4.2.15

4.2.6 Anwendungsaufgaben und Beispiele

1. Aufgabe/Versuch

Zwei Kugeln mit gleichem Radius aber aus verschiedenem Material (Holz/ Metall) liegen in einer Laufrinne, welche mit Hilfe eines Motors in Rotation versetzt wird. Man beobachtet, daß sich die Kugeln von einer bestimmten Drehzahl an in der Laufrinne nach oben bewegen (siehe Abb.4.2.16).

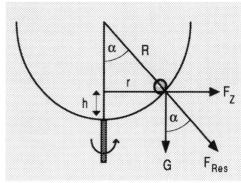

Abb. 4.2.16

Welche der beiden Kugeln kommt höher? Dazu überlegt man sich, welche Kräfte auf die Kugeln während der Rotation ausgeübt werden: $G = m \cdot g$ und $F_Z = mr\omega^2$. Die beiden Kräfte hängen mit F_{Res} wie folgt zusammen:

$G = F_{Res} \cdot \cos \alpha$ und $F_Z = F_{Res} \cdot \sin \alpha$, also gilt folgende Gleichung:

$$\frac{G}{\cos\alpha} = \frac{F}{\sin\alpha} \qquad \text{bzw.} \qquad \frac{mg}{\cos\alpha} = \frac{mr\omega^2}{\sin\alpha}$$

Nun gilt weiterhin: $r = R \cdot \sin \alpha$ und damit $\dfrac{mg}{\cos\alpha} = \dfrac{mR \cdot \sin\alpha \cdot \omega^2}{\sin\alpha}$

und somit: $\dfrac{g}{\cos\alpha} = R\omega^2$ oder $\cos\alpha = \dfrac{g}{R\omega^2}$

Daran erkennt man, daß die Steighöhe von der Masse der Kugeln unabhängig ist; beide Kugeln steigen in die gleiche Höhe:

$$h = R - R \cdot \cos\alpha = R - \frac{g}{\omega^2}$$

---

1. Aufgabe:

a) Berechnen Sie die Steighöhe für eine Laufrinne mit dem Radius 20 cm und der Drehfrequenz von 5 Hz.

b) Wie groß muß f mindestens sein, damit die Kugeln überhaupt anfangen zu steigen?
(19 cm; 1,13 Hz)

---

2. Aufgabe/Versuch: Der Fliehkraftregler

Zur Drosselung der Leistung wird in vielen Maschinen folgender Regler verwendet (Abb. 4.2.17):

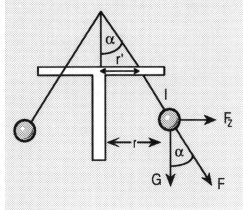

Durch Rotation werden die beiden ange-brachten gleichen Kugeln gehoben, und drosseln, wenn sie in einer vorbestimmten Höhe angelangt sind die Leistung der Maschine.

Aus der Zeichnung kann man erkennen:

$$\tan \alpha = \frac{F_Z}{G} = \frac{mr\omega^2}{mg} = \frac{r\omega}{g}$$

Abb. 4.2.17

---

2. Aufgabe:

a) Leiten Sie einen Zusammenhang zwischen der Stablänge l, r' und r her.

b) Welcher Bereich von Drehfrequenzen ist für eine Maschine zulässig, wenn ein eingebauter Fliehkraftregler (Stablänge 10 cm) bei $\alpha = 45°$ die Leistung der Maschine drosselt?

$(f_{max} = 1,8 \text{ Hz})$

---

3. Aufgabe/Beispiel: Kurvenfahrten

Bei der Einfahrt in eine gefährliche Kurve (r = 30 m; Abb. 4.2.19) ist die Höchstgeschwindigkeit auf 40 km/h begrenzt. Ein Motorradfahrer ($m_{ges} = 250$ kg) will diese Kurve durchfahren.

Abb. 4.2.19

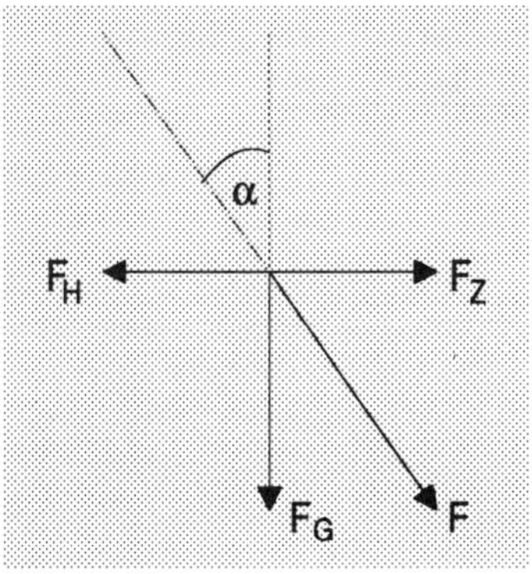

Wie man der Abb. 4.2.18 entnehmen kann, läßt sich die auf das Motorrad einwirkende Kraft F in die beiden Komponenten F_G (Gewichtskraft) und F_Z (Radialkraft) zerlegen:

$$\vec{F} = \vec{F}_G + \vec{F}_Z$$

Auf Grund der Haftreibung zwischen der Straße und den Rädern tritt eine seitliche Haltekraft F_H auf. Solange diese Haltekraft größer als die Radialkraft ist, rutscht das Motorad nicht seitlich weg.

Abb. 4.2.18

---

3. Aufgabe:
a) Wie groß muß die seitliche Haltekraft mindestens sein, damit der Fahrer nicht wegrutscht?
(1,0 kN)

Nun läßt sich die seitliche Haltekraft durch $F_H = \mu \cdot mg$ ausdrücken, wobei μ der Haftreibungskoeffizient ist. Somit erhält man aus der Forderung $F_H > F_Z$:

$\mu \cdot gm > 1,0$ kN   also $\mu > 0,41$

---

b) Welchen Neigungswinkel muß der Motorradfahrer mit seiner Maschine einhalten, wenn er die Kurve mit 40 km/h durchfahren will?
(Hinweis: Betrachten Sie Abb. 4.2.18; setzen Sie tan α an!)
(22,4°)

Bei der Berechnung des Winkels α ergibt sich: $\tan \alpha = 0,41$. Dieser Wert ist zahlenmäßig der gleiche wie μ.

---

c) Begründen Sie allgemein, daß tan $\alpha = \mu$!
d) Durch widrige Straßenverhältnisse (Nässe; Kies) betrage die Haltekraft nur 70% (30%) des unter a) berechneten Wertes. Mit welchem Neigungswinkel und welcher Geschwindigkeit muß der Motorradfahrer die Kurve dann durchfahren?
(16°; 7,1°, 33 km/h, 21 km/h)
e) Ein "rasanter" Motorradfahrer nimmt die Kurve mit 100 km/h. Welchen Neigungswinkel müßte er wählen? Nehmen Sie zu diesen Winkel Stellung, wenn man weiß, daß bei einem Winkel von 45° die Fußraster die Straße berühren. Wie groß müßte für diesen Fahrer die seitliche Haltekraft sein?
(68,8°; 6,4 kN)
f) Welche Geschwindigkeit kann der Motoradfahrer maximal wählen, wenn unter günstigen Umständen $\mu = 0,6$ beträgt?
(48 km/h)
g) Wie groß dürfte der Fahrer die Geschwindigkeit maximal wählen, damit er einen Neigungswinkel von 40° nicht überschreitet?
Wie groß müßte dabei der Haftreibungskoeffizient sein?
(57 km/h; 0,84!)
h) Überlegen Sie sich, ob der Motorradfahrer durch "Schneiden der Kurve" (Benützen der anderen Fahrspur) mit einer höheren Geschwindigkeit fahren kann.

4. Aufgabe:

Auf Volksfesten lassen sich mit einer besonderen Schiffschaukel volle Umdrehungen ausführen (Überschlagschaukel). Eine 65 kg schwere Person erreicht im höchsten Punkt noch eine Geschwindigkeit von 0,50 m/s. In den folgenden Rechnungen sei die Reibung und die Masse der Schaukel zu vernachlässigen.

a) Berechnen Sie die Gesamtenergie dieser Person, wenn die Schaukellänge 2,7 m beträgt.

b) Mit welcher Geschwindigkeit schwingt sie durch den tiefsten Punkt?

c) Wie groß ist die Winkelgeschwindigkeit im tiefsten Punkt?

d) An welcher Stelle hat der Fahrgast die Geschwindigkeit 5,0 m/s?

e) Welches scheinbare Gewicht hat der Fahrgast im tiefsten Punkt seiner Bahn? Das wievielfache der Erdbeschleunigung beträgt hier seine Beschleunigung?

(3,45 kJ; 10,3 m/s; 3,8 1/s; 4,1 m; 3,2 kN; 49 m/s²; ≈ 5-fach)

5. Aufgabe:

Auf einen rotierenden Körper wird die Zentripetalkraft 40 N ausgeübt. Wie groß wird die Zentripetalkraft, wenn

a) bei gleichbleibendem Radius seine Geschwindigkeit verdoppelt wird?

b) er mit gleichbleibender Geschwindigkeit auf eine Kreisbahn mit dem 1,5-fachen Radius gebracht wird?

(160 N; 27 N)

6. Aufgabe:

a) Mit welcher Geschwindigkeit bewegt sich ein Körper am Erdäquator auf Grund der Eigenrotation der Erde? Geben Sie das Ergebnis in m/s und km/h an.

b) Welche Geschwindigkeit besitzt ein Körper in der geographischen Breite von 50° auf Grund der Erdrotation?

c) In welcher geographischen Breite ist die Geschwindigkeit eines Körpers halb so groß wie am Äquator?

d) Welche Kraft wird durch die Erdrotation auf eine Person der Masse 80 kg am Äquator (in 50°-Breite) ausgeübt? Welche Bedeutung hat die berechnete Kraft für die Person?

e) Jupiter dreht sich in rund 10 Stunden um die eigene Achse. Welche Geschwindigkeit hätte hier ein Körper am Äquator, wenn der Äquatordurchmesser 142000 km beträgt? Welche Zentrifugalkraft verspürt hier eine Masse von 80 kg? Welche Auswirkung hat die größere Drehgeschwindigkeit des Jupiters auf die Form dieses Planeten?

(463 m/s; 1670 km/h; 298 m/s; 60°; 2,7 N; 1,1 N; 12 km/s; 43 N)

7. Aufgabe:
Welche Geschwindigkeit muß ein Körper am Äquator haben, damit seine Gewichtskraft gerade der Zentrifugalkraft gleich wäre? Wie lang braucht der Körper mit dieser Geschwindigkeit für eine Erdumdrehung?
(7,9 km/s; 1,4 h)

8. Aufgabe:
a) Eine Waschmaschine schleudert die Wäsche mit 800 Umdrehungen pro Minute. Berechnen Sie die Frequenz, die Winkelgeschwindigkeit, sowie die Bahngeschwindigkeit eines Handtuches in der Waschtrommel, wenn der Trommeldurchmesser 60 cm beträgt.
b) Welche Kraft wird dabei auf das 30g schwere Handtuch ausgeübt?
(13 Hz; 84 1/s; 25 m/s; 63 N)

9. Aufgabe:
Eine Kugel der Masse 3,0 kg wird in einer Höhe von 2,5 m auf einem horizontalen Kreis mit dem Radius 2,2 m herumgeschleudert. Zunächst benötigt die Kugel 5,0 s für 15 Umdrehungen.
a) Berechnen Sie die Umlaufdauer, die Frequenz und die Winkelgeschwindigkeit der Kugel.
b) Berechnen Sie die Bahngeschwindigkeit der Kugel.
c) Berechnen Sie die auftretende Zentripetalkraft und vergleichen Sie sie mit der auf die Kugel ausgeübte Gewichtskraft.
Die Schnur, an der die Kugel befestigt ist, hält maximal eine Kraft von 3,0 kN aus.
d) Welche maximale Bahngeschwindigkeit kann daher die Kugel in dem Augenblick erreichen, in dem die Schnur reißt?
Nun hat die Kugel die unter d) berechnete Geschwindigkeit erreicht und die Schnur reißt.
e) Beschreiben Sie, wie sich die Kugel weiterbewegen wird.
f) Nach welcher Zeit und in welcher Entfernung landet die Kugel auf dem Boden?
g) Wie groß ist ihre Aufschlaggeschwindigkeit?
(0,33 s; 3,0 Hz; 19 1/s; 42 m/s; 2,4 kN; 47 m/s; 0,71 s; 33 m; 47,5 m/s)

10. Aufgabe:
Mit Hilfe eines Radialkraftgerätes (vgl. Abb. 4.2.18) wurde die Abhängigkeit der Zentripetalkraft von der Masse m des umlaufenden Körpers, seiner Drehfrequenz f und dem Radius r der von ihm beschriebenen Kreisbahn untersucht. Dabei ergaben sich folgende Meßergebnisse:

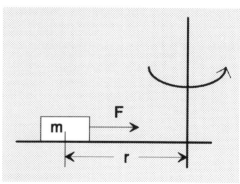

Abb. 4.2.20

Nr.	Masse m in kg	Drehfrequenz f in Hz	Radius r in cm	Radialkraft F_Z in cN
1	12,5	1,00	18,0	8,72
2	25,0	1,00	18,0	17,9
3	25,0	1,00	9,0	8,96
4	25,0	0,50	18,0	4,30
5	25,0	1,50	18,0	39,8

a) Erklären Sie, warum eine Kreisbewegung mit konstanter Winkelgeschwindigkeit eine beschleunigte Bewegung darstellt.

b) Leiten Sie einen Term für die auftretende Zentripetalbeschleunigung her.

c) Entnehmen Sie der oben angegebenen Meßtabelle, wie die Zentripetalkraft von der Masse des umlaufenden Körpers, seiner Drehfrequenz und von dem Radius der von ihm beschriebenen Kreisbahn abhängt. Geben Sie diese Abhängigkeiten an und begründen Sie sie anhand der Meßwerte rechnerisch. Fassen Sie die gewonnenen Abhängigkeiten in einer einzigen Beziehung zusammen.

d) Ermitteln Sie aus der in Messung Nr.1 angegebenen Daten die zu dieser Beziehung gehörende Proportionalitätskonstante c. Um wieviel Prozent weicht der erhaltene Wert für c vom theoretischen Wert ab?

Die Bewegung des rotierenden Körpers K wird nun durch paralleles Licht senkrecht auf eine Wand projeziert. Drehfrequenz und Radius entsprechen den Werten aus Messung Nr.3. Das einfallende Licht verläuft parallel zur Ebene, in der die vom Körper beschriebene Kreisbahn liegt.

e) Zur Zeit t = 0 s befindet sich der Schatten K' des Körpers K am linken (negativen) Umkehrpunkt. Ermitteln Sie mit eingesetzten Zahlenwerten die Zeit-Weg-Beziehung für die Bewegung von K'.

f) Geben Sie mit eingesetzten Zahlenwerten die Abhängigkeit der Geschwindigkeit des Schattens K' von der Zeit an.

g) Stellen Sie diese Abhängigkeit im Bereich 0 s < t < 1,5 s graphisch dar (Maßstab: 1 s entspricht 6 cm; 20 cm/s entspricht 1 cm). Entnehmen Sie der graphischen Darstellung die Zeitpunkte, in denen im gezeichneten Bereich die Geschwindigkeit von K' den Wert 40 cm/s annimmt.

h) Überprüfen Sie rechnerisch die in Aufgabe g) gefundene, zeichnerische Lösung für die gesuchten Zeitpunkte.

i) Um welche Bewegung handelt es sich bei dieser projezierten Bewegung? Weisen Sie ihre Vermutung nach!

(aus dem Fachoberschulabitur 1978/I)

(38,8; 1,7%; 0,125 s; 0,375 s; 1,125; 1,375 s)

11. Aufgabe:

Ein kleiner Wagen der Masse m bewegt sich auf einer vertikalen Kreisbahn. Sein Schwerpunkt beschreibt dabei einen Kreis mit dem Radius r. Aus Sicherheitsgründen soll der Wagen den höchsten Punkt der Bahn so durchlaufen, daß dort für die Zentripetalkraft F_z und die Gewichtskraft des Wagens gilt: $F_z = 2{,}0 \cdot F_G$. Reibungskräfte und Rotationsenergien bleiben bei den nachfolgenden Untersuchungen unberücksichtigt.

a) Weisen Sie nach, daß der Betrag der Geschwindigkeit v_1 des Wagens im höchsten Punkt gilt: $v_1 = \sqrt{2{,}0 \cdot gr}$

b) Zeigen Sie anhand des Energieerhaltungssatzes, daß sich die kinetische Energie $E_k(h)$ des Wagens in Abhängigkeit von seiner Höhe h bezüglich des tiefsten Punktes seiner Bahn durch den folgenden Term darstellen läßt:

$E_K(h) = k_1 - k_2 \cdot h$

Geben Sie jeweils die physikalische Bedeutung von k_1 und k_2 an.

Die Masse des Wagens beträgt nun 0,50 kg, der Radius der Kreisbahn ist r = 0,60 m.

c) Berechnen Sie die minimale und die maximale Energie des Wagens in seiner Bahn.

d) Zeichnen Sie in einem h-E-Diagramm den Graphen der kinetischen Energie $E_k(h)$ in Abhängigkeit von der Höhe h, und entwickeln Sie daraus den Graphen für die potentielle Energie $E_p(h)$ in Abhängigkeit von h.

(Maßstab: h-Achse: 10 cm entspricht 1 cm; E-Achse: 1,0 J entspricht 1 cm)

e) Bestimmen Sie, aus welcher Höhe h_1 der Wagen mit der Anfangsgeschwindigkeit $v_0 = 4{,}0$ m/s losfahren müßte, um die Kreisbahn in der angegebenen Weise zu durchlaufen (aus dem FOS-Abitur 1989/II).

(2,9 J; 8,7 J; 0,96 m)

4.3 Zusammenfassung

Für die Beschreibung von krummlinigen Bewegungen in der Ebene verwendet man ein x-y-Koordinatensystem. Zur Darstellung der Bewegung müssen zunächst die Koordinatengleichungen x(t) und y(t) aufgestellt werden. Daraus kann man dann die Form y(x) der Bahn herleiten.

Die einzelnen Koordinatengleichungen können jeweils getrennt in t-x- bzw t-y-Diagrammen dargestellt werden. Die auftretenden Beschleunigungen oder Kräfte erhält man mit Hilfe der Differentialrechnung.

Für den waagrechten Wurf gelten die Gleichungen:

$$x(t) = vt$$

$$y(t) = -\frac{1}{2} gt^2$$

Bei der Kreisbewegung lauten die Koordinatengleichungen:

$$x(t) = r \cdot \cos \omega t$$
$$y(t) = r \cdot \sin \omega t$$

Hier stellen beide Bewegungen einzeln harmonische Schwingungen dar.

Kapitel 5

Der Mauerquadrant von Tycho Brahe in der Uranienburg (Kupferstich)
aus: Tycho Brahe, Astronomicae instauratae Mechanica, 1602

Überblick

Jeden morgen geht im Osten die Sonne auf und löst die Sterne des Nachthimmels ab. Wie bewegen sich Sonne und Sterne? Was hält die Erde und den Mond zusammen? Warum fällt der Mond nicht auf die Erde? Wie sieht unsere Erde überhaupt aus? All das sind unzählige Fragen, die sich die Menschen aller Zeiten immer wieder gestellt haben. Die grundlegenden Fragen werden unter dem Thema "Gravitation" beantwortet werden.

Zeittafel:

Thales von Milet (624 - 546 v. Chr.)
Thales berechnete den Zeitpunkt der Sonnenfinsternis von 585 v. Chr. im voraus.

Philolaos von Kroton (ca. 480 v. Chr.)
Er entwickelte die Vorstellung einer kugelförmigen Erde.

Eudoxos von Knidos (410 - 356 v. Chr.)
Eudoxos konstruierte ein präzises Modell eines kugelgelagerten Kosmos.

Aristarch von Samos (320 - 250 v. Chr.)
Das heliozentrische Weltbild wurde zum erstenmal von Aristarch vertreten. Er schätzte damit Durchmesser von Sonne und Mond und ihre Entfernungen von der Erde ab.

Erathostenes von Kyrene (276 - 196 v. Chr.)
Er zeigte einen korrekten Weg zur Bestimmung des Erddurchmessers.

Hipparch von Nikäa (190 - 125 v. Chr.)
Hipparch schuf ein geozentrisches Epizykel- und Exzenter-Modell für die Welt.

Seleukos von Seleukia (ca. 190 v. Chr.)
Ausgehend vom heliozentrischen Weltbild gelang ihm eine korrekte Erklärung der Gezeiten.

Claudius Ptolemäus (90 - 168 n. Chr.)
Er verfeinerte das geozentrische Weltbild von Hipparch in seiner "Syntax Mathematicae" (Almagest).

Nikolaus Kopernikus (1473 - 1543)
In seinem Werk "De Revolutionibus orbium coelestium" zeigte er (als Denkmodell) die Vorteile des heliozentrischen Weltbildes.

Tycho Brahe (1546 - 1601)
Der Däne lieferte mit seinen Planetenbeobachtungen (Mars) die Daten für Forschungsarbeiten Keplers.

nd Geschwindigkeiten der Planeten.

Gravitationsgesetz die Grundlage der klassi-

tationsdrehwaage den Wert der Gravitations-

en Pendel ein eindrucksvoller Nachweis der

gemein gültige Darstellung der Gravitation.

heliozentrischen Weltbild

abylonier und Ägypter, welche die Erde noch
ischen Philosophen ihre Weltbilder erstellen.
tus) wurde ihnen klar, daß die Erde nicht flach
e Art des Verschwindens von Schiffen am
timmung der Größe der Erde konnte von
de entwickelt werden (siehe Aufgabe 1).
nter all den anderen Gestirnen am Himmel.
che Bedeutung zuerkannt. Nun können sich
en, und die vollkommenste Bewegungsform
och Ende hat. Auf einem Kreis kann sich ein
von Aristarch von Samos, der die Sonne im
nderen griechischen Philosophen von der
h wenn Aristarch mit Hilfe seines Weltbildes
u Sonne und Mond abschätzen konnte (siehe
eliozentrischen Weltbild des Aristarch, eine
eten die Vorstellungen des Aristarch gegen-
s und Plato zunächst einmal in Vergessenheit.

Plato stellte die Forderung, daß sich die Gestirne und Wandelsterne (Planeten) mit konstanter Geschwindigkeit auf Kreisbahnen bewegen sollten. Aristoteles baute, ausgehend von älteren Weltmodellen (von u.a. Eudoxos) um die zentral gestellte Erde verschiedene kugelförmige Sphären, welche die Erde mit Luft, Wasser und Feuer, sowie die einzelnen Himmelskörper bis hin zu den Sternen aufnehmen konnten. Die komplizierten Bewegungen, welche die Planeten über die Nächte hinweg am abendlichen Himmel beschreiben, konnten mit diesem Sphärenmodell nur schwer gelöst werden. So mußte Aristoteles noch jenen für die Physik verhängnisvollen "Äther" (5. Element; quinta essentia*) mit dazu erfinden. Seine natürliche Bewegung war die Kreisbewegung.

Hipparch und Ptolemäus entwickelten ein berechenbares Bild von der Welt. Die Erde, fast im Zentrum, wird von den anderen Himmelskörpern umkreist. Dabei bewegen sich die einzelnen Himmelskörper auf kleinen Kreisbahnen (Epizykel), auf entsprechenden großen Bahnen (Deferent) um die Erde (Exzenter- und Epizyklenmodell, Abb. 5.1.1).

Mit seinem Werk "Syntax Mathematicae", in arabisch "Almagest" genannt, hat Claudius Ptolemäus einen vollständigen Weg zur Berechnung aller Planetenstände geliefert. Über Jahrtausende hinweg wurden mit diesem Buch die Ephemeridentafeln (Planetenstände) erstellt, und z.B. so wichtige Termine wie das Osterfest berechnet.

Das Weltbild des Ptolemäus sieht zusammengefaßt wie folgt aus:

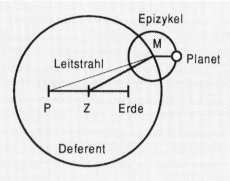

Abb. 5.1.1

1. Die Erde steht im Mittelpunkt der Welt.
2. Die Planeten (Sonne, Mond, Merkur, Venus, Mars, Jupiter und Saturn) bewegen sich auf sieben Kristallkugeln um die Erde.
3. Eine achte Kristallkugel dient als Fixsternsphäre.
4. Die einzelnen Planeten bewegen sich jeweils auf kleinen Beikreisen (Epizykeln) auf den großen Kreisen um einen Mittelpunkt neben der Erde (so konnte man erklären, daß die Planeten nicht immer die gleiche Entfernung zur Erde haben).

* essentia (lat.) = das Wesen einer Sache

158

Erste konkrete Hinweise auf die Eigenrotation der Erde ergaben sich im Jahre 1672. Auf einer Forschungsreise wunderte sich Jean Richer, daß eine mitgenommene Pendeluhr in Südamerika anders ging, als in Paris. Ein überzeugender Nachweis glückte erst Léon Foucault im Jahre 1850 mit Hilfe eines 67 m langen Pendels, welches er im Pariser Panthéon schwingen ließ.

Abb. 5.1.2 Das Foucaultsche Pendel

Nikolaus Kopernikus rückt in seinem Werk "De revolutionibus orbium coelestium" (Über die Bewegung der Himmelsschalen) die Sonne wieder in die Mitte des Weltsystems. Er weist aber gleich in der Einleitung seines Werkes darauf hin, daß dies nur eine Modellvorstellung sei, mit der es sich leichter rechnen lasse, als mit dem Epizyklenmodell des Ptolemäus. Er erhebt überhaupt keinen Anspruch darauf, daß dieses Modell Realität ist. Genaugenommen erfüllt er die alte platonische Forderung der idealen Kreisbahnen für Planeten besser, als Ptolemäus. Seine große Leistung liegt darin, einen Wechsel des Bezugssystemes durchgeführt zu haben (kopernikanische Wende).

Abb. 5.1.3 Nikolaus Kopernikus
(∗ 19. 2. 1473 in Thorn; † 24. 5. 1543 in Frauenberg)

Die wichtigsten Behauptungen des Kopernikus lauten kurz zusammengefaßt:

1. Die Erde dreht sich täglich um ihre eigene Achse.
2. Sie bewegt sich in einem Jahr auf einer Kreisbahn um die Sonne.
3. Die Planeten umkreisen die Sonne.

Viele Fragen konnte Kopernikus auch damit nicht beantworten. Warum fallen hochgeworfene Steine wieder auf die Erde zurück, wenn sich diese doch bewegt? Warum verliert die Erde die fliegenden Vögel nicht? Warum kann man bei den Sternen keine Bewegung auf kleinen Kreisen (Parallaxe) erkennen? Eine derartige Parallaxe konnte erst Friedrich Wilhelm Bessel im Jahre 1838 am Stern 61 Cygni* messen.

Durch seine Fernrohrbeobachtungen (um 1620) der Jupitermonde Jo, Europa, Ganymed und Kallisto, welche sich offensichtlich nicht um die Erde, sondern um den Jupiter bewegten, und der Venusphasen, wurde Galileo Galilei ein Verfechter der kopernikanischen Lehre. Salviati vertritt in seinem "Dialog über die Weltsysteme" (1632; vgl. Seite 146) das heliozentrische Weltbild.

Tycho Brahe widmete seine Zeit genauen Beobachtungen der Planeten und Sterne. Dabei kommt er über das ptolemäische Weltbild zunächst nicht hinaus, denn er glaubt mehr an experimentelle Befunde, als an irgendwelche Theorien. Nachdem man bei den Sternen keinerlei Parallaxen beobachten konnte, mußte also die Erde stillstehen. Deshalb bewegen sich in seiner Vorstellung die Planeten auf Kreisen um die Sonne, diese wiederum bewegt sich aber um die im Mittelpunkt stehende Erde. Kopfzerbrechen bereiteten Brahe allerdings die Kometen. Sie veränderten ihre Entfernung zur Erde so stark, daß sie sich quer durch die einzelnen Sphären (Kristallkugeln) bewegen mußten, welche dabei wohl zerbrechen sollten. Für seine Beobachtungen bekam Brahe vom dänischen König Friedrich II. eine Sternwarte (Uranienburg) auf der Insel Hven gestiftet. Seine letzten Lebensjahre (ab 1559) verbrachte er (nach einem Zerwürfnis mit dem dänischen König) am Hof von Rudolph II. in Prag.

Abb. 5.1.4 Weltsysteme nach Ptolemäus

* Cygnus (lat.) = Schwan; zirkumpolares Sternbild

Abb. 5.1.6 Uranienburg

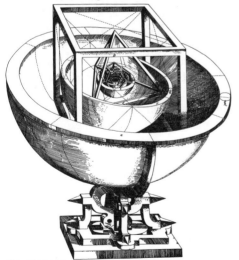

Abb. 5.1.7 Polyedermodell
(Illustration aus dem "Mysterium Cosmographicum")

Abb. 5.1.5 Tycho Brahe (1546 - 1601)

Die von Brahe beobachteten Daten wertete Johannes Kepler (Nachfolger Brahes am Hofe von Rudolph II.) aus. Kepler hatte, bevor er sich der Naturwissenschaft zuwandte, einige Jahre Theologie studiert. So waren seine Überlegungen und Forschungen als Dienst am Werk des Weltschöpfers gedacht. Seine Ausführungen sind deswegen eine Mischung aus exakter Wissenschaft und übersinnlichen Weisheiten der pythagoräischen Zeit.

Zur Illustration des heliozentrischen Weltbildes bettete Kepler die konzentrischen Sphären, auf welchen sich die bis dahin bekannten Planeten bewegten, so in die fünf platonischen Körper (Würfel, Tetraeder, Dodekaeder, Ikosaeder und Oktaeder) ein, daß sich die relativen Radien der kopernikanischen Bahnen ergaben.

Abb. 5.1.8 Johannes Kepler
(✴ 27. 12. 1571 in Weil d. Stadt/Wttbg.
✝ 15. 11. 1630 in Regensburg)

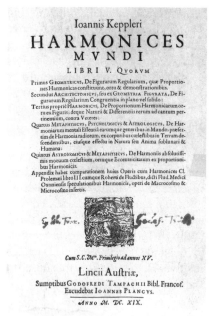

Abb. 5.1.10 Titelblatt der "Harmonices Mundi"

ASTRONOMIA NOVA
ΑΙΤΙΟΛΟΓΗΤΟΣ,
SEV
PHYSICA COELESTIS,
tradita commentariis
DE MOTIBVS STELLÆ
MARTIS,
Ex obfervationibus G. V.
TYCHONIS BRAHE:

Juffu & fumptibus
RVDOLPHI II.
ROMANORVM
IMPERATORIS &c:

Plurium annorum pertinaci ftudio
elaborata Pragæ,

A S. *C*. *M*.*tis S*. *Mathematico*
JOANNE KEPLERO,

Cum ejufdem C. *M*.*tis privilegio fpeciali*
Anno ætæ Dionyfianæ cIↃ IↃc Ix.

Abb. 5.1.9 Titelblatt der "Astronomia Nova"

Die Auswertung der Daten von Tycho Brahe führten zur Veröffentlichung des 1. und 2. Gesetzes in der "Astronomia Nova" (Neue Astronomie, 1609). Das 3. Gesetz erschien erst 1619 im Werk "Harmonices Mundi" (Weltharmonie). Weitere Werke von Kepler sind "Mysterium Cosmographicum" (1596) und die Dioptrik (1611), welche das Thema "Fernrohre" behandelt. Im Jahr 1627 erschienen die "Rudolphinischen Tafeln", ein Tabellenwerk zur Berechnung der Planetenstände.

1. Aufgabe:

Um 220 vor Christus wollte Erathostenes, dem bereits bekannt war, daß die Erde Kugelgestalt hat, den Umfang dieser Kugel bestimmen. Er bemerkte, daß jedesmal am 21. Juni das Sonnenlicht senkrecht in einen tiefen Brunnenschacht bei Assuan fiel, während zum gleichen Zeitpunkt in Alexandria die Sonnenstrahlen unter einem Winkel von $\alpha = 7°12'$ gegen die Vertikale einfielen (Abb. 5.1.11).

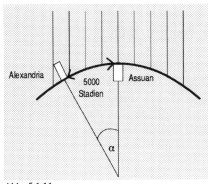

Abb. 5.1.11

Erathostenes schloß daraus, daß die parallelen Sonnenstrahlen infolge der Erdkrümmung nur in Assuan senkrecht auf die Erdkugel, in Alexandria aber unter einem Winkel von α gegen die Vertikale auf die Erdoberfläche treffen. Folglich müßte der kürzesten Entfernung zwischen Alexandria und Assuan (man maß damals 5000 Stadien) die Länge des Erdkreisbogens zum Mittelpunktswinkel α entsprechen.

Welcher Erdumfang errechnet sich aus diesen Angaben, wenn 1 Stadion 185,14 m (griechisches Stadion) entspricht?

Berechnen Sie den Erdumfang auch für das königlich, ptolemäische Stadion, welches 221,6 m betrug. Vergleichen Sie mit dem heutigen Wert.

($46 \cdot 10^3$ km bzw. $55,4 \cdot 10^3$ km; heute: $40 \cdot 10^3$ km)

2. Aufgabe:

Um 270 v. Chr. führte Aristarch von Samos eine erste Messung zur Bestimmung des Verhältnisses der Entfernung der Erde von Sonne und Mond durch. Aristarch visierte hierzu am Tag die Sonne und den Halbmond an und bestimmte dabei einen Winkel von $\alpha = 87°$ zwischen den beiden Himmelskörpern.

a) Erde, Mond und Sonne müssen bei Halbmond ein rechtwinkliges Dreieck bilden. Erklären Sie dies.

b) Wievielmal weiter ist nach Aristarchs Messung die Sonne von der Erde entfernt als der Mond? Vergleichen Sie das Resultat mit dem heute bekannten Wert!

(19,1; heute: 391)

3. Aufgabe:

Welche Thesen des heliozentrischen Weltbildes von Kopernikus sind durch die moderne Astronomie widerlegt worden? Begründen Sie ihre Meinung.

5.2 Die Keplerschen Gesetze

5.2.1 Bahnformen

Das Hauptproblem, dem sich Kepler bei der Auswertung der Brahe-Daten der Planetenbewegungen gegenüber sah, war die Erkenntnis, daß sich der Mars unmöglich mit konstanter Geschwindigkeit auf seiner Bahn bewegen konnte. Deshalb vermutete Kepler, daß die Bahnen der Planeten nicht die in der Antike geforderten idealen Kreise sind, sondern Ellipsen. Die Ellipse war auch schon den Griechen bekannt (Abhandlung von **Apollonius von Perge** über die Kegelschnitte), wurde aber nie mit irgendwelchen Bewegungen in Verbindung gebracht.

1. Keplersches Gesetz:

> **Die Bahnen der Planeten sind Ellipsen, in deren gemeinsamen Brennpunkt die Sonne steht.**

Die Ellipse ist die Menge aller Punkte P mit der Eigenschaft: $\overline{PF_1} + \overline{PF_2}$ = const. Dabei sind die Punkte F_1 und F_2 die Brennpunkte der Ellipse. Die Strecke $\overline{MA} = \overline{MB}$ heißt große Halbachse a der Ellipse; $\overline{MC} = \overline{MD}$ entsprechend kleine Halbachse b. Unter der linearen Exzentrizität versteht man die Längen $\overline{F_1M} = \overline{F_2M} = e$, während die numerische Exzentrizität ε der Quotient aus e und a ist. Für ellipsenförmige Bahnen muß ε echt zwischen 0 und 1 liegen. Für ε = 0 ist e = 0 und damit $F_1 = F_2 = M$. Die Bahn ist dann ein Kreis (Tabelle mit numerischen Exzentrizitäten vgl. 5.2.4, Aufgabe 7).

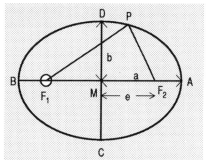

Abb. 5.2.1

5.2.2 Der Flächensatz

Nachdem die Bahnen nun keine Kreise sondern Ellipsen darstellen, ist der Planet nicht immer gleichweit von der Sonne entfernt. Es gibt einen **sonnennächsten** Punkt (**Perihel**) und einen **sonnenfernsten** Bahnpunkt (**Aphel**).
In der Nähe der Sonne (Perihel) bewegt sich ein Planet schneller als im Aphel. Den genauen Zusammenhang legt das 2. Gesetz von Kepler fest:

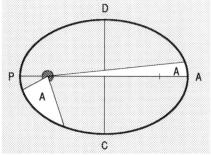

Abb. 5.2.2

2. Keplersches Gesetz:

> **Die Verbindungslinie Sonne - Planet über-
> streicht in gleichen Zeiten gleiche Flächen.**

5.2.3 Das 3. Gesetz von Kepler

Die schwierigste Aufgabe war es aus dem Datenmaterial einen Zusammenhang zwischen den Halbachsen der einzelnen Planetenbahnen und den Umlaufzeiten der entsprechenden Planeten herauszufinden.
Erst 10 Jahre nach den beiden ersten Gesetzen konnte Kepler folgendes Gesetz veröffentlichen:

3. Keplersches Gesetz:

> **Die Quadrate der Umlaufzeiten zweier Planeten verhal-
> ten sich wie die dritten Potenzen der großen Halbachsen
> ihrer Bahnellipsen.**

Wenn man die Umlaufzeiten zweier Planeten mit T_1 und T_2 bezeichnet, die zugehörigen großen Halbachsen mit a_1 und a_2, so lautet dieses 3. Gesetz als mathematische Formel geschrieben:

$$\frac{T_1^2}{T_2^2} = \frac{a_1^3}{a_2^3}$$ (Gl. 5.2.1)

5.2.4 Aufgaben

Planet	Umlaufzeit	große Halbachse	m in 10^{24} kg	Radius in 10^3 km
Merkur	88 d	0,39 AE	0,33	2,4
Venus	225 d	0,72 AE	4,87	6,1
Erde	1,00 a	1,00 AE	5,98	6,4
Mars	1,9 a	1,52 AE	0,64	3,4
Jupiter	11,9 a	5,20 AE	1900	71,4
Saturn	29,5 a	9,55 AE	569	60
Uranus	84 a	19,20 AE	87	26
Neptun	165 a	30,10 AE	103	25
Pluto	248 a	39,70 AE	0,012	1,1

Tab. 5.2.1 Einige Planetendaten

1. Aufgabe:
Berechnen Sie aus der großen Halbachse a = 1 AE = $1{,}5 \cdot 10^{11}$ m
der Erde und ihrer Umlaufzeit T = 1,00 a
a) die Umlaufzeit des Mars, wenn $a_{Mars} = 228 \cdot 10^6$ km beträgt.
b) die große Halbachse des Jupiters, wenn $T_J = 4333$ d sind.
(1,9 a; 5,2 AE)

2. Aufgabe:
Berechnen Sie die mittlere Geschwindigkeit der Erde auf ihrer Bahn um die Sonne.
(30 km/s)

3. Aufgabe:
Fertigen Sie mit Hilfe der Tabelle 5.2.1 eine graphische Darstellung der Abhängigkeit
a (T) an. Stellen Sie in einem weiteren Schaubild a (T) mit logarithmischen Achsen dar.
Überprüfen Sie anhand der Darstellungen das 3. Keplersche Gesetz.

4. Aufgabe:

Man kann das 3. Keplersche Gesetz auch in der Form schreiben: $\dfrac{T^2}{a^3} = \text{const.}$

a) Berechnen Sie die Konstante, wenn die Sonne das Zentralgestirn der Bewegung ist.
b) i) Welche Konstante erhält man, wenn die Erde als Zentralgestirn verwendet wird?
   ($T_{MOND} = 27{,}3$ d; r = $384 \cdot 10^3$ km)
   ii) Welche Zeit benötigt ein Satellit, der die Erde in einer Entfernung von 3000 km
   über der Erdoberfläche umkreisen soll, für einen Umlauf?
   iii) In welche Höhe über der Erdoberfläche muß ein geostationärer Satellit gebracht
   werden (T = 24 h)?
($2{,}95 \cdot 10^{-19}$ s² m⁻³; $9{,}83 \cdot 10^{-14}$ s² m⁻³; 2,5 h; $3{,}59 \cdot 10^7$ m)

5. Aufgabe:
Zwischen den Planeten Mars und Jupiter befinden sich viele kleinere Himmelskörper,
die Planetoiden.
a) Erläutern Sie, inwiefern die Umlaufzeiten der Planetoiden zwischen denen von Mars
und Jupiter liegen müssen.
b) Ergänzen Sie fehlende Werte in der folgenden Tabelle:

Name des Planetoiden	Umlaufzeit in d	Mittlere Entfernung von der Sonne in AE
Ceres	1681	?
Juno	?	2,67
Vesta	1325	?

(2,77 AE; 1594 d; 2,36 AE)

6. Aufgabe:

Bei ihrem Vorbeiflug an Neptun entdeckte Voyager II sechs neue Monde. Berechnen Sie die Umlaufzeit des Mondes 1989N4, der sich in einer Entfernung von 62000 km um Neptun bewegt, wenn der schon lang bekannte Mond Nereide für eine Umkreisung 359 Tage bei einem mittleren Bahnradius von $5560 \cdot 10^3$ km benötigt.
(10,15 h)

7. Aufgabe:

In der folgenden Tabelle 5.2.2 sind die numerischen Exzentrizitäten ε der einzelnen Planeten angegeben:

Merkur	Venus	Erde	Mars	Jupiter	Saturn	Uranus	Neptun	Pluto
0,206	0,0068	0,0167	0,093	0,0485	0,0556	0,046	0,0090	0,2552

Tab. 5.2.2

a) Berechnen Sie Aphel und Perihel der Erdumlaufbahn, wenn
$a_{Erde} = 1,5 \cdot 10^{11}$ m beträgt.
b) Berechnen Sie ebenso Aphel und Perihel für den Planeten Pluto
($a_{Pluto} = 39,7 \cdot 1,5 \cdot 10^{11}$ m).
c) Erläutern Sie, welche Bedeutung eine numerische Exzentrizität ε von 0 für die Bahn hat.
d) Welche der angegebenen Planetenbahnen ist am ehesten ein Kreis?
(1,02 AE; 0,98 AE; 49,8 AE; 29,57 AE)

5.3 Das Gravitationsgesetz

Nach Experimenten und Überlegungen, die Robert Hooke angestellt hatte, wurde klar, daß das Zentralgestirn der Verursacher der Zentripetalkraft sein muß. Hooke vermutete auch bereits, daß die Kraft mit dem Quadrat des Abstandes vom Zentrum abnimmt. Isaac Newton nahm diese Ideen Hookes auf und verband sie mit seinen mechanischen Grundlagengesetzen und den Keplerschen Gesetzen:

$$F_Z = \frac{mv^2}{r} = mr\omega^2 = 4\pi^2 m \cdot \frac{r}{T^2} = \text{const.}$$

Zusammen mit dem 3. Keplerschen Gesetz: $\frac{r^3}{T^2} = \text{const.}$

folgt, wenn man T^2 ersetzt, als Kraftgesetz für die Zentralkraft: $F_G = 4\pi^2 \cdot \frac{m \cdot \text{const.}}{r^2}$

Diese Kraft wird vom Zentralgestirn (z.B. Sonne) auf den umkreisenden Körper (z.B. Planeten) ausgeübt. Nun übt dieser Körper gemäß dem 3. Axiom von Newton eine ebenso große, entgegengerichtete Kraft auf das Zentralgestirn aus. Daraus schloß Newton, daß in der Gleichung der Kraft F_G auch die Masse des Körpers im Zentrum enthalten sein muß. Erweitert man die rechte Seite der Gleichung mit M, erhält man:

$$F_G = \frac{4\pi^2 \cdot \text{const.}}{M} \cdot \frac{m \cdot M}{r^2} = G \cdot \frac{m \cdot M}{r^2}$$

wobei G eine Konstante mit der Einheit der Konstanten aus dem 3. Keplerschen Gesetz dividiert durch kg ist:

$$[G] = 1\frac{m^3}{s^2 \cdot kg}$$

Damit lautet das universelle Gravitationsgesetz Newtons:

$$\boxed{F_G = G \cdot \frac{m \cdot M}{r^2}} \qquad (\text{Gl. 5.3.1})$$

Newton schreibt das Gravitationsgesetz im 3. Band der Principia, dem eigentlichen Höhepunkt des gesamten Werkes, auf. In den beiden ersten Bänden findet man im Wesentlichen die Theorie, die Vorarbeit für den 3. Band, in dem es dann um die Welt, d.h. um astronomische Erkenntnisse geht. Newton ist stolz darauf, daß er mit einer Zeichnung (Abb. 5.3.1) fast alles erklären kann:
Ebbe und Flut, Störungen der Mondbahn; Fortschreiten der Äquinoktien (d.i. die Verbindungslinie von Herbst- und Frühlingspunkt der Erdbahn).

corporum *T* & *P*. Hac vi fola corpus *P* circum corpus *T*, five immotum, five hac attractione agitatum, defcribere deberet & areas, radio *PT*, temporibus proportionales, & ellipfin cui umbilicus eft in centro corporis *T*. Patet hoc per prop. xi. & corollaria 2. & 3. theor. xxi. Vis altera eft attractionis *LM*, quæ quoniam tendit a *P* ad *T*, fu-

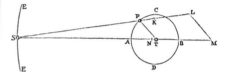

peraddita vi priori coincidet cum ipfa, & fic faciet ut areæ etiamnum temporibus proportionales defcribantur per corol. 3. theor. xxi. At quoniam non eft quadrato diftantiæ *PT* reciproce proportionalis, componet ea cum vi priore vim ab hac proportione aberrantem, idque eo magis, quo major eft proportio hujus vis ad vim priorem, cæteris paribus. Proinde cum (per prop. xi. & per corol. 2. theor. xxi.) vis, qua ellipfis circa umbilicum *T* defcribitur, tendere debeat ad umbilicum illum, & effe quadrato diftantiæ *PT* reciproce proportionalis ; vis illa compofita, aberrando ab hac pro-

Abb. 5.3.1

Newton weist auch schon nach, daß bei einer nur geringen Abweichung von der umgekehrten Proportionalität zu r^2 eine rasche Drehung der jeweiligen großen Halbachsen im Raum stattfinden müßte. Wenn man nur zwei Körper in Betracht zieht, folgen aus dem Gravitationsgesetz die Keplerschen Gesetze. Dabei sind dann allerdings die Störungen anderer Planeten nicht berücksichtigt. Will man diese mathematisch erfassen, ergibt sich ein System von gekoppelten Differentialgleichungen, die man zu lösen hat. 1846 entdeckte Galle den Planeten Neptun auf Grund einer solchen Störungsrechnung von Leverrier. Heutzutage werden Störungsrechnungen schnell und zuverlässig von Computern durchgeführt.
Die größte Kritik an seinem Gravitationsgesetz handelte sich Newton von Leibniz und Huygens dafür ein, daß in diesem Gesetz die eigentliche Mechanik fehlt: es gibt keine Seile, Hebel o.ä. für die Kraftübertragung. Die Kraft wird ausgehend vom Zentralgestirn auf die Planeten in großer Ferne ohne reale mechanische Hilfsmittel ausgeübt (Fernwirkungstheorie).
Eine genaue Bestimmung der Gravitationskonstanten G war zu Lebzeiten Newtons noch nicht möglich.

*5.4 Experimentelle Bestimmung der Gravitationskonstanten

Im Jahre 1798 gelang es Henry Cavendish mit der in Abb. 5.4.1 dargestellten Versuchsanordnung (Gravitationsdrehwaage) die Dichte der Erde, bzw. die Newtonsche Gravitationskonstante zu bestimmen.

Die von Cavendish verwendete Anordnung war etwa 275 cm breit und 203 cm hoch. Zwei kleine Bleikugeln der Masse 729 g waren am Ende einer 180 cm langen Stange mit Hilfe eines Torsionsdrahtes drehbar aufgehängt. Zwei große Bleikugeln der Masse 158 kg können den kleinen gegenübergestellt werden. Das Gestänge, welches die großen Kugeln trägt, konnte dabei entweder in die Stellung WW oder ww gebracht werden. Die großen Kugeln ziehen die kleinen an und die Waage dreht sich entsprechend. Aus der Drehbewegung kann die Gravitationskonstante bestimmt werden.

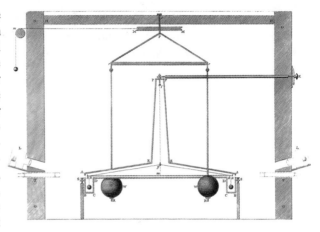

Abb. 5.4.1 Gravitationsdrehwaage nach Cavendish

Die Stange mit den beiden kleinen Bleikugeln ist in der Nullage; der Torsionsdraht ist nicht verdrillt. Die Verbindungsstange der beiden großen Bleikugeln steht senkrecht zur Stange mit den kleinen Kugeln. Bringt man die großen Kugeln aus Position 1 in die Stellung 2, dann werden die kleinen Kugeln durch die Gravitationskraft auf die großen zu beschleunigt. Über einen Lichtzeiger kann mit Hilfe eines kleinen Spiegels der Bewegungsvorgang beobachtet und analysiert werden.

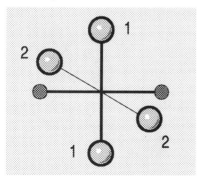

Abb. 5.4.2 Ausgangslage der Drehwaage

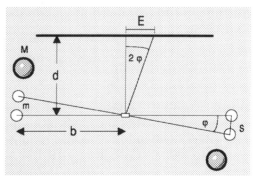

Abb. 5.4.3

Die kleine Masse m_1 erfährt durch die Gravitationskraft die Beschleunigung a.
Für die entstehende Kraft ergibt sich:

$$F = m \cdot a = G \cdot \frac{m \cdot M}{r^2} \quad \Rightarrow \quad G = \frac{a \cdot r^2}{M}$$

Die Beschleunigung a kann aus einer Weg-Zeit-Messung bestimmt werden:
Aus Abb. 5.4.3 entnimmt man:

$$\tan 2\varphi = \frac{E}{d}$$
(Wegen der Reflexion* überstreicht der Lichtzeiger den Winkel 2 φ, während die Stange den Winkel φ mit der Nullage bildet.)

Für kleine Winkel φ gilt: $\tan 2\varphi \approx 2 \cdot \tan \varphi = \frac{s}{b}$:

$$\frac{E}{d} = 2 \cdot \frac{s}{b} \quad \Rightarrow \quad s = \frac{E \cdot b}{2 \cdot d}$$

Für a kann man aus $s = \frac{1}{2} at^2$ folgende Formel erstellen:

$$\frac{E \cdot b}{2 \cdot d} = \frac{1}{2} at^2 \quad \Rightarrow \quad a = \frac{E \cdot b}{d \cdot t^2}$$

Das bedeutet, daß man bei der Ausführung des Experimentes den zurückgelegten Weg E des Lichtzeigers in Abhängigkeit von der Zeit messen muß. Für die Messung sollten maximal die ersten beiden Minuten verwendet werden, da mit zunehmender Zeit der Torsionsdraht immer mehr verdrillt wird, und eine Kraft gegen die Gravitationskraft entsteht. In dieser kurzen Zeit kann man auch davon ausgehen, daß der Abstand zwischen den Kugeln in etwa konstant ist. Eine weitere Möglichkeit der Versuchsdurchführung besteht darin, daß man die großen Kugeln, nachdem der Torsionsdraht verdrillt ist, um 180° dreht, so daß sich die großen Kugeln nun vor der jeweils anderen kleinen Kugel befinden. Dadurch ergibt sich eine doppelt so große Beschleunigung wie oben beschrieben, da Rückstellkraft und Gravitationskraft in dieselbe Richtung wirken.

Mit Hilfe der Gravitationsdrehwaage kann man nun die Gravitationskonstante bestimmen. Es ergibt sich:

$$G = 6,667 \cdot 10^{-11} \frac{m^3}{kg \cdot s^2}$$

Die Bemühungen, die Gravitationskonstante genau zu bestimmen, reichen bis in das zwanzigste Jahrhundert hinein. Mit einer empfindlichen Balkenwaage gelang Phillip von Jolly (1809-1884) in München eine recht genaue Messung von G. Ebenfalls mit einer Drehwaage bestimmten Richarz und Krigar-Menzel (1896) in Berlin-Spandau die Größe G mit Bleikugeln der Masse 10000 kg (!). Zu den genauesten Ergebnissen gelangten Friedrich Paschen (1865-1947) und der ungarische Physiker Baron von Eötvös (1848-1919).

---

* Reflexionsgesetz: Einfallswinkel = Ausfallswinkel

1. Aufgabe:
Ein Meßversuch mit einer Gravitationsdrehwaage liefert die folgenden Meßwerte:

Zeit t in s	0	30	60	90	120
Weg E in mm	0	0,1	0,45	1,0	1,8

Dabei betragen die Länge der Stange b = 90 cm und d = 2,5 m.

a) Berechnen Sie die "Fallwege" s der kleinen Kugel in mm.
b) Zeichnen Sie ein t-s-Diagramm der Bewegung und berechnen Sie die auftretende Beschleunigung a!
c) Berechnen Sie die sich aus diesem Experiment ergebende Gravitationskonstante G. Um wieviel Prozent unterscheidet sich der berechnete Wert vom Literaturwert?
(M = 1,5 kg; m = 15 g und r = 4,7 cm)
$(6,92 \cdot 10^{-11} \, m^3 \, kg^{-1} \, s^{-2}; \, 3,7 \, \%)$

---

2. Aufgabe:
Berechnen Sie die auftretende Gravitationskraft im Experiment des Henry Cavendish, wenn er als Abstand zwischen den Kugelmittelpunkten der großen und kleinen Kugel 20 cm wählt.
$(19 \cdot 10^{-6} \, N)$

---

3. Aufgabe:
a) Welche Gravitationskraft drückt der Zahlenwert der Gravitationskonstante aus?
b) Mit welcher Kraft ziehen sich zwei Kugeln aus Eisen (Dichte: 7,86 g/cm^3) vom Radius 1 m an, wenn sie sich gerade berühren?
(72 mN)

5.5 Anwendungen des Gravitationsgesetzes

5.5.1 Astronomische Massenbestimmung

Die größte Leistung Newtons bei der Aufstellung des Gravitationsgesetzes liegt darin, daß Newton die Phänomene "Fall eines Apfels" auf die Erde und die Kreisbewegung des Mondes um die Erde als gleichwertig erkannte. Die Gewichtskraft, welche auf der Erde auf einen Körper ausgeübt wird, ist nichts anderes als die Gravitationskraft in einer Entfernung von R = 6368 km vom Erdmittelpunkt:

$$F_G = G \cdot \frac{m \cdot M_E}{R^2} = m \cdot g$$

Dabei ist m die Masse des Körpers, M_E die Masse der Erde und R der Erdradius.

Der Ortsfaktor g ist somit nichts anderes als: $\boxed{g = \frac{G \cdot M_E}{R^2}}$ (Gl. 5.5.1)

Will man den Ortsfaktor mit der oben aufgestellten Formel berechnen, so benötigt man zunächst die Masse der Erde M_E. Der Mond bewegt sich in einer Entfernung von 384000 km in 27,3 Tagen einmal um die Erde und wird dabei von der Gravitationskraft als Zentripetalkraft auf seiner Bahn gehalten:

$$F_Z = M_M \cdot \omega^2 \cdot r = F_G = G \cdot \frac{M_M \cdot M_E}{r^2}$$

$$\Rightarrow M_E = \frac{4\pi^2}{G} \cdot \frac{r^3}{T^2} = \frac{4\pi^2 \cdot kg \cdot s^2}{6,67 \cdot 10^{-11} m^3} \cdot \frac{(384 \cdot 10^6 \, m)^3}{(27,3 \, d)^2} = 6,0 \cdot 10^{24} \, kg$$

Den Ortsfaktor der Erde erhält man somit aus Gl. 5.5.1:

$$g = \frac{6,67 \cdot 10^{-11} m^3 \cdot 6,0 \cdot 10^{24} \, kg}{kg \cdot s^2 \cdot (6368 \cdot 10^3 \, m)^2} = 9,87 \frac{m}{s^2}$$

Ort	geogr. Breite	Meereshöhe (m)	g in m/s²
Singapur	1,30° N	8	9,78981
Mexico City	19,33° N	2240	9,77941
Rom	41,89° N	10	9,80363
München	48,17° N	514	9,80744
Helsinki	60,18° N	295	9,81915
Nordpol	90,00° N	0	9,83221

Tab. 5.5.1 Fallbeschleunigungen auf der Erde

Himmelskörper	Fallbeschleunigung in m/s^2
Mond	1,62
Jupiter	26
Sonne	274
weißer Zwerg	10^6
Neutronenstern	10^{12}

Tab. 5.5.2 Fallbeschleunigung auf der Oberfläche einiger
Himmelskörper

5.5.2 Satellitenbahnen

a) Erdnahe Bahnen:

Schießt man einen Satelliten in eine Umlaufbahn um die Erde, welche eine Höhe über der Erdoberfläche von deutlich weniger als etwa einem Erdradius hat ($r < 2R_E$), so gilt:

$$F_G = mg = mr\omega^2 = m\frac{v^2}{r} \quad \Rightarrow \quad \boxed{v = \sqrt{r \cdot g}} \qquad \text{(Gl. 5.5.2)}$$

Bewegt sich der Satellit auf einer Kreisbahn mit Radius $R = R_E$, muß er folglich eine Bahngeschwindigkeit von

$$v = \sqrt{6368\,\text{km} \cdot 9,81\frac{m}{s^2}} = 7,9\frac{km}{s}$$

besitzen. Diese Geschwindigkeit ist von der Masse unabhängig.

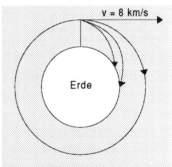

Abb. 5.5.1 Übergang vom
waagrechten Wurf zur Kreisbahn

b) Bahnen mit größeren Abständen:

Bewegt sich der Satellit in einer größeren Höhe über der Erdoberfläche, dann muß man den Term der Gravitationskraft für F_G einsetzen und erhält:

$$m\frac{v^2}{r} = G \cdot \frac{m \cdot M}{r^2} \quad \Rightarrow \quad \boxed{v = \sqrt{G \cdot \frac{M}{r}}} \qquad \text{(Gl. 5.5.3)}$$

(oder: Einsetzen von Gl. 5.5.1 in Gl. 5.5.2 führt zum selben Ergebnis)

Beispiel 5.1:

Ein Satellit soll in einer Höhe von 10000 km über der Erdoberfläche die Erde umkreisen. Berechnen Sie seine Bahngeschwindigkeit.

$$v = \sqrt{6,67 \cdot 10^{-11} \frac{m^3}{kg \cdot s^2} \cdot \frac{6,0 \cdot 10^{24}\,kg}{16368 \cdot 10^3\,m}} = 4,9\,\frac{km}{s}$$

Welche Zeit benötigt dieser Satellit für einen Umlauf?

$$v = \omega r = \frac{2\pi r}{T} \quad \Rightarrow \quad T = \frac{2\pi r}{v} = 2,08 \cdot 10^4\,s \approx 5,8\,h$$

Umläufe pro Tag	Umlaufperiode	Höhe h in km	Bahngeschwindigkeit (m/s)
16,33*	1 h 28 min 12 s	185,31	7793
12	2 h	1679	7033
8	3 h	4181	6143
3	8 h	13947	4440
1**	24 h	35807	3072
-	2 d	60670	2438
-***	28 d	385445	1009

*: Parkbahn ; **: geostationäre Bahn ; ***: Mond

Tab. 5.5.3 Charakteristiken ausgewählter Satellitenbahnen

* 5.6 Das Zweikörperproblem

Bei genauerer Betrachtung stellt sich heraus, daß sich Erde und Mond um einen gemeinsamen Schwerpunkt (Mittelpunkt der Drehbewegung) bewegen, sofern man Störungen anderer Himmelskörper (Sonne!) außer acht läßt. Zur Berechnung des Schwerpunktes kann man das Hebelgesetz verwenden:

$$\boxed{M \cdot a = m \cdot b} \qquad \text{(Gl. 5.6.1)}$$

Darin bedeuten: M - Masse der Erde; a - Abstand der Erde zum Schwerpunkt; m - Masse des Mondes und b - Abstand des Mondes zum Schwerpunkt (Abb. 5.6.1).

Wie man der Abb. 5.6.1 entnehmen kann, gilt:
r = a + b, bzw. b = r − a
Eingesetzt in (Gl.5.6.1):
M · a = m · (r − a) = m · r − m · a

M · a − m · a = m · r $\Rightarrow$ $a = \dfrac{m \cdot r}{M + m} = 4666\,km$

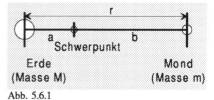

Abb. 5.6.1

Das bedeutet, daß der gemeinsame Schwerpunkt der Bewegung noch im Inneren der Erde liegt ($r = 6368$ km), jedoch nicht mit dem Erdmittelpunkt identisch ist. Nun ergibt der Ansatz $F_G = F_Z$ folgendes:

$$G \cdot \frac{M \cdot m}{r^2} = m \cdot b \cdot \frac{4\pi^2}{T^2}$$

Im Gravitationsgesetz bleibt die Entfernung r stehen, während man bei der Zentripetalkraft r durch b (Abstand vom Drehzentrum) ersetzen muß.

mit $b = \dfrac{M \cdot r}{M + m}$ erhält man:

$$G \cdot \frac{M}{r^2} = \frac{m \cdot r}{M + m} \cdot \frac{4\pi^2}{T^2} \qquad \Rightarrow \qquad M + m = \frac{r^3}{T^2} \cdot \frac{4\pi^2}{G}$$

Man kann unschwer den Term $\dfrac{r^3}{T^2}$ des 3. Keplerschen Gesetzes erkennen. Löst man nach diesem Term auf, dann findet man auf der rechten Seite die Konstante des 3. Keplerschen Gesetzes:

$$\boxed{\frac{r^3}{T^2} = \frac{G}{4\pi^2} \cdot (M + m)} \qquad \text{(Gl. 5.6.1)}$$

Vergleicht man eine Massenberechnung mit Hilfe des 3. Keplerschen Gesetzes nach Gl. 5.6.1 mit der Rechnung aus 5.5.1, so sieht man, daß die dort errechnete Masse genau um die Mondmasse zu groß ist.

*5.7 Das Gravitationsfeld

Eine "Probemasse" (z.B. Objekt mit m = 1kg) wird in der Nähe eines anderen Körpers der Masse M (z.B. der Erde) "herumbewegt". An jedem Punkt des Raumes um den Körper der Masse M herrscht dann eine Gravitationskraft F_G, welche auf die Probemasse ausgeübt wird:

$$F_G = m \cdot \frac{G \cdot M}{r^2}$$

Auf diese Weise kann man, mathematisch ausgedrückt, jedem Raumpunkt einen Kraftpfeil F_G zuordnen. Diese Zuordnung nennt man ein **"Vektorfeld"** – man spricht hier vom **"Gravitationsfeld"** (Abb. 5.7.1).

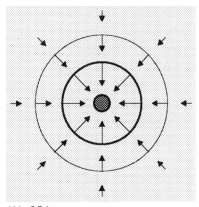

Abb. 5.7.1

Will man nun einen Körper der Masse m vom Ort r = r_1 zum
Punkt r = r_2 transportieren, so muß man Arbeit aufwenden.
Die Berechnung dieser Arbeit W ist in diesem Fall schwierig,
da sich die Kraft in Abhängigkeit des Ortes r ändert (siehe
Abb. 5.7.2):

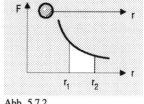

$$F(r) = G \cdot \frac{m \cdot M}{r^2}$$

Abb. 5.7.2

Mit Hilfe der Integralrechnung läßt sich diese Arbeit berechnen:

$$W = g \cdot m \cdot M \cdot \left(\frac{1}{r_1} - \frac{1}{r_2}\right)$$

Hebt man also einen Körper der Masse m von einer Höhe r_1 auf die Höhe r_2, bedeutet dies
für den Körper einen Gewinn an potentieller Energie und gleichzeitig einen Verlust an
kinetischer Energie. Soll beispielsweise eine Rakete aus dem Gravitationseinfluß der Erde
gebracht werden, so muß sie auf der Erdoberfläche auf eine so große Geschwindigkeit
gebracht werden, daß die Energie ausreicht, um sie von r_1 = R (Erdradius) in eine Höhe
r_2 = "∞" zu bringen:

$$\frac{1}{2}mv^2 = W_{kin} = W_{pot} = GmM \cdot \frac{1}{R} \qquad \Rightarrow \qquad v_{Flucht} = \sqrt{2 \cdot GM \cdot \frac{1}{R}} = 11{,}2 \frac{km}{s}$$

Beispiel 5.2:
*Welche Arbeit muß man an einem Satelliten der Masse 57kg verrichten, um ihn aus einer
Parkbahn (185 km über der Erdoberfläche) in die geostationäre Bahn (h = 35807 km) zu
befördern?*
gegeben: $m = 57\,kg; M = 5{,}98 \cdot 10^{24}\,kg; r_1 = 6553\,km; r_2 = 42175\,km$
gesucht: $W\,in\,J$

$$W = GmM \cdot \left(\frac{1}{r_1} - \frac{1}{r_2}\right) =$$

$$= 6{,}67 \cdot 10^{-11}\,\frac{m^3}{kgs^2} \cdot 57\,kg \cdot 5{,}98 \cdot 10^{24}\,kg \cdot \left(\frac{1}{6553 \cdot 10^3\,m} - \frac{1}{42175 \cdot 10^3\,m}\right) = 2{,}9 \cdot 10^9\,J$$

Himmelskörper	Fluchtgeschwindigkeit in km/s
Erde	11,2
Mond	2,38
Sonne	618
Jupiter	57,6
Mars	5,0
weißer Zwerg	4,4·10³
Neutronenstern	≈ 200000 (2/3 c)

Tab. 5.7.1 Fluchtgeschwindigkeiten von einigen Himmelskörpern

5.8 Aufgaben

Angaben zu den Planeten entnehmen Sie der Tabelle 5.2.1 von Kapitel 5.2.4 oder dem Anhang A.

---

1. Aufgabe:
Die Erdmasse ist 27 mal so groß wie die Masse des Planeten Merkur. Die Radien der Planeten verhalten sich wie 29 : 12. Berechnen Sie die Fallbeschleunigung auf dem Merkur.
(2,1 ms^{-2})

---

2. Aufgabe:
Ein Satellit soll die Erde in 12 Stunden einmal umkreisen.
a) In welcher Höhe über der Erdoberfläche muß seine Bahn verlaufen?
b) Welche Bahngeschwindigkeit hat der Satellit dabei?
c) Wird der Satellit in seiner Umlaufbahn um die Erde von der Anziehungskraft des Mondes merklich beeinflußt? Vergleichen Sie dazu die entsprechenden Kräfte rechnerisch!
(20 · 10^3 km; 3,8 km/s)

---

3. Aufgabe:
Der Jupitermond Jo hat einen mittleren Bahnradius von 4,21 · 10^5 km und eine Umlaufzeit von 42,5 Stunden.
a) Berechnen Sie die Masse des Jupiter.
b) Wie groß ist die Fallbeschleunigung auf der Oberfläche des Jupiter?
(1,9 · 10^{27} kg; 25 m/s^2)

---

4. Aufgabe:
Der Planet Jupiter umkreist die Sonne in 11,86 a in einer mittleren Entfernung von 7,78 · 10^8 km.
a) Berechnen Sie die Bahngeschwindigkeit des Jupiter.
b) Berechnen Sie die Schwerebeschleunigung an der Sonnenoberfläche.
   (Sonnenradius: 696000 km)
(13 km/s; 2,1 · 10^4 m/s^2)

---

5. Aufgabe:
Der Mond Ganymed befindet sich 1,07 · 10^6 km vom Jupiter entfernt. Die Fallbeschleunigung auf dem Jupiter beträgt 25 ms^{-2}. Berechnen Sie die Umlaufdauer des Mondes Ganymed.
(171 d)

---

6. Aufgabe:
Wie groß wäre die Umlaufzeit des Jupiters, wenn er eine doppelt so große Masse hätte und sich auf der gleichen Bahn wie jetzt bewegen würde?

7. Aufgabe:

Betrachten Sie den Planeten Mars. Die Fallbeschleunigung auf dem Mars beträgt $3{,}76\ \mathrm{ms^{-2}}$, sein Radius 3380 km.

a) Leiten Sie die folgenden Beziehungen zwischen Radius, Fallbeschleunigung, Kreisbahngeschwindigkeit, Gravitationskonstante und Masse her:

$$(1)\ v_K = \sqrt{Rg} \qquad\qquad (2)\ G \cdot M = g \cdot R^2$$

b) Wie groß ist die Bahngeschwindigkeit eines oberflächennahen Satelliten?

c) Wie lange dauert ein Umlauf eines oberflächennahen Satelliten (Angabe in Stunden und Minuten)?

d*) Wie groß ist die nötige Geschwindigkeit für den Rückstart zur Erde?

e) In welcher Höhe über dem Boden (auf ganze km gerundet) befindet sich ein Satellit, dessen Umlaufzeit genau zwei Stunden beträgt?

f) In welcher Höhe über der Marsoberfläche muß ein stationärer Marssatellit postiert werden (ein Marstag dauert 24 h 37 min)?

g) Der Mond Phobos umkreist den Mars auf einer nahezu kreisförmigen Bahn von $5{,}9 \cdot 10^3$ km Höhe über der Marsoberfläche; seine Umlaufzeit beträgt 7 h 39 min. Berechnen Sie die Masse des Mars!

($3{,}6$ km/s; 1 h 38 min; $5{,}0$ km/s; 460 km; $1{,}7 \cdot 10^4$ km; $6{,}2 \cdot 10^{23}$ kg)

---

8. Aufgabe:

a) Warum herrscht für alle Massen in einem Raumschiff Schwerelosigkeit, wenn es die Erde in einer zeitlich konstanten Bahn umkreist?

b) Ein bemanntes Raumschiff umkreist die Erde in 24 h genau 12 mal. In welcher Höhe über der Erdoberfläche liegt seine Umlaufbahn? Welche Bahngeschwindigkeit hat das Raumschiff?

(1700 km; $7{,}0$ km/s)

---

9. Aufgabe:

Der Satellit "Symphonie", der sich seit 1974 auf einer geostationären Bahn befindet, wurde zuerst auf eine Kreisbahn (Parkbahn) mit der mittleren Bahnhöhe h_1 über der Erdoberfläche geschossen.

a) Leiten Sie allgemein eine Gleichung her, aus der die Umlaufdauer von Symphonie auf der Parkbahn berechnet werden kann.

b) Berechnen Sie die Umlaufdauer von Symphonie auf dieser Parkbahn, wenn $h_1 = 4{,}00 \cdot 10^5$ m, Erdradius $r_e = 6{,}37 \cdot 10^6$ m, die Erdmasse $5{,}98 \cdot 10^{24}$ kg und die Gravitationskonstante gegeben sind.

Aus der Parkbahn wurde ein Satellit schließlich über eine elliptische Bahn auf die Synchronbahn mit der mittleren Bahnhöhe $h_2 = 3{,}6 \cdot 10^7$ m über dem Erdboden gebracht.

c) Berechnen Sie die Bahngeschwindigkeit des Satelliten auf der Synchronbahn.

d) Welche kinetische Energie besitzt der Satellit dabei, wenn seine Masse $3{,}20 \cdot 10^2$ kg beträgt?

e*) Ermitteln Sie die Hubarbeit, welche notwendig ist, um einen Körper der Masse des Satelliten aus der Höhe h_1 in die Höhe h_2 über der Erdoberfläche zu bringen.

(aus dem FOS-Abitur 1980)

($1{,}54$ h; $3{,}1$ km/s; $1{,}5 \cdot 10^9$ J; $1{,}6 \cdot 10^{10}$ J)

10. Aufgabe:
Die USA starteten 1964 den Erdsatelliten Syncom 3 als Relaisstation zur Übertragung der olympischen Spiele von Tokio. Der Satellit hatte eine Umlaufzeit von 407 Minuten.
a) Berechnen Sie allgemein den Bahnradius in Abhängigkeit von der Umlaufzeit des Satelliten.
b) Berechnen Sie die Höhe der angenäherten Kreisbahn von Syncom 3 über der Erdoberfläche.
c*) Die Masse des Satelliten betrug 318 kg. Berechnen Sie die Gesamtenergie des Satelliten in der Umlaufbahn.
d) Mit welcher Geschwindigkeit müßte Syncom 3 von der (als ruhend angenommenen) Erdoberfläche abgeschossen werden, wenn seine Gesamtenergie auf der Bahn $1,64 \cdot 10^{10}$ J beträgt (Reibungsverluste werden vernachlässigt)?
(aus dem FOS-Abitur 1980)
($11,8 \cdot 10^6$ m; $1,64 \cdot 10^{10}$ J; 10,2 km/s)

---

11. Aufgabe:
Newton ist es gelungen, aus den Keplerschen Gesetzen für die Planetenbewegung das für die Massenbestimmung allgemein geltende Gravitationsgesetz abzuleiten.
a*) Beschreiben Sie anhand einer Skizze einen Versuch, mit dem man die Gravitationskraft zwischen zwei Körpern der Masse m_1 und m_2 nachweisen kann.
b) Zeigen Sie mit Hilfe des Gravitationsgesetzes das 3. Keplersche Gesetz.
c) Berechnen Sie die Erdmasse aus der Fallbeschleunigung g_0 an der Erdoberfläche, dem Erdradius und der Gravitationskonstante.
d) Ermitteln Sie mit Hilfe von c) die Konstante k im 3. Keplerschen Gesetz für die Erde als Gravitationszentrum.
(nach dem FOS-Abitur 1984)
($5,97 \cdot 10^{24}$ kg; $9,91 \cdot 10^{-14}$ s²/m³)

---

12. Aufgabe:
Das Gravitationsgesetz soll mit Hilfe der Monde des Planeten Uranus überprüft werden.

Name des Mondes	Umbriel	Titania	Oberon
Mittlerer Bahnradius r in 10^5 km	2,673	4,387	5,866
Umlaufdauer T in Tagen	4,144	8,708	13,463

Die Umlaufbahnen der Monde sollen dabei als Kreisbahnen angesehen werden. Der Einfluß anderer Himmelskörper wird vernachlässigt.
a) Berechnen Sie für die aufgeführten Monde jeweils den Betrag der Radialbeschleunigung a_r.
b) Bestätigen Sie mit den Ergebnissen von a): $a_r = k \cdot \dfrac{1}{r^2}$
c) Zeigen Sie durch allgemeine Herleitung, daß die Gleichung von b) in Übereinstimmung mit dem Gravitationsgesetz steht.
d) Für den Mond Titania ergibt sich in b) der Wert $k = 5,891 \cdot 10^{15}$ m³ s⁻². Ermitteln Sie daraus die Masse des Planeten Uranus.
e) 1948 entdeckte G.P. Kuiper den Uranusmond Miranda. Dessen mittlerer Bahnradius beträgt $1,301 \cdot 10^5$ km. Berechnen Sie daraus seine Umlaufdauer.
(aus dem FOS-Abitur 1990)
($8,232 \cdot 10^{-2}$ ms⁻²; $3,061 \cdot 10^{-2}$ ms⁻²; $1,712 \cdot 10^{-2}$ ms⁻²; $8,83 \cdot 10^{25}$ kg; 1,41 d)

13. Aufgabe:
Charon ist ein Mond des Planeten Pluto, dessen Durchmesser 1160 km beträgt. Er bewegt sich in 6,398 Tagen auf einer fast kreisförmigen Bahn mit dem Radius r = 19130 km um den Pluto. Der Durchmesser des Pluto beträgt 2200 km.
a) Berechnen Sie die Gesamtmasse des Systems Pluto - Charon.
Gehen Sie nun davon aus, daß Pluto und Charon aus dem gleichen Material bestehen.
b) Berechnen Sie die mittlere Dichte des Gesamtsystems. Beide Körper sind als kugelförmig anzusehen.
c) Berechnen Sie die Masse des Pluto. (Hinweis: Wieviel Prozent der Gesamtmasse entfallen nach obigen Voraussetzungen auf Pluto?)
$(1,36 \cdot 10^{22}\,kg; 2130\,kg/dm^3; 1,19 \cdot 10^{22}\,kg)$

14. Aufgabe:
Die Erdbeschleunigung beträgt bei unserem vorgegebenen Erdradius 9,8 m/s².
a) Welche Erdbeschleunigung ergibt sich, wenn man den Erdradius (bei gleichbleibender Masse) um 100 km verkürzt?
b) Welche Erdbeschleunigung erhält man bei einer Erde mit dem halben Radius (gleiche Masse vorausgesetzt)?
c) Bei welchem Radius bekäme man eine Erdbeschleunigung von 20 m/s²?
$(10,2\,m/s^2; 39,5\,m/s^2; 4,47 \cdot 10^6\,m)$

15. Aufgabe:
Berechnen Sie die Fluchtgeschwindigkeit vom Planeten Venus (Uranus).
(10 km/s; 21 km/s)

16. Aufgabe:
Im Jahre 1986 flog die Sonde Voyager 2 am Uranus vorbei. Die Sonde konnte vom Mond Miranda folgende Daten zur Erde funken:
$d = 472\,km; M = 0,63 \cdot 10^{20}\,kg$.
a) Ermitteln Sie die Fallbeschleunigung a auf dem Mond Miranda und vergleichen Sie den Wert mit der Erdfallbeschleunigung.
Modellberechnungen sagen, daß Miranda zu mindestens 50% aus Eis besteht. Seine Oberfläche zeigt dann auch mannigfaltige glaziale Strukturen. Die Abbildung (Abb. 5.8.1) zeigt eine Abrißkante oder Verwerfung, die in eine Höhe von bis zu h = 20 km steil aufragt. Unter dem Einfluß der Sonnenstrahlung oder vielleicht vorhandenen Miranda-Beben sollte es gelegentlich vorkommen, daß ein gigantischer Gletscher kalbt.

Abb. 5.8.1

b) Wie lange dauert es (konstante Beschleunigung vorausgesetzt), bis ganz oben abgebrochene Eismassen den Grund jener Verwerfung erreichen?
c) Welche Geschwindigkeit wird dabei auf dem relativ kleinen, atmosphärelosen Mond erreicht?
(Aus Sterne und Weltraum 1/1991)
(0,0077 g; 12 Minuten; 55 m/s)

17. Aufgabe:

Ein Neutronenstern habe eine Masse von $2 \cdot 10^{30}$ kg und einen Radius von 10 km.

a) Berechnen Sie die Dichte des Neutronensternes.

b) Vergleichen Sie die in a) berechnete Dichte mit der Dichte eines Atomkernes.
   (Hinweis: Atomkernradius: $r = 1,4 \cdot 10^{-15}$ m $\cdot \sqrt[3]{A}$; A: Massenzahl des Kernes; verwenden Sie für $A = 1$ u $= 1,66 \cdot 10^{-27}$ kg)

c) Berechnen Sie die Fallbeschleunigung an der Oberfläche des Neutronensternes.

d) Welche Gewichtskraft verspürt ein 80 kg schwerer Mensch auf dem Neutronenstern?

e) Welche Höhe erreicht ein Körper, der mit 11 km/s (Fluchtgeschwindigkeit von der Erde) von seiner Oberfläche startet?

f*) Berechnen Sie die Fluchtgeschwindigkeit des Neutronensternes (klassische Rechnung).

g) Wie groß ist die Bahngeschwindigkeit eines Körpers auf einer Kreisbahn mit dem Radius 10000 km (1 AE)?

$(4,8 \cdot 10^{17}$ kg/m^3; $1,4 \cdot 10^{17}$ kg/m^3; $1,3 \cdot 10^{12}$ m/s^2; $1,1 \cdot 10^{11}$ kN; 46 µm; 0,5c; $3,7 \cdot 10^6$ m/s; $3,0 \cdot 10^4$ m/s)

Zusammenfassung

Isaac Newton hat, ausgehend von den Ideen von R. Hooke und J. Kepler das universelle Gravitationsgesetz aufgestellt:

$$F_G = G \cdot \frac{m \cdot M}{r^2}$$, wobei G die Gravitationskonstante ist.

Die Gravitationskonstante kann man mit Hilfe einer Drehwaage zu $6,672 \cdot 10^{-11} \frac{m^3}{kg \cdot s^2}$ bestimmen.

Durch das Gravitationsgesetz oder die Keplerschen Gesetze werden die Bewegungen der Planeten im Gravitationsfeld der Sonne beschrieben. Das Gravitationsgesetz ermöglicht astronomische Massenbestimmungen.

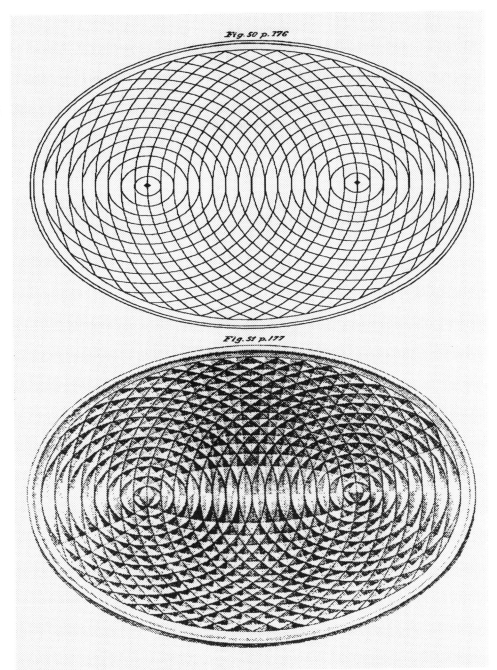

Konstruktion und Darstellung der Interferenz zweier ebener Wellen, nach: Wilhelm Weber, Wellenlehre, Tafel VI

Überblick:

In diesem Kapitel wird zuerst die Entstehung und Ausbreitung von Wellen besprochen. Anschließend werden charakteristische Wellenphänomene wie Interferenz und Beugung behandelt.

Im Theorieteil erfolgt dabei eine Einschränkung auf mechanische Wellen. Eine ausführlichere Beschäftigung mit Schallwellen bleibt dem naturwissenschaftlichen Gymnasium im Additum Akustik überlassen. Elektromagnetische Wellen, sowie Materiewellen stellen weitergehende Lerninhalte der nächsten beiden Jahrgangsstufen dar.

Zeittafel:

Christiaan Huygens (1629 - 1695)

Huygens vertrat die Wellennatur des Lichtes. Nach ihm wurde das Prinzip benannt, daß jeder Punkt einer Welle als Ausgangspunkt einer Kugelwelle aufgefaßt werden kann.

6.1 Grundlagen

Wenn man den Begriff Welle hört, denkt man vielleicht an eine vom Wind bewegte Meeresoberfläche. Das Wasser hebt und senkt sich in periodischen Abständen. Im Kleinen kann man einen ähnlichen Zustand bei einer Wasseroberfläche erzeugen, indem man einen Stein auf die ruhige Oberfläche eines Gewässers wirft. Um die Eintauchstelle als Zentrum breiten sich kreisförmige Wellen nach allen Seiten aus. Wenn man sich einen senkrechten Querschnitt der Wasserfläche ansieht, stellt man eine sinusförmige Bewegung der Oberfläche wie in Abb. 6.1.1 fest.

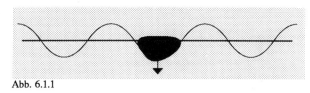

Abb. 6.1.1

Zum einfacheren Verständnis der Wellenphänomene abstrahiert man die ruhige Wasseroberfläche zu einem längsgestreckten Seil. Den Aufprall des Steins simuliert man durch eine kurzzeitige Auslenkung des Seiles. Abb. 6.1.2 zeigt eine solche Störung und das anschließende Wandern der Auslenkung.

Eine Fliege, die auf dem Seil sitzt, wird durch den in x-Richtung laufenden Wellenberg hochgehoben. Die dafür notwendige Energie muß

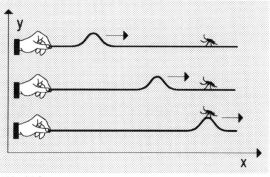

Abb. 6.1.2

durch die Handbewegung aufgebracht worden sein. Die einzelnen Teilchen des Seiles bewegen sich allerdings nur in y-Richtung. Die Störung (Welle) hat also Energie in x-Richtung transportiert, ohne daß eine Verschiebung der Seilteilchen in diese Richtung stattgefunden hat. Dies ist etwas grundsätzlich Neues, denn bisher war ein Energietransport immer mit der Bewegung eines Materials in Transportrichtung verbunden (z.B. fallender Stein, Stoß einer bewegten Kugel,...).

> **Eine Welle transportiert Energie in eine Richtung, ohne daß sich Materie in diese Richtung bewegt.**

Diese bemerkenswerte Eigenschaft der Wellen ist von eminenter Bedeutung. So erlaubt sie beispielsweise die Verständigung über kürzere Strecken mittels Schallwellen und über größere Entfernungen über sogenannte elektromagnetische Wellen (Radio, Funk, Fernsehen,...).

Die Geschwindigkeit, mit der die Energie transportiert wird, die **Wellengeschwindigkeit**, entspricht der Geschwindigkeit, mit der sich, ganz allgemein gesprochen, eine Störung (im Beispiel die Auslenkung des Seiles, der Wellenberg) ausbreitet. Schallwellen besitzen in Luft beispielsweise eine Ausbreitungsgeschwindigkeit von etwa 330 m/s, die erwähnten elektromagnetischen Wellen pflanzen sich mit Lichtgeschwindigkeit (c = 300000 km/s) fort.

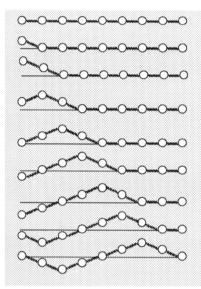

Abb. 6.1.3 Transversalwelle

Man könnte nun die Frage stellen, wieso sich die Auslenkung des Seiles in Abb. 6.1.2 überhaupt ausbreitet. Zerlegen wir dazu das Seil in eine Reihe von einzelnen Seilteilchen. Diese Teilchen sind allerdings nicht völlig isoliert gegeneinander, sondern elastisch miteinander verbunden. Abb. 6.1.3 zeigt, von der Seite gesehen, ein solches Seilmodell. Die Verbindung, oder besser gesagt die Koppelung der einzelnen Seilteilchen, wird durch kleine Federn dargestellt.

Wird nun ein Teilchen in y-Richtung ausgelenkt, zieht es die benachbarten Teilchen nach und diese wiederum ihre Nachbarn. Erreicht das zuerst bewegte Teilchen die maximale Auslenkung wird es durch die aufgetretene Spannung in den Federn wieder zurückgezogen. Dabei schwingt es über seine ursprüngliche Ruhelage hinaus in die entgegengesetzte Richtung und zieht wiederum die Nachbarteilchen nach. Die einzelnen Teilchen führen dabei Schwingungen senkrecht zur Ausbreitungsrichtung aus. Eine solche Welle heißt **Transversal- oder Querwelle**.

Denkbar ist auch eine Auslenkung eines Teilchens in x-Richtung. Dabei würden die beiden anliegenden Federn auf der einen Seite gedehnt, auf der anderen Seite zusammengedrückt (Abb. 6.1.4). Dieses Dehnen, bzw. Zusammenpressen der Federn wirkt natürlich auch auf die benachbarten Federn. Ist eine Feder maximal (bedingt durch die Größe der Auslenkung) gedehnt, zieht sie sich wieder zusammen und das

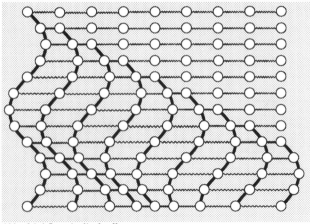

Abb. 6.1.4 Longitudinalwelle

Seilteilchen schwingt wie ein Federpendel in die entgegengesetzte Richtung. In diesem Fall schwingen also die Seilteilchen in derselben Richtung, in der die Ausbreitung der Welle erfolgt. Man spricht hier von **Longitudinal-** oder **Längswellen.**

Ein Beispiel für solche Wellen sind die Schallwellen. Die Rolle der Seilteilchen übernehmen die Luftmoleküle.

In der Realität ist jede Schwingung aufgrund der Reibung gedämpft, d.h. die Auslenkung wird zunehmend kleiner werden. Wenn wir nun die Reibung dadurch überwinden, daß wir das Seilende periodisch auf- und abbewegen, wird sich nach einiger Zeit das ganze Seil ebenso periodisch bewegen. Man spricht dann von einer harmonischen Welle, da jedes einzelne Teilchen harmonische Schwingungen ausführt.

Die maximale Auslenkung eines Teilchens heißt Amplitude (vgl. Kap 2.6.1). Bei einer harmonischen Welle schwingen bestimmte Teilchen stets mit demselben Schwingungszustand. Ihre Entfernung voneinander heißt Wellenlänge λ (Lambda). Die Zeitdauer, die eine Welle benötigt, um eine Störung um $1 \cdot \lambda$ auszubreiten, ist die Periode T (Abb. 6.1.5).

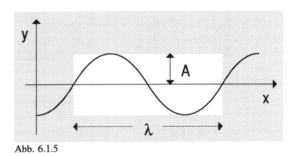

Abb. 6.1.5

Für die Wellengeschwindigkeit u gilt dann:

$$u = \frac{\Delta x}{\Delta t} = \frac{\lambda}{T}$$

Unter der Frequenz f versteht man, wie in Kapitel 2 dargestellt, die Anzahl k der Schwingungen in der Zeit t. ⇨

$$f = \frac{k}{t} = \frac{1}{T}$$

⇨

$$\boxed{u = \frac{\lambda}{T} = \lambda \cdot f}$$

(Gl. 6.1.1)

Die Wellengeschwindigkeit kann also über das Produkt aus Wellenlänge und Frequenz bestimmt werden.

Beispiel 6.1:
Ein Radiosender sendet Wellen mit der Wellenlänge 3,20 m mit der Frequenz 93,7 MHz aus.

$$u = \lambda \cdot f = 3,20\,m \cdot 93,7 \cdot 10^6\,\frac{1}{s} \approx 300000000\,\frac{m}{s} = 300000\,\frac{km}{s} = c$$

In Kapitel 2.6.2 wurde die Bahn eines schwingenden Körpers beschrieben. Die Darstellung einer harmonischen Welle in Abb. 6.1.6 liefert dasselbe Bild. Man kann daher denselben Ansatz wie in Gl. 2.6.5, nämlich y = A · sin ωt verwenden. Da die Bewegung eines Teilchens von seinem Abstand Δx zum Ursprung, d.i. der Punkt, an dem die Störung erstmalig erfolgt ist, abhängt, muß dies berücksichtigt werden: Wenn die Störung sich mit der Geschwindigkeit u ausbreitet, benötigt sie die Zeit $t = \frac{\Delta x}{u}$, um zur Stelle P zu gelangen. Wenn also ein Teilchen in P einen bestimmten Schwingungszustand einnimmt, besaß das Teilchen im Ursprung diesen Zustand bereits um $t = \frac{\Delta x}{u}$ früher. Auf diese Weise kann jedes Teilchen durch die Bewegung des Ursprungsteilchens dargestellt werden, wenn man seinen Abstand Δx berücksichtigt:

$$y(t) = A \cdot \sin\left[\omega \cdot \left(t - \frac{\Delta x}{u}\right)\right]$$

$$= A \cdot \sin\left[\frac{2\pi}{T} \cdot \left(t - \frac{\Delta x \cdot T}{\lambda}\right)\right]$$

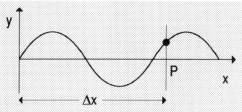

Abb. 6.1.6

$$\Rightarrow \quad \boxed{y(t) = A \cdot \sin\left[2\pi \cdot \left(\frac{t}{T} - \frac{\Delta x}{\lambda}\right)\right]} \quad \text{(Gl. 6.1.2)}$$

Gl. 6.1.2 beschreibt vollständig eine Welle mit **allen** schwingenden Teilchen. Jedes einzelne Teilchen ist durch die unterschiedlichen Werte Δx charakterisiert.

Aufgaben:

1. Aufgabe:
Der Mittelwellensender "Bayern 1" sendet mit der Frequenz 800 kHz. Berechnen Sie die Wellenlänge (elektromagnetische Wellen!).
(375 m)

2. Aufgabe:
Der Kammerton a besteht aus Schallwellen mit der Wellenlänge 75 cm. Berechnen Sie seine Frequenz (u_{Schall} = 330 m/s).
(440 Hz)

3. Aufgabe:
Ein normaler Erwachsener kann Töne im Frequenzbereich von etwa 17 Hz (tiefe Töne) bis ca. 18000 Hz (hohe Töne) wahrnehmen. Bestimmen Sie die dazugehörigen Wellenlängen.
(19,4 m, 1,8 cm)

4. Aufgabe:
Sie stehen am Meeresstrand und beobachten, daß alle 4 Sekunden eine Welle ans Ufer
läuft. Anhand der Größe von im Wellengang schaukelnden Schiffen schätzen Sie die
Wellenlänge auf 10 m. Wie groß ist die Geschwindigkeit der Wasserwellen? Wie würde
sich die Geschwindigkeit der Wasserwellen verändern, wenn die Wellen höher, bzw.
niedriger wären?
(40 m/s)

5. Aufgabe:
Bestimmen Sie die Gleichung einer harmonischen Welle mit der Amplitude 5,0 cm, einer
Wellenlänge von 0,40 m und einer Wellengeschwindigkeit von 25,0 m/s. Die Ausbrei-
tungsrichtung der Welle sei x; die Wellenteilchen schwingen in y-Richtung.
$(y(t) = 0,05 \, m \cdot \sin 2\pi(62,5 \, s^{-1} \cdot t - 2,5 \, m^{-1} \cdot x))$

6. Aufgabe:
Für eine in x-Richtung fortschreitende Welle gilt:
$y(t) = 0,02 \, m \cdot \sin 2\pi(1 \, s^{-1} \cdot t - 0,2 \, cm^{-1} \cdot x)$
Zeichnen Sie den Zustand der Welle für $t_1 = 0 \, s$, $t_2 = 0,2 \, s$, $t_3 = 0,5 \, s$ in 3 untereinander-
liegenden Diagrammen im Bereich $-3 \, cm < x < 9 \, cm$. Verwenden Sie für π die Zahl 3
und $\Delta x = 1 \, cm$.

6.2 Interferenz von Wellen

6.2.1 Allgemeine Überlagerung von Wellen

Ein Seil wird an seinen beiden Enden gleichzeitig periodisch ausgelenkt. Die Störungen
laufen aufeinander zu (Abb. 6.2.1).

Abb. 6.2.1

Sobald die beiden Störungen aufeinandertreffen, werden sich die einzelnen Seilteilchen, die
ja miteinander verbunden sind, auf einen "Mittelwert" einstellen. Diese Auslenkung erhält
man durch die Addition der beiden einzelnen Auslenkungen. Dabei erhalten die Richtungen
nach oben und unten verschiedene Vorzeichen. In Abb. 6.2.2 werden die beiden sich
überlagernden Wel-
len durch zwei dün-
ne, schwarze Linien
dargestellt. Die re-
sultierende Auslen-
kung stellt die dik-
ke, schwarze Linie
dar.

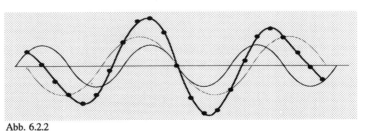

Abb. 6.2.2

Eine Überlagerung von zwei (oder auch mehreren) Wellen heißt **Interferenz**. Im Folgenden sollen nun stets Wellen betrachtet werden, die dieselbe Amplitude und dieselbe Frequenz besitzen. Ihre Ausbreitungsrichtung soll entgegengesetzt verlaufen. Dabei sind zwei Grenzfälle denkbar:

a) Beide Wellen schwingen **gleichphasig**, d.h. beim Aufeinanderprallen der beiden Wellenzüge treffen sich beispielsweise 2 Wellenberge. Das Ergebnis wird eine Verdoppelung der Amplitude sein (Abb. 6.2.3).

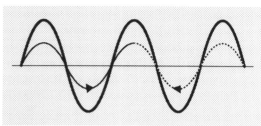

Abb. 6.2.3

b) Beide Wellen schwingen **gegenphasig**, d.h. beim Aufeinanderprallen trifft ein Wellenberg ein Wellental. Die beiden Störungen heben sich gegenseitig auf, die Welle wird also ausgelöscht (Abb. 6.2.4).

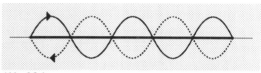

Abb. 6.2.4

In allen anderen Fällen hängt die resultierende Form der Welle vom **Gangunterschied d** der Wellen ab. Unter dem Gangunterschied zweier Wellen (mit gleicher Wellenlänge) versteht man die Strecke, um die man die eine Welle verschieben müßte, um gleichartige Schwingungszustände zu erhalten. Er kann als Bruchteil der Wellenlänge λ ausgedrückt werden:

gleichphasig: Gangunterschied $\quad d = 0$, $\qquad$ bzw. $\quad d = k \cdot \lambda \quad$ (k ganze Zahl)

gegenphasig: Gangunterschied $\quad d = \frac{1}{2}\lambda$, $\qquad$ bzw. $\quad d = k \cdot \frac{1}{2}\lambda \quad$ (k ungerade, ganze Zahl)

6.2.2 Reflexion von Wellen

Wenn man an einem Seil, dessen eines Ende an einer Wand befestigt ist, eine Störung verursacht, läuft diese gegen die Wand und wird dort reflektiert. Kommt ein Wellenberg an, verläßt ein Wellental die Befestigungsstelle (Abb. 6.2.5).

Die Erklärung ist einfach: Da das letzte Seilteilchen an der Wand befestigt ist (seine Auslenkung ist immer 0), tritt zwischen ihm und dem vorletzten Teilchen eine Spannung auf, die das vorletzte Teilchen wieder zurückzieht und es in die andere Richtung schwingen läßt. Zwischen ankommender und abgehender Welle tritt also ein Gangunterschied von $\frac{1}{2}\lambda$ auf.

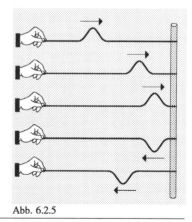

Abb. 6.2.5

Wenn das letzte Teilchen nicht an der Wand befestigt wäre, sondern etwa an einem Ring, der an einer Stange nach oben und unten gleiten kann, nimmt auch das letzte Teilchen die maximale Auslenkung ein. Es bildet sich ein Wellenberg, der auch als Wellenberg reflektiert wird (Abb. 6.2.6). Der Gangunterschied beträgt also $0 \cdot \lambda$, bzw. ein ganzzahliges Vielfaches von λ.

Man spricht im ersten Fall von einer Reflexion am festen Ende, im zweiten von einer Reflexion am losen Ende.

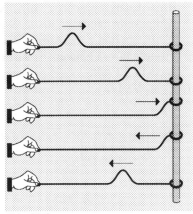

Abb. 6.2.6

Ergebnis:

> **Bei einer Reflexion am festen Ende wird ein Wellenberg als Wellental reflektiert und umgekehrt.**
> **Bei einer Reflexion am losen Ende bleibt ein Wellenberg, bzw. ein Wellental erhalten.**

6.2.3 Stehende Wellen

Erzeugt man durch Handbewegungen an einem Seil periodisch Störungen, so überlagern sich die verursachten Störungen mit den reflektierten. Bei geeignet gewählter Störungsfrequenz kann man erreichen, daß die Durchgänge durch die Ruhelage bei beiden Wellenzügen (verursacht und reflektiert) stets an derselben Stelle liegen. Diese Nulldurchgänge heißen **Knoten** der Welle. Eine resultierende Welle mit dieser Eigenschaft nennt man **stehende Welle**, wobei der Begriff eigentlich nicht gerechtfertigt ist, da keine Energie mehr transportiert wird. Es liegt nur noch eine Schwingung vor. Betrachten wir dies in den beiden oben erwähnten Fällen:

a) Reflexion am festen Ende

Ein Wellenberg kommt als Wellental zurück und umgekehrt. Damit die Wellenknoten, wie Abb. 6.2.7 zeigt, stets an derselben Stelle bleiben, muß die Seillänge L ein ganzzahliges Vielfaches von λ sein.

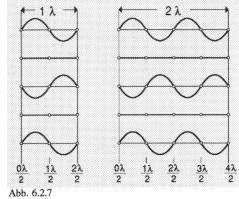

Abb. 6.2.7

191

Der Abstand zwischen zwei Knoten muß stets ein ganzzahliges Vielfaches von $\frac{1}{2}\lambda$ sein. Umgekehrt kann man aus der Knotenzahl auch die Wellenlänge λ bestimmen. Sei L die Seillänge und z die Anzahl der Knoten im Inneren der stehenden Welle, so gibt es insgesamt z+1 Knoten, da das feste Ende immer einen Knoten bildet (Auslenkung ist stets 0). Es gilt:

$$(z+1) \cdot \frac{1}{2}\lambda = L$$

$\Rightarrow$ $\boxed{\lambda = \dfrac{2 \cdot L}{z+1}}$ (Gl. 6.2.1)

Beispiel 6.2:
Bei einem Seil der Länge L = 40 cm treten 7 Knoten auf

$\Rightarrow$ $\lambda = \dfrac{2 \cdot 40\,cm}{7+1} = 10\,cm$

b) Reflexion am losen Ende

Hier muß man beachten, daß das Seil am Reflexionsende keinen Knoten besitzt. Abb. 6.2.8 zeigt die Bedingungen, wenn anlaufende und reflektierte Welle gemeinsame Knoten besitzen sollen.

Der Abstand zwischen 2 Knoten ist ebenfalls $\frac{1}{2}\lambda$. Die Knoten selbst befinden sich an Stellen, die ein ungeradzahliges Vielfaches von $\frac{1}{4}\lambda$ sind. Wie oben kann man auch hier aus der Anzahl z der Knoten die Wellenlänge bestimmen. Da es keinen Randknoten gibt

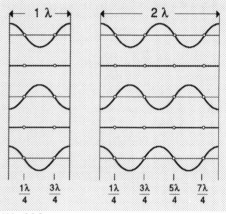

Abb. 6.2.8

$\Rightarrow$ $z \cdot \frac{1}{2}\lambda = L$

$\boxed{\lambda = \dfrac{2 \cdot L}{z}}$ (Gl. 6.2.2)

Ist die Anzahl z der auftretenden Knoten ungerade, hat eine Reflexion am festen Ende stattgefunden; ist sie gerade, war es ein loses Ende.

Stehende Wellen dienen zur Bestimmung von Wellengeschwindigkeiten (vgl. Bestimmung der Schallgeschwindigkeit in Aufgabe 4).

Beispiel 6.3:
Auf einem Seil der Länge L = 20,0 cm hat sich eine stehende Welle mit 3 Knoten herausgebildet. Die Störungsfrequenz beträgt 50 Hz. Wie groß ist die Wellengeschwindigkeit u?

3 Knoten ⟹ *Reflexion am festen Ende*

⟹ $\lambda = \dfrac{2 \cdot L}{z+1}$ und $u = \lambda \cdot f$

⟹ $u = \dfrac{2 \cdot L \cdot f}{z+1} = \dfrac{2 \cdot 0,2\,m \cdot 50}{(3+1) \cdot s} = 5\,\dfrac{m}{s}$

Aufgaben:

1. Aufgabe:
Ein 50,0 cm langes Seil schwingt als stehende Welle mit 20 Knoten. Die Erregerfrequenz beträgt 100 Hz. Bestimmen Sie die Wellengeschwindigkeit u.
(5 m/s)

2. Aufgabe:
Eine stehende Welle besitzt die Wellenlänge $\lambda = 4$ cm. Bestimmen Sie die Anzahl der Knoten der Welle, wenn die Seillänge 40,0 cm beträgt und eine Reflexion am losen Ende stattfindet.
(20)

3. Aufgabe:
In einem frei hängenden Eisenstab der Länge 2,50 m wird durch einen Ton (Schallwelle) eine stehende Welle mit 4 Knoten erzeugt. Die Schallgeschwindigkeit in Eisen beträgt 5100 m/s. Bestimmen Sie die Tonfrequenz f.
(4080 Hz)

4. Aufgabe:
Auf eine, an einem Ende geschlossene Luftsäule, trifft ein Ton der Frequenz 8250 Hz. Die Luftsäule ist 40 cm lang. Durch einen technischen Trick werden alle vorhandenen 19 Knoten sichtbar gemacht. Bestimmen Sie aus diesen Daten die Schallgeschwindigkeit in Luft.
(330 m/s)

6.2.4 Wasserwellen

Im Folgenden sollen Wellen betrachtet werden, die sich nicht nur in eine Richtung ausbreiten. Als geeignetes Objekt dienen Wasserwellen, wie sie z.B. in einer Wellenwanne erzeugt und gut beobachtet werden können. Abb. 6.2.9 zeigt den grundsätzlichen Versuchsaufbau:

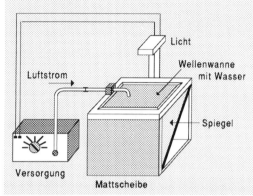

Im Inneren des Versorgungsgerätes wird ein Luftstrom erzeugt, der durch eine schwingende Membran geleitet wird. Dadurch entsteht eine (longitudinale) Luftwelle mit der (von außen einstellbaren) Frequenz der schwingenden Membran.

Abb. 6.2.9 Wellenwanne

Diese Luftwelle wird über verschiedenartig gestaltete Düsen auf, bzw. in eine ruhende, ebene Wasserfläche geführt. Der Luftstrom dient als Störung, da das Wasser an der Auftreffstelle verdrängt wird (vergleichbar einem Stein, der ins Wasser fällt). Die Wanne, die einen Glasboden besitzt, wird von oben beleuchtet. Das Bild der entstehenden Welle projeziert sich über einen geneigten Spiegel auf eine Mattscheibe. Wählt man als Lichtquelle ein Stroboskop, kann bei geeigneter Stroboskopfrequenz ein stehendes Bild der Welle auf der Mattscheibe beobachtet werden. Dadurch wird die Messung der Wellenlänge mit einem an die Mattscheibe gehaltenes Lineal möglich.

Läßt man die Luft über einen einzelnen, punktförmigen Düsenkopf auf die Wasserfläche strömen, breiten sich, wie Abb. 6.2.10 zeigt, kreisförmige Wellen um das Erregerzentrum aus. Aus der am Gerät eingestellten Erregerfrequenz f und der meßbaren (wie oben beschrieben) Wellenlänge λ könnte man nach Gl. 6.1.1. die Ausbreitungsgeschwindigkeit bestimmen.

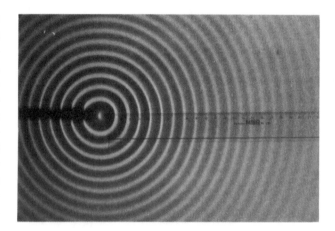

Abb. 6.2.10 Kreiswelle

Läßt man die Luft über zwei punktförmige Düsen, die sich im Abstand b voneinander befinden, einströmen, erhält man zwei Kreiswellen mit gleicher Frequenz, Amplitude und Wellenlänge. Die beiden Kreiswellen überlagern sich (Interferenz). In Abb. 6.2.11 sind deutlich die von den beiden Zentren ausgehenden Wellenberge als weiße Kreise zu erkennen. Diese Kreise sind durch ein strahlenförmiges Muster unterbrochen. An den

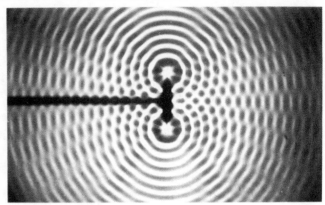

Abb. 6.2.11 Zwei Kreiswellen

Schnittstellen befindet sich anscheinend kein Wellenberg mehr. Er muß ausgelöscht worden sein. Dies kann nur auf die Interferenz der beiden Wellen zurückgeführt werden.

Wählen wir eine beliebige Schnittstelle, den Punkt P, aus und betrachten den Weg, den beide Wellen von ihrem Erregungszentrum aus zurückgelegt haben (Abb. 6.2.12):
Der Wegunterschied der beiden Wellen beträgt $\Delta s = |s_2 - s_1|$.
Ist dieser Wegunterschied ein ungeradzahliges Vielfaches von $\frac{1}{2}\lambda$, also zum Beispiel $\frac{1}{2}\lambda$, $\frac{3}{2}\lambda$, $\frac{5}{2}\lambda$, ... treffen 2 entgegengesetzte Wellenzustände aufeinander, insbesondere trifft ein Wellenberg ein Wellental und umgekehrt. Die beiden Wellen löschen sich aus.

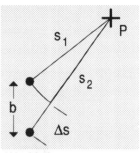

Abb. 6.2.12

Ist der Wegunterschied allerdings ein ganzzahliges Vielfaches von λ, treffen 2 gleichartige Zustände aufeinander. Die momentane Auslenkung an dieser Stelle verdoppelt sich. Sei k eine ganze Zahl:

⇨

> **Auslöschung der Auslenkung:** $\Delta s = (2k+1) \cdot \frac{1}{2}\lambda$
>
> **Verdoppelung der Auslenkung:** $\Delta s = k \cdot \lambda$

6.3 Beugung

Verwendet man in der Wellenwanne statt eines punktförmigen Erregers eine schmale, lange Schiene, so werden an vielen, dicht nebeneinanderliegenden Punkten Störungen der Wasserfläche verursacht. Als Ergebnis erhält man **ebene Wellen** (Abb. 6.3.1). Die hellen, parallelen Linien stellen wieder die Wellenberge, hier vielleicht besser **Wellenfronten** genannt, dar.

Wenn parallel zu den Wellenfronten ein Hindernis (Absperrwand) in die Wellenwanne gesetzt wird, ist natürlich hinter dem Hindernis keine Wellenbewegung mehr feststellbar. Befindet sich in

Abb. 6.3.1 Ebene Welle

dem Hindernis ein schmaler Spalt, läßt sich aber eine erstaunliche Beobachtung machen: Hinter dem Spalt breitet sich plötzlich eine Kreiswelle aus, so, als ob der Spalt, bzw. der kleine Teil der anlaufenden Wellenfront, der durch den Spalt dringt, das Erregerzentrum wäre. Abb. 6.3.2 zeigt eine photografische Aufnahme dieses Phänomens; in Abb. 6.3.3 ist es nochmals graphisch dargestellt.

Abb. 6.3.2 Ebene Welle am Einfachspalt

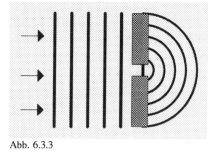

Abb. 6.3.3

Dieses Phänomen faßte der Niederländer Christiaan Huygens (Abb. 6.3.4) in seinem 1690 erschienenen Buch *"Traité de la Lumiere"*, in dem er die Wellenausbreitung untersuchte, in einem Satz zusammen, der heute als Huygenssches Prinzip bezeichnet wird:

Huygenssches Prinzip

> **Jeder Punkt einer Welle kann als Ausgangs-
> punkt einer neuen Welle (einer sogenannten
> Elementarwelle) betrachtet werden, die sich
> (im gleichen Medium) mit der gleichen Ge-
> schwindigkeit wie die ursprüngliche Welle
> ausbreitet. Die sich weiter ausbreitende Wel-
> lenfront ergibt sich als äußere Einhüllende
> der Elementarwellen.**

Abb. 6.3.4 Christiaan Huygens, 1629 - 1695

In Abb. 6.3.5 wird dieses Prinzip nochmal dargestellt: Der Punkt P ist Erregungszentrum einer
Kreiswelle, von der das Stück zwischen den Punkten A und B dargestellt ist. Jeder Punkt dieses
Wellenstückes kann als Zentrum einer neuen Kreiswelle, einer Elementarwelle gedeutet werden. Einige Punkte wurden davon herausgegriffen und die
Elementarwellen gezeichnet. Ihre Einhüllende ist
dann die um ein Stück weiter nach außen fortge-
schrittene Hauptwelle.

Man kann nun in mehreren Versuchen die Breite b
des Spaltes variieren. Als Größenvergleich wählen
wir die Wellenlänge λ der anlaufenden Welle.

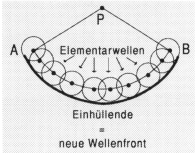

Abb. 6.3.5

a) Die Spaltbreite b ist viel größer als λ

Von dem Teil der anlaufenden
Welle, der durch den breiten
Spalt dringt, gehen sehr viele
Elementarwellen aus, deren Ein-
hüllende parallel zur originalen
Wellenfront liegt (Abb. 6.3.6).
Interessanterweise aber liegen
an den Rändern dieser geraden
Wellenfronten schwächere, vier-
telkreisförmige Fronten. Ihr Zu-
standekommen kann mit dem
Huygensschen Prinzip leicht er-
klärt werden:

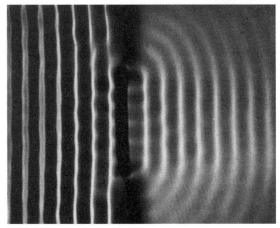

Abb. 6.3.6
Ausbreitung einer ebenen Welle hinter einem breiten Spalt

197

Die Randpunkte der geraden Fronten erzeugen ja auch kreisförmige Elementarwellen, deren Einhüllende auf der einen Seite durch das Hindernis begrenzt wird, auf der anderen Seite in die gerade Wellenfront überläuft. Da an dieser Einhüllenden weniger Elementarwellen als bei dem geraden Stück beteiligt sind, muß ihre Intensität geringer sein.

Wichtig ist die Erkenntnis, daß auch abseits von der Richtung der Wellenausbreitung Wellenerscheinungen auftreten. Dieses Phänomen bezeichnet man als **Beugung**. Die Beugung ist charakteristisch für jegliche Wellenform, also z. B. auch für Licht. Ihr Vorhandensein sorgt für das Halbdunkel in der Umgebung von verdeckten Lichtquellen. Der Raum, der von gebeugten Wellen überdeckt wird, heißt **Schattenbereich**.

b) **Die Spaltbreite ist etwa so groß wie λ**

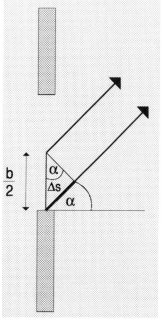

Betrachten wir das Problem zuerst geometrisch. In Abb. 6.3.7 sind eine Randwelle (Randstrahl) und eine Welle, deren Zentrum in der Mitte des Spaltes liegt, eingezeichnet. Bei einem bestimmten Winkel α wird der Gangunterschied d der beiden Wellen gerade $\frac{1}{2}\lambda$ betragen, d.h. die beiden Wellenzüge werden sich auslöschen.

Aus der Zeichnung kann man folgende Beziehung ablesen:

$$\sin\alpha = \frac{\Delta s}{\frac{1}{2}b} = \frac{2\cdot\Delta s}{b} \quad \text{mit} \quad \Delta s = \frac{1}{2}\lambda \quad \Rightarrow \quad \sin\alpha = \frac{\lambda}{b}$$

Der Gangunterschied hätte, um denselben Effekt zu erreichen, ganz allgemein ein Vielfaches von λ sein können.

$\Rightarrow$ | **Auslöschung, wenn** $\sin\alpha = \dfrac{k\cdot\lambda}{b}$ | (Gl. 6.3.1)

Abb. 6.3.7

Dieser Effekt muß für alle Wellenpaare gelten, die beim Spaltdurchgang den Abstand $\frac{1}{2}b$ besitzen. Außerdem kann die Bedingung, daß der Gangunterschied $\frac{1}{2}\lambda$ betragen soll, für verschiedene Winkel gelten. Wenn wir den Vorgang der Auslöschung als Minimum bezeichnen, kann man je nach Größe des Winkels α die Minima durchnumerieren. Für den kleinsten Winkel α spricht man vom ersten Minimum, für den nächstgrößeren Winkel vom zweiten, usw. Außerdem gilt diese Überlegung nicht nur nach "oben", sondern genauso nach "unten".

Das Experiment beweist diese theoretische Überlegung. In Abb. 6.3.8 kann man deutlich die beiden Auslöschungsstreifen hinter dem Spalt erkennen (erstes Minimum, nach oben und unten).

Aus der Beobachtung der Minima kann die Wellenlänge bestimmt werden. Dieses Verfahren eignet sich besonders gut bei der Verwendung von Lichtwellen, da deren Wellenlänge in der Größenordnung von 10^{-7} m liegt und die direkte Messung deswegen nicht möglich ist.

Abb. 6.3.8 Ausbreitung einer ebenen Welle hinter einem Spalt

Beispiel 6.4:
Eine Lichtwelle fällt auf einen Spalt der Breite 0,05 mm. In einem Abstand von 5 m hinter dem Spalt wird eine Mattscheibe aufgestellt. Im Abstand von 6 cm zur Mittellinie kann man das erste Minimum (die Auslöschung stellt sich als dunkler Streifen dar) beobachten (Abb 6.3.9).
Aus der Zeichnung erkennt man:

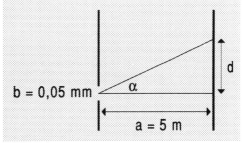

Abb. 6.3.9

$$\sin\alpha \approx \tan\alpha = \frac{d}{a} \quad \text{(gültig für den hier vorliegenden kleinen Winkel } \alpha\text{)}$$

aus Gl. 6.3.1 weiß man: $\qquad \sin\alpha = \frac{\lambda}{b}$

$$\frac{\lambda}{b} = \frac{d}{a} \quad \Rightarrow \quad \lambda = \frac{d \cdot b}{a}$$

$$\lambda = \frac{6 \cdot 10^{-2}\, m \cdot 5 \cdot 10^{-5}\, m}{5\, m} = 6 \cdot 10^{-7}\, m = 700\, nm \,(\text{Nanometer})$$

c) **Die Spaltbreite ist sehr klein gegenüber der Wellenlänge**
In der vorhergehenden Untersuchung wurde festgestellt, daß eine Auslöschung der Welle erfolgt, wenn $\sin\alpha = \frac{\lambda}{b}$. Da hier b kleiner als λ ist, ergibt sich für den Wert des Bruches eine Zahl > 1. Dies ist für den Sinus eines Winkels nicht möglich. Deswegen gibt es keine gegenseitige Auslöschung von Wellenzügen.

Aufgaben:

1. Aufgabe:
Auf einen Spalt der Breite 2,0 cm treffen Wasserwellen der Länge 0,7 cm. Unter welchem Winkel kann man das erste Minimum erkennen?
(20,5°)

2. Aufgabe:
Wasserwellen mit einer Länge $\lambda = 1,2$ cm bilden unter einem Winkel von 35° das erste Minimum. Berechnen Sie die Spaltbreite b.
(2 cm)

3. Aufgabe:
Licht der Wellenlänge $\lambda = 480$ nm fällt durch einen Spalt der Breite 0,02 mm. In einem Abstand von 6 m zum Spalt wird eine Mattscheibe aufgestellt. In welchem Abstand zur Mittellinie kann man das erste Minimum beobachten?
(14,4 cm)

4. Aufgabe:
Licht der Frequenz $f = 5,8 \cdot 10^{14}$ Hz fällt auf einen Spalt. Das erste Minimum wird auf einer 8 m entfernten Mattscheibe in einem Abstand von 10 cm zum nullten Maximum beobachtet. Wie breit muß der Spalt sein?
(0,04 mm)

5. Aufgabe:
In einer Wellenwanne werden Wasserwellen mit einer Störungsfrequenz von 20 Hz erzeugt. Die Wellen treffen auf einen 2,0 cm breiten Spalt. Man beobachtet das erste Minimum unter einem Winkel von 49°. Berechnen Sie die Wellengeschwindigkeit u.
(0,3 m/s)

6.4 Zusammenfassung

Man unterscheidet grundsätzlich zwischen Transversal- und Longitudinalwellen. Bei den ersteren schwingen einzelne Teilchen senkrecht zur Ausbreitungsrichtung der Welle, bei den letzteren in Ausbreitungsrichtung. Wellen pflanzen sich mit einer endlichen Geschwindigkeit u fort. Für elektromagnetische Wellen (Transversalwellen) ist dies die Lichtgeschwindigkeit $u = c = 3 \cdot 10^8 \frac{m}{s}$. Bei dieser Ausbreitung wird Energie transportiert, ohne daß eine bleibende Verlagerung von Materie erfolgt.
Zwei Teilchen einer Welle, die sich im selben Schwingungszustand befinden, besitzen einen Abstand von einer Wellenlänge λ. Die Zeit, die die Welle braucht, um diesen Weg λ zurückzulegen, entspricht damit der Zeit, die vergeht, bis sich eine Einzelschwingung wiederholt, also T. Der Kehrwert von T heißt Frequenz f. Demnach muß gelten:

$$u = \frac{\lambda}{T} = \lambda \cdot f$$

wobei f die Schwingfrequenz der Teilchen darstellt.

Wenn sich Wellen überlagern, nennt man dies Interferenz. Dabei wird eine Verstärkung oder eine Abschwächung der Schwingungsamplitude der einzelnen Teilchen auftreten. Dies hängt vom Wegunterschied Δs der einzelnen Wellen ab. Bei Wellen gleicher Frequenz findet eine Auslöschung der Welle statt, wenn dieser Wegunterschied ein ungeradzahliges Vielfaches der halben Wellenlänge ist. Beträgt er ein ganzzahliges Vielfaches der Wellenlänge, werden die Schwingungsamplituden an dieser Stelle verdoppelt.

Wellen können reflektiert werden und mit der Originalwelle Interferenzen bilden. Dies kann zur Ausbildung von stehenden Wellen führen. Dabei ergeben sich Stellen, die stets in Ruhe sind (Knoten).

Wenn Wellen durch einen schmalen Spalt laufen, treten dahinter auch Wellen in Richtungen auf, die von der ursprünglichen Ausbreitungsrichtung abweichen. Die Erklärung dafür lieferte Huygens in seinem nach ihm benannten Prinzip:

> Jeder Punkt einer Welle kann als Ausgangspunkt einer neuen Welle (Elementarwelle) betrachtet werden, die sich kreisförmig mit der ursprünglichen Geschwindigkeit ausbreitet.

Kapitel 7

Die Harmonie nach Pythagoras
aus: Gafuria, Theorica Musice, Impressum Mediolani, 1492

Überblick:

Das Wort Akustik leitet sich vom griechischen *akuo = ich höre* ab. Man versteht darunter die Lehre vom Schall. In diesem Kapitel werden daher in einfacher Form die wesentlichen Eigenschaften des Schalls, seine Erzeugung und Ausbreitung, behandelt. Die Eindrücke, die der Schall auf den Menschen ausübt liegen vorwiegend im hörbaren Bereich. Deshalb erscheint es sinnvoll, dem Vorgang des menschlichen Hörens ein Unterkapitel zu widmen. Einen positiven Aspekt stellt neben der Sprache sicherlich die Musik für den Menschen dar. Doch wie unterscheiden sich beispielsweise Töne und Geräusche voneinander? Wieso klingt derselbe Ton, von einer Geige und von einer Trompete gespielt, jedesmal anders? Auf diese und auf viele andere Fragen wird im letzten Teil dieses Kapitels eine Antwort gegeben.

Zeittafel:

Christiaan Huygens (1629 - 1695)
Huygens stellte als erster grundlegende Überlegungen zur Wellenlehre an.

Robert Hooke (1635 - 1703)
1681 versuchte Hooke einen Zusammenhang zwischen der objektiven Frequenz eines Tones und der subjektiven Tonhöhe zu finden.

Jean-Baptiste Baron de Fourier (1768 - 1830)
Er untersuchte, wie sich Wellen in Materie fortpflanzen und entwickelte dabei ein mathematisches Verfahren (Fourier-Analyse), mit dem sich jeder beliebige periodische Schwingungsvorgang durch harmonische Schwingungen darstellen läßt.

Gustav Theodor Fechner (1801 - 1887)
Fechner bemühte sich die subjektiven Empfindungen des Menschen auf eine naturwissenschaftliche Grundlage zu stellen. Er begründete damit das Gebiet der Psychophysik.

Christian Doppler (1803 - 1853)
Der österreichische Physiker stellte Experimente mit bewegten Schallquellen an und entdeckte den nach ihm benannten Effekt der Frequenzverschiebung.

Ernst Mach (1838 - 1916)
Mach führte Untersuchungen zum Überschall durch. Er beschrieb die veränderte Schallausbreitung in diesem Fall.

August Kundt (1839 - 1894)
Der Physiker erfand ein Verfahren zur einfachen, aber recht genauen Bestimmung der Schallgeschwindigkeit in Gasen.

John William Strutt, Baron Rayleigh (1842 - 1919)
Rayleigh untersuchte die Richtungsabhängigkeit des Hörens und entwickelte die Theorie der binauralen ("zweiohrigen") Schall-Lokalisation. Er schuf damit die Grundlage der Stereophonie.

Alexander Graham Bell (1847 - 1922)
Nach dem Amerikaner, dem Erfinder des Telephons, wurde die Größe Dezibel benannt, die ein Maß für die relativen Intensitäten zweier Schallquellen zueinander darstellt.

Thomas Alva Edison (1847 - 1931)
Edison erfand, neben vielen anderen Dingen, eine Methode zur mechanischen Aufzeichnung von Schall, den Phonographen.

7.1 Erzeugung und Ausbreitung von Schallwellen

7.1.1 Physikalische Erscheinungsform

Wenn man bei einem Gewitter einen Blitz beobachtet und drei Sekunden später den dazugehörigen Donner vernimmt, schätzt man die Entfernung des Blitzes zu etwa einem Kilometer ab. Wie gelangt man zu dieser Entfernungsabschätzung?
Die uns umgebende Luft kann als elastische, federnde Materie betrachtet werden. Ihre Moleküle befinden sich in einer dauernden, ungeordneten Bewegung. Als Vergleich mag eine überfüllte Tanzfläche dienen. Will nun ein Kellner diese Tanzfläche durchqueren, zwingt er die in seiner Nähe Tanzenden auszuweichen. Diese Tänzer stoßen gegen die Paare um sie herum, die ihrerseits andere Tanzpaare anrempeln. Um den Kellner als Zentrum breitet sich eine Störung kreisförmig aus, wobei die Störungsrichtung gleich der Ausbreitungsrichtung ist. Ein solcher Vorgang wurde in Kapitel 6 als longitudinale Welle bezeichnet. Will man den Mechanismus der Schallfortpflanzung beschreiben, ersetzt man den Kellner durch eine Schallquelle und die Tänzer durch die Luftmoleküle.

Ein vereinfachtes, eindimensionales Modell dieses Vorgangs bietet eine Magnetrollenbahn (Abb. 7.1.1).

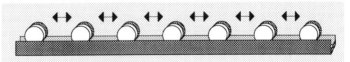

Abb. 7.1.1 Magnetrollenbahn

Die in x-Richtung beweglichen Magnetrollen ordnen sich aufgrund ihrer abstoßenden Wirkung untereinander in gleichmäßigen Abständen auf der Rollbahn an. Wird nun eine Rolle angestoßen, verringert sich der Abstand zur nächsten Rolle und die Abstoßungskraft nimmt zu. Dadurch wird die nächste Rolle gezwungen, sich ebenfalls in Stoßrichtung zu bewegen. Dieser Vorgang setzt sich in Stoßrichtung fort. Da die Abstoßungskraft aber in die beiden entgegengesetzten Richtungen wirkt, wird die ursprünglich angestoßene Rolle wieder zurückgetrieben. Dies erfolgt auch bei der nächsten Rolle, und auch dieser Vorgang setzt sich fort.

Damit sich Schall ausbreiten kann, muß nach dieser Vorstellung ein (elastisches) Medium vorhanden sein, das die Störung aufnimmt und weitergibt. Ist kein Medium vorhanden, dürfte nichts mehr zu hören sein. Dies kann leicht nachgewiesen werden:

In Abb. 7.1.2 befindet sich ein Wecker als Schall-quelle unter einem Glaskolben. Das Innere des Gefä-ßes kann luftleer gepumpt werden. Beim Auspumpen wird der Ton des anfangs laut schellenden Weckers ständig leiser, bis er schließlich gar nicht mehr zu hören ist.

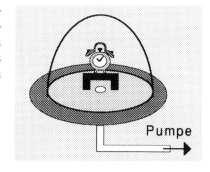

Pumpe

Abb. 7.1.2

Ergebnis

> **Schall ist eine longitudinale Welle, die ein Medium zur Ausbreitung braucht.**

Nun ist zwar geklärt, wie sich Schall ausbreitet, wie aber entsteht er? Auch hier hilft die Vorstellung der vollen Tanzfläche. Würde der Kellner unbeweglich inmitten der Tänzer stehen, würde sich keine Störung ausbreiten. Erst die Bewegung des Kellner verursacht sie. Um Schall zu erzeugen, muß sich also etwas bewegen, das auf die Materie in der Umgebung störend wirkt.

Schlägt man eine Stimmgabel an (Abb. 7.1.3), kann die Bewegung der beiden Enden gut beobachtet werden (Berührt man mit den beiden Enden der angeschlagenen Stimmgabel eine ruhige Wasserfläche in einem Glas, beginnt das Wasser zu spritzen.). Hält man das Ende einer angeschlagenen Stimmgabel an die Tafel im Klassenzimmer, wird diese angeregt, eben-falls zu schwingen. Da nun die schwingende Fläche größer ist, wird der Ton lauter.

Abb. 7.1.3 Stimmgabel

Je nachdem, wie schnell die Störung erfolgt, d.h. welche Frequenz sie besitzt, unterteilt man den Schall in verschiedene Bereiche:

a) Akustischer Schall

Die Frequenz dieser Schallwellen liegt zwischen 15 Hz und 20000 Hz. Diese Wellen können vom menschlichen Ohr wahrgenommen werden. Der hörbare Bereich verklei-nert sich allerdings mit zunehmendem Alter etwas. Das Hörempfinden verschiedener Tierarten unterscheidet sich zum Teil wesentlich von dem des Menschen und liegt in einigen Fällen jenseits des akustischen Schalles (vgl. Tab. 7.1.1).

Lebewesen	Erzeugung	Wahrnehmung
Mensch	80 - 2000	20 - 20000
Hund	450 - 1100	15 - 50000
Katze	750 - 1100	60 - 65000
Vogel	2000 - 13000	250 - 21000
Delphin	7000 - 120000	150 - 150000
Fledermaus	10000 - 120000	1000 - 120000

Tab. 7.1.1 Frequenzbereiche bei verschiedenen Lebewesen

b) Infraschall

Hier liegen die Frequenzen unter 10 Hz. Diese Wellen treten u.a. bei Boden- und Gebäudeschwingungen (z.B. bei Erdbeben) auf. Ebenso senden die Schwingböden in Turnhallen oder auf Tanzflächen Infraschall aus.

c) Ultraschall

Die Frequenzen liegen zwischen $2 \cdot 10^4$ Hz und 10^7 Hz. Ultraschallwellen werden meist künstlich erzeugt und dienen in zunehmendem Maße zur Überprüfung und Messung in vielen Bereichen der Technik und Medizin (z.B. Ultraschalluntersuchung von schwangeren Frauen). Auch einige Tierarten (z.B. Fledermäuse und Delphine) können Ultraschallwellen erzeugen.

d) Hyperschall

Schallwellen mit einer größeren Frequenz als 10^7 Hz werden als Hyperschall bezeichnet. Diese Schwingungen entsprechen der Wärmebewegung in der festen Materie.

Um Schall zu erzeugen, muß sich also, wie oben erläutert, ein Körper (periodisch) bewegen. Diese Erkenntnis wird bei Lautsprechern umgesetzt. Abb. 7.1.4 zeigt einen schematischen Aufbau:

An einer Membran ist eine Spule mit Eisenkern, genannt Tauchspule, befestigt. Die Spule befindet sich teilweise im Inneren eines Permanentmagneten. Wird die Spule von Strom durchflossen, so wird sie zum Elektromagneten. Je nach Stromrichtung wird sie weiter in den Magneten gezogen, bzw. herausgedrückt. Dadurch bewegt sich die Membran. Bei Verwendung von Wechselstrom finden diese Bewegungen in der Wechselstromfrequenz statt. Die schwingende Membran stört die sie umgebende Luft und erzeugt dadurch Schall. Spezielle, regelbare Stromquellen, die eine Störung im akustischen Frequenzbereich erzeugen, dienen in der Schule oft als Schallquelle. Sie heißen **Tongeneratoren**.

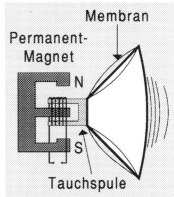

Abb. 7.1.4 Lautsprecher

207

Umgekehrt könnte oben genannter Vorgang prinzipiell dazu verwendet werden, Schall zu messen. Der auf die Membran auftreffende Schall bewegt nicht nur die Membran, sondern auch die Tauchspule (wenn auch nur minimal). Aus der 10. Klasse kennt man den Effekt der Induktion: In einem sich in einem Magnetfeld bewegenden Leiter (Spule) wird eine Spannung induziert (vgl. Generatorprinzip). Auf einem Oszillographen kann diese Spannung sichtbar gemacht und gemessen werden (Abb. 7.1.5).

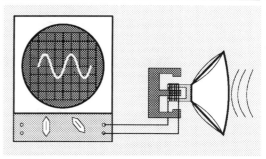

Abb. 7.1.5 Lautsprecher mit Oszillograph

Verwendet man diese Vorrichtung zum Aufnehmen von Schall, wird, anstatt von einem Lautsprecher, von einem Mikrophon gesprochen (genauer: Tauchspulenmikrophon, im Gegensatz zum Kondensatormikrophon). Lautsprecher und Mikrophon besitzen also grundsätzlich denselben Aufbau.

Bisher wurde stets ganz allgemein vom Schall gesprochen. In der Realität sind aber der Donner eines Blitzes, das Klirren von Schlüsseln, der Ton eines Musikinstrumentes völlig verschieden voneinander. Die Verwendung eines Mikrophons und eines Oszillographen gestattet es, den Schall genauer zu untersuchen.

7.1.2 Akustische Schallformen

a) Ton

Verwendet man als Schallquelle einen Tongenerator, erhält man das in Abb. 7.1.6 gezeigte Bild auf dem Schirm eines Oszillographen. Es zeigt eine reine Sinusschwingung. Dabei handelt es sich um die physikalisch einfachste Art von Schallwellen. Eine solche Welle wird Ton genannt.

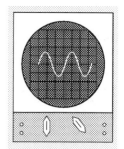

Abb. 7.1.6
Sinusschwingung

Verändert man die Lautstärke des vom Tongenerator erzeugten Tones, ändert sich die Amplitude der Sinusschwingung auf dem Oszillographenschirm, nicht aber ihre Frequenz. Andrerseits verschiebt sich die Frequenz, wenn man die Tonhöhe ändert. Abb. 7.1.7 zeigt das Bild dreier Töne verschiedener Höhe mit derselben Lautstärke. Man erkennt: Je höher der Ton, desto höher seine Frequenz.

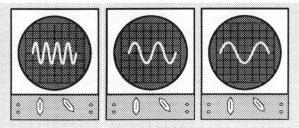

Abb. 7.1.7 Töne mit unterschiedlicher Frequenz

b) Klang

Der Ton eines Tongenerators klingt, im Vergleich zu einem Musikinstrument, leer und leblos. Nimmt man den von einem Instrument gespielten Ton auf, zeigt der Oszillographenschirm eine periodische, aber nicht mehr rein sinusförmige Schwingung (Abb. 7.1.8).

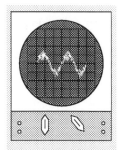

Abb. 7.1.8 Ton eines Musikinstrumentes

Man erkennt zwar noch die Grundform der Sinusschwingung, sie ist aber von "Störungen" durchsetzt. Ein ähnliches Bild erreicht man, wenn man mehrere Töne eines Tongenerators, deren Frequenzen ganzzahlige Vielfache voneinander sind, gleichzeitig aufnimmt. Der tiefste Ton erzeugt die erwähnte Grundform und wird deshalb **Grundschwingung** genannt. Die höherfrequenten Wellen überlagern die Grundschwingung und bilden in ihrer Addition (Superposition) das Schwingungsbild. Diese höheren Töne heißen **Obertöne**. Genauere Untersuchungen zeigen, daß ein Ton, der dem Ton aus einem bestimmten Musikinstrument ähnlich sein soll, erzeugt wird, wenn ganz bestimmte Obertöne, die für das Instrument charakteristisch sind, von der Grundschwingung überlagert werden. Eine derartige Überlagerung von Tönen heißt Klang. In modernen, elektronischen Klangerzeugern, wie z.B. den Synthesizern, werden ganz gezielt zu einem Grundton bestimmte Obertöne erzeugt. Daraus entsteht dann ein einer Gitarre, einer Geige oder einem anderen Musikinstrument ähnlicher Klang. Jeder gespielte "Ton" auf einem Musikinstrument ist also eigentlich ein Klang.

Wenn ein Ton auf einem Klavier gespielt wird und derselbe Ton auch auf der Geige, klingen sie trotz der gleichen Grundschwingung verschieden. Man spricht von der **Klangfarbe** eines Instrumentes. Die beiden Klänge unterscheiden sich hinsichtlich der Art, Zahl und Stärke ihrer Obertöne. Dies macht die Charakteristik eines Instrumentes aus (vgl. Kap. 7.4).

c) Geräusch

Das Klirren eines Schlüsselbundes oder das Rauschen eines Wasserfalles wird im allgemeinen nicht als Klang bezeichnet. Betrachtet man ein Schwingungsbild (Abb. 7.1.9), kann keine Periodizität erkannt werden. Es überlagern sich hier Töne mit unterschiedlichen, oft dicht beieinander liegenden Frequenzen, für die kein Zusammenhang besteht.

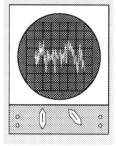

Abb. 7.1.9 Geräusch

d) Knall

Das Bild eines aufgenommenen Knalles (Abb. 7.1.10) zeigt lediglich ein paar Schwingungen unterschiedlicher Frequenz, deren Amplitude rasch abnimmt. Typische Beispiele dafür wären das Explosionsgeräusch beim Abfeuern eines Gewehres oder das Platzen einer Tüte.

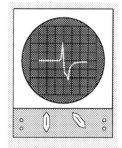

Abb. 7.1.10 Knall

7.1.3 Reflexion von Schallwellen, Schallgeschwindigkeit

Da der Schall eine longitudinale Welle darstellt, gelten die Aussagen über Wellen aus Kapitel 6. Nach dem Huygensschen Prinzip (vgl. Kapitel 6.3) kann jeder Punkt einer Welle als Erregerzentrum einer neuen Welle (Elementarwelle) betrachtet werden. Abb. 7.1.11 zeigt das Auftreffen einer Welle auf eine ebene Wand. Von jedem Punkt, an dem eine Welle die Wand trifft, geht eine kreisförmige Elementarwelle aus. Die Einhüllende der einzelnen Elementarwellen ergibt die reflektierte Welle.

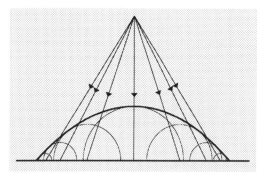

Abb. 7.1.11 Reflexion einer Welle

Töne, die mindestens einen zeitlichen Abstand von 0,2 s aufweisen, vermag der Mensch getrennt zu hören. Danach darf die Laufzeit der Originalwelle bis zur Wand 0,1 s betragen, damit die reflektierte Welle erkannt wird. Dies ergibt eine Entfernung s von:

$$s = 0,1\,s \cdot 340\,\frac{m}{s} = 34\,m$$

Trifft beispielsweise eine Schallwelle auf eine senkrechte Felswand in den Bergen, wird sie dort, wie in der Abbildung, reflektiert und läuft in die entgegengesetzte Richtung zurück. Ist die Felswand mindestens 34 m entfernt, tritt die zurückkommende Welle als **Echo** in Erscheinung.

Was passiert nun, wenn eine Welle nicht unter einem Winkel von 90° auf eine Wand trifft?

In Abb. 7.1.12 treffen die drei Wellenzüge w_1, w_2 und w_3 schräg auf eine Wand. α ist der Winkel gegenüber der Lotrechten zur Wand. Die drei Wellenzüge treffen nacheinander in P, Q und R auf. Von diesen Punkten gehen, ebenfalls nacheinander, die Elementarwellen e_1, e_2 und e_3 ab. Diese bilden den Winkel β zur Lotrechten der Wand. Durch geometrische Überlegungen kann man zeigen, daß die beiden Winkel α und β gleichgroß sind. Das heißt, daß die reflektierte Welle die Wand unter demsel-

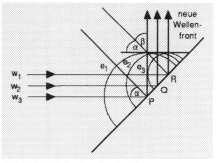

Abb. 7.1.12 Reflexion einer Welle

ben Winkel verläßt, wie sie angekommen ist. Da dies eine der wichtigsten Folgerungen aus dem Huygensschen Prinzip ist und den Fall des senkrechten Auftreffens ebenfalls enthält (Einfallswinkel = 90° = Reflexionswinkel) schreibt man es als eigenes Gesetz:

> **Treffen Wellen auf ein Hindernis, werden sie unter demselben Winkel, unter dem sie einfallen, reflektiert, d.h.**
> **Einfallswinkel α = Reflexionswinkel β**

Wenn Wellen auf eine gekrümmte Wand auftreffen, kann es passieren, daß sämtliche reflektierte Wellen durch einen Punkt gehen. Flüstert z.B. in Abb. 7.1.13 eine Person im Punkt F, so vermag man sie schon in nächster Entfernung nicht mehr zu hören. Eine Person aber, die sich in dem wesentlich weiter entfernten Punkt P befindet, versteht die geflüsterten Worte, da alle von der Wand reflektierten Wellen durch diesen Punkt gehen.

Die Barockbaumeister kannten diesen Effekt und benutzten ihn des öfteren in ihren Prachtbauten und Lustgärten zum Amüsement ihrer Fürsten. Manchmal kam er auch zufällig zustande. So stand z. B. in einer Kirche in Frankreich ein Beichtstuhl ausgerechnet an so einem Punkt F, wie in der Abb. 7.1.13. Nach einiger Zeit kamen Kirchenbesucher dahinter, daß an einer bestimmten Stelle in der Kirche die Worte aus dem Beichtstuhl deutlich zu hören waren.

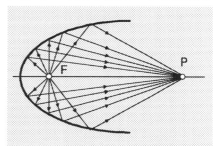

Abb. 7.1.13 Flüstergewölbe

211

Die Reflexion kann aber auch sinnvoll genutzt werden. Die reflektierten Wellen können mit den in entgegengesetzter Richtung laufenden Schallwellen stehende Wellen bilden. Dieser Effekt kann nach A. Kundt zur Messung der Schallgeschwindigkeit verwendet werden (vgl. Kap. 6.2.3). Einen entsprechenden Versuchsaufbau zeigt Abb. 7.1.14.

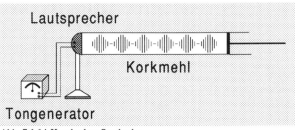

Abb. 7.1.14 Kundtsches Staubrohr

Ein durch einen Tongenerator erzeugter Ton mit bekannter Frequenz wird über einen Lautsprecher in eine Glasröhre eingestrahlt. Das andere Ende der Röhre wird über einen verschiebbaren Stempel geschlossen. An diesem Stempel findet eine Reflexion der Wellen am festen Ende statt. Dies führt, sofern die Länge des benützten Glasrohres ein ganzzahliges Vielfaches der Wellenlänge der Schallwelle ist (deshalb ist der Stempel verschiebbar), zur Ausbildung einer stehenden Welle (vgl. Gl. 6.2.1). Da die Knoten der stehenden Welle stets an derselben Stelle bleiben, werden die Luftteilchen an diesen Knotenpunkten nicht bewegt werden, während sie speziell in der Mitte zwischen 2 Knoten stark gestört werden. Da die Luftteilchen nicht sichtbar sind, verteilt man ein sehr leichtes Pulver (z.B. feines Korkmehl) gleichmäßig in der Röhre. An den Knoten bleibt das Pulver in Ruhe, während es an den anderen Stellen von den Luftteilchen mitgerissen wird. Es bildet sich ein girlandenförmiges Muster aus, die sogenannten Kundtschen Staubfiguren.

Nach Kapitel 6.2.3 beträgt der Abstand zweier benachbarter Knoten, die durch die Verteilung des Pulvers sichtbar werden, stets $\frac{\lambda}{2}$. Durch die Messung dieses Abstandes kann mittels der Gleichung 6.1.1

$$u = \lambda \cdot f$$

die Wellengeschwindigkeit u bestimmt werden.

Beispiel 7.1:
Ein Ton der Frequenz 3400 Hz wird in ein Kundtsches Staubrohr eingestrahlt. Auf einer Länge von 20,0 cm bilden sich 5 Knoten aus (Abb. 7.1.15).
Dies ergibt einen Knotenabstand von 5,0 cm.

◀── 20 cm ──▶

Abb. 7.1.15

⇨ $\lambda = 2 \cdot 5,0\ cm = 10,0\ cm$

⇨ $u = \lambda \cdot f = 0,1 m \cdot 3400\,Hz = 340\,\frac{m}{s} = 1224\,\frac{km}{h}$

Der Schall legt also pro Sekunde 340 m zurück, in 3 Sekunden etwa 1 km. Nun versteht man die Entfernungsabschätzung am Anfang dieses Kapitels.

Materie	Schallgeschwindigkeit in m/s
Luft (0° C)	331
Luft (15° C)	340
Luft (20° C)	343
Kohlendioxyd	255
Sauerstoff	316
Helium	965
Wasserstoff	1300
Süßwasser	1498
Salzwasser	1531
Kautschuk	40
Kork	500
Leder	2100
Holz	3000 - 5000
Gold	3000
Glas	5000 - 6000
Stahl	5500
Granit	6000

Tab. 7.1.2 Schallgeschwindigkeiten

Wird die Kundtsche Röhre luftdicht verschlossen, kann sie mit anderen Gasen gefüllt werden. Dies ermöglicht die Messung der Wellengeschwindigkeit in unterschiedlichen, gasförmigen Medien. Dabei zeigt sich auch, daß die Temperatur des Mediums eine nicht zu vernachlässigende Rolle spielt.

Mit Hilfe der Elektronik können heutzutage die Schallgeschwindigkeiten sehr genau bestimmt werden. In Tabelle 7.1.2 ist die Schallgeschwindigkeit in verschiedenen Materialien (auch feste und flüssige Körper sind aufgenommen) dargestellt.

7.1.4 Aufgaben

1. Aufgabe:
Die Schallgeschwindigkeit in Luft beträgt ca. 340 m/s. Bei einem Versuch wird ein hoher Ton der Frequenz f in eine Kundtsche Röhre eingestrahlt. Auf einer Länge von 35 cm bilden sich 5 Knoten. Berechnen Sie die Frequenz f.
(2430 Hz)

2. Aufgabe:
Warum hört man die Geräusche eines sich nähernden Zuges früher, wenn man das Ohr auf die Stahlschienen legt?

3. Aufgabe:
Um die Tiefe eines Brunnens zu bestimmen, wirft man einen Stein hinein und mißt die Zeit t, bis man das Aufprallen des Steines auf die Wasseroberfläche vernimmt. Dann berechnet man die Brunnentiefe mit Hilfe der Formel $s = \frac{1}{2}gt^2$. Warum ist der erhaltene Wert zu groß?

4. Aufgabe:
Ein Echolot sendet auf einem Schiff ein Schallsignal zum Meeresboden. Dort wird das Signal reflektiert und von einem Empfänger auf dem Schiff aufgenommen. Aus der Laufzeit des Signals kann die Tiefe des Meeresbodens an dieser Stelle bestimmt werden. Die Schallgeschwindigkeit in Wasser beträgt bei 20° C etwa 1480 m/s.
a) Wie tief ist das Meer an einer Stelle, wenn das Signal nach 5 Sekunden wieder empfangen wird?
b) Was passiert, wenn ein Schwarm Fische den Weg des Schallsignales kreuzt?
(3,7 km)

5. Aufgabe:
Ein Kundtsches Rohr wird mit Luft gefüllt. Dabei wird die Temperatur auf 0°C gehalten. Bei einer Tonfrequenz von 2000 Hz ergeben sich auf 49,6 cm 7 Knoten (einschließlich der Randknoten). Wie groß ist die Wellenlänge in Luft bei dieser Temperatur? Vergleichen Sie den Wert mit der Schallgeschwindigkeit bei 20°C. Welchen Einfluß besitzt die Temperatur?
(331 m/s)

6. Aufgabe:
Delphine können, ähnlich wie Fledermäuse, hochfrequente Schallwellen aussenden. Wie groß ist die Wellenlänge eines Tones der Frequenz $2{,}0 \cdot 10^5$ Hz in Wasser?

7. Aufgabe:
Die Abhängigkeit der Schallgeschwindigkeit von der Temperatur kann näherungsweise durch den Ausdruck $u^2 = a \cdot T$ dargestellt werden, wobei die Temperatur in Kelvin angegeben wird. Die Bedeutung des Faktors a, der von mehreren anderen physikalischen Größen abhängt, soll hier nicht betrachtet werden; für die Aufgabe genügt es, ihn als konstanten Wert zu verwenden.
a) Bestimmen Sie den Wert a, falls die Schallgeschwindigkeit in Luft bei 0°C 331 m/s beträgt.
b) Bei welcher Temperatur in °C würde demnach die Schallgeschwindigkeit 360 m/s betragen?
c) Wie groß ist die Schallgeschwindigkeit in einer Sauna (Lufttemperatur 90°C)?
($401{,}3 \ m^2 \cdot s^{-2} \cdot T^{-1}$; 50° C; 382 m/s)

7.1.5 Resonanz und Schwebung

Zwei gleiche Stimmgabeln S1 und S2 werden auf zwei, einseitig offenen Hohlquadern aus Holz (Klangkörper) befestigt (Abb. 7.1.16). Die Stimmgabel S1 wird angeschlagen. Die Luft in ihrem Klangkörper wird zum Schwingen angeregt. Die Außenluft überträgt diese Schwingungen auf den Klangkörper der Stimmgabel S2. Dadurch wird die Stimmgabel S2 zum Mitschwingen angeregt. Durch Berühren von S1 wird die erste Stimmgabel zum Schweigen gebracht. Nun kann man den von S2 erzeugten Ton vernehmen. Die Schwingung der Stimmgabel S2 heißt **erzwungene Schwingung**. Man bezeichnet S2 mit ihrem Klangkörper als **Resonator**[*] und die erzwungene Schwingung auch als **Resonanzschwingung**, die Stimmgabel S1 als **Erreger**.

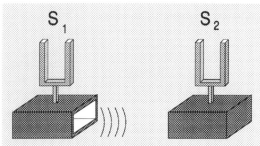

Abb. 7.1.16 Resonanz zweier Stimmgabeln

[*] resonare (lat.) = widerhallen, ertönen

Wird an einem Zinken der Stimmgabel S2 ein kleines Gewicht befestigt, verändert sich ihre Tonfrequenz geringfügig. Durch ein Anschlagen von S2 kann man sich davon überzeugen. Wird nun, wie oben, S1 angeschlagen, vernimmt man einen an- und abschwellenden Ton, eine sogenannte **Schwebung**. Abb. 7.1.17 zeigt das Oszillographenbild einer solchen Schwebung.

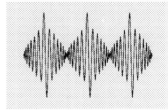

Abb. 7.1.17 Schwebung

Resonanz tritt also nur dann ein, wenn Erreger und Resonator gleiche Frequenz besitzen.

In dem beschriebenen Versuch wurde ein Metallkörper, die Stimmgabel S2, zum Mitschwingen angeregt. Auch Luftsäulen selbst können zur Resonanz angeregt werden. Abb. 7.1.18 zeigt ein offenes Glasrohr, das teilweise in ein mit Wasser gefülltes Glas eintaucht. Über dem Glasrohr wird eine Stimmgabel befestigt und angeschlagen. Bewegt man nun das Rohr mit der Stimmgabel langsam nach oben, schwillt der Ton bei einer bestimmten offenen Rohrhöhe h plötzlich an, erreicht seine größte Lautstärke, und nimmt bei weiterer Bewegung nach oben wieder ab. Verwendet man eine Stimmgabel mit anderer Frequenz, so tritt die größte Lautstärke bei anderer Rohrhöhe ein.

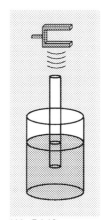

Abb. 7.1.18 Resonanzrohr

Denkbar wäre, daß die Rohrwandung zum Schwingen angeregt wurde. Berührt man das Rohr, müßte demnach die Lautstärke sofort abnehmen. Dies ist aber nicht der Fall. Die Tonverstärkung kann also nur auf die Resonanz der Luftsäule im Rohr zurückzuführen sein.

Die graphische Darstellung der Schwingungsformen der Luftsäule ist schwierig, da es sich um longitudinale Wellen handelt, deren Form in Verdichtungen und Verdünnungen der Luft im Rohr besteht. Man wählt deshalb die leichter zu zeichnenden Querwellen. Den dazugehörigen Umwandlungsprozeß zeigt Abb. 7.1.19.

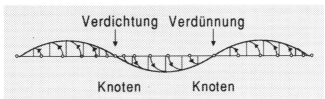

Abb. 7.1.19 Longitudinalwelle -> Transversalwelle

Da die eine Seite des Rohres von der Wasseroberfläche begrenzt ist, spricht man von einer einseitig geschlossenen Luftsäule. An dieser Stelle muß stets ein Knoten der Welle liegen (vgl. stehende Wellen, Kap. 6.2.3). Am anderen, offenen Ende, liegt dagegen ein Wellenbauch. Abb. 7.1.20 zeigt mögliche Wellenformen, in die die Luftsäule im Rohr versetzt werden kann.

Im ersten Teilbild ist die einfachste Form dargestellt. Die Länge L der Luftsäule entspricht dabei $\frac{1}{4}\lambda$, d.h. die Wellenlänge beträgt 4L. Nach der Grundgleichung für die Wellen: $u = \lambda \cdot f$, gilt für die Frequenz der Schwingung:

$$f_0 = \frac{u}{\lambda_0} = \frac{u}{4 \cdot L} = 1 \cdot f_0$$

Für das zweite Teilbild gilt:

$$\lambda_1 = \frac{4}{3}L \quad \Rightarrow \quad f_1 = \frac{u}{\lambda_1} = \frac{3 \cdot u}{4 \cdot L} = 3 \cdot f_0$$

Für das dritte Teilbild gilt:

$$\lambda_2 = \frac{5}{4}L \quad \Rightarrow \quad f_2 = \frac{u}{\lambda_2} = \frac{5}{4 \cdot L} \cdot u = 5 \cdot f_0$$

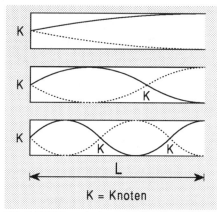

K = Knoten

Abb. 7.1.20 Eigenschwingungen einseitig geschlossener Luftsäulen

Man könnte dies noch weiter fortsetzen. Allen Möglichkeiten ist gemeinsam, daß die sich ausbildende Wellenlänge ein ungeradzahliges Vielfaches der vierfachen Rohrlänge L ist. Aus der Mathematik weiß man, daß durch den Term 2k+1 (k ist eine natürliche Zahl) alle ungeraden, ganzen Zahlen dargestellt werden können.

Für die sich in einem einseitig geschlossenen Rohr ausbreitenden Wellen gilt:

$\Rightarrow$

$$\lambda_k = \frac{4}{2k+1} \cdot L$$ (Gl. 7.1.1)

$$f_k = \frac{u}{\lambda_k} = \frac{2k+1}{4 \cdot L} \cdot u = (2k+1) \cdot f_0$$ (Gl. 7.1.2)

Die für k = 0 entstehende Welle heißt **Grundschwingung**, k = 1 ist dann die erste **Oberschwingung**, k = 2 die zweite Oberschwingung, usw. Alle möglichen Schwingungen zusammen werden als **Eigenschwingungen** der Luftsäule mit der Länge L bezeichnet. Die dazugehörigen Frequenzen heißen **Eigenfrequenzen**.

Der Vollständigkeit halber kann man sich überlegen, welche Wellenlängen eine Luftsäule in einem beidseitig offenen Rohr einnehmen kann. Betrachtet man Abb. 7.1.21 erkennt man, daß hier die möglichen Wellenlängen ein ganzzahliges Vielfaches der Länge L des Rohres sein können.

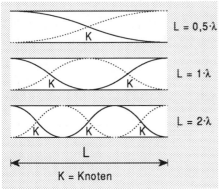

Abb. 7.1.21 Eigenschwingungen beidseitig offener Luftsäulen

Für die Wellenlängen der Eigenschwingungen gilt dann:

$$\lambda_k = \frac{2}{k+1} \cdot L$$ (Gl. 7.1.3)

und

$$f_k = \frac{u}{\lambda_k} = \frac{k+1}{2 \cdot L} \cdot u = (k+1) \cdot f_0$$ (Gl. 7.1.4)

Zusammenfassend kann man sagen, daß Luftsäulen Eigenschwingungen ausführen können. Die Wellenlängen, bzw. ihre Frequenzen, hängen von der Länge der Luftsäule ab. Dabei werden die Frequenzen (der Grundschwingung, wie der Oberschwingungen) umso höher, je kürzer die Länge L wird.

Aufgaben:
Bei allen Aufgaben gilt für die Schallgeschwindigkeit: $u = 340 \frac{m}{s}$

---

1. Aufgabe:
Die Tonhöhe des Geräusches, das beim Füllen einer Flasche entsteht, steigt mit zunehmender Flüssigkeitsmenge. Woran liegt dies?

---

2. Aufgabe:
Bläst man schräg in den Hals einer Flasche, kann man einen klaren Ton erzeugen. Durch welche Maßnahme kann man bei identischen Flaschen verschieden hohe Töne erzeugen? Welche Frequenz besitzt der tiefste, noch erzeugbare Ton bei einer Flasche der Höhe 25,0 cm?
(340 Hz)

---

3. Aufgabe:
Die Luft in einer einseitig geschlossenen Glasröhre der Länge 60,0 cm wird zum Schwingen angeregt. Bestimmen Sie Wellenlänge und Frequenz der Grundschwingung, sowie der ersten beiden Oberschwingungen.
(2,4 m, 0,8 m, 0,48 m, 142 Hz, 425 Hz, 708 Hz)

---

4. Aufgabe:
Wie lang muß eine einseitig offene Röhre sein, damit die Frequenz der Grundschwingung 440 Hz (Kammerton a) beträgt? Wie groß sind in diesem Fall die Frequenzen der ersten beiden Obertöne?
(19,3 cm, 1260 Hz, 2200 Hz)

5. Aufgabe:
Das menschliche Ohr kann Töne in einem Frequenzbereich von 20 Hz bis 18000 Hz wahrnehmen. Wie groß muß jeweils die Länge einer mit dieser Grenzfrequenz schwingenden Luftsäule sein für eine
a) einseitig geschlossene Luftsäule,
b) beidseitig offene Luftsäule,
falls immer die Grundschwingung betrachtet wird?
(4,25 m, 0,47 cm, 9,0 m, 0,94 cm)

7.2 Schallfeldgrößen

7.2.1 Die Schallstärke

Wenn eine Schallquelle eine Schallwelle aussendet, wird die Luft um die Schallquelle zum Schwingen gebracht. Als Vergleich können die in Kap. 6.2.4 erwähnten Wasserwellen dienen. Die Summe aller in Bewegung versetzten Luftteilchen heißt **Schallfeld**. Im allgemeinsten Fall stellt das Schallfeld einen kugelförmigen, sich ausdehnenden Bereich mit der Schallquelle als Mittelpunkt dar. Wie jede andere Welle auch, transportiert eine Schallwelle Energie. Diese Energie, die ihren Ursprung in der Schallquelle besitzt, verteilt sich gleichmäßig auf das Schallfeld. Unter der **Schallstärke** oder **Schallintensität** (Größenzeichen: **I**) an einer Stelle des Schallfeldes versteht man den Teil der Schallenergie, ΔW, die in der Zeit Δt durch das Flächenelement ΔA des Schallfeldes, das senkrecht zur Ausbreitungsrichtung der Schallwelle steht, transportiert wird.

$$I = \frac{\Delta W}{\Delta t \cdot \Delta A} \qquad \text{(Gl. 7.2.1)}$$

Als Einheit der Schallstärke ergibt sich:

$$[I] = \frac{1\,J}{1\,s \cdot 1\,m^2} = 1\,\frac{W}{m^2}$$

Beispiel 7.2:
Eine Schallquelle sendet gleichmäßig nach allen Seiten Schallwellen aus (Schallgeschwindigkeit 340 m/s). Die Gesamtenergie der Schallquelle beträgt 500 J. Nach $\Delta t = 0,01$ s besitzt das kugelförmige Schallfeld einen Radius von 3,4 m. Die äußere Fläche des Schallfeldes (Kugeloberfläche $O = 4r^2\pi$) beträgt etwa 145 m². Damit ergibt sich als Schallstärke:

$$I = \frac{500\,J}{0,01\,s \cdot 145\,m^2} = 345\,\frac{W}{m^2}$$

*Nach Δt = 0,1 s hat sich der Radius des Schallfeldes auf 34 m und die Außenfläche auf
14500 m² erweitert. Die Schallstärke beträgt nun*

$$I = \frac{500\,J}{0,1s \cdot 14500\,m} = 0,345\,\frac{W}{m^2}$$

Man sieht, daß die Schallstärke mit zunehmender Entfernung zur Schallquelle stark abnimmt. Dies liegt an der raschen Zunahme der Oberfläche des kugelförmigen Schallfeldes.
Versucht man die Schallwellen zu bündeln (z.B. durch Bilden eines Trichters vor dem Mund
durch die Hände, Megaphon), erreicht man, daß das Schallfeld einen Kugelsektor bildet und
dadurch die Schallstärke weniger rasch abnimmt.

7.2.2 Die Schalleistung

In der Physik versteht man unter der Leistung P ganz allgemein den Quotienten aus der
Energie ΔW und der Zeit Δt (vgl. Kap. 3.1.6). In diesem Sinne ist die Schalleistung P einer
Schallquelle der Quotient aus der gesamten, von der Schallquelle in der Zeit Δt nach allen
Seiten abgegebenen, Energie ΔW und der Zeit Δt.

$$P = \frac{\Delta W}{\Delta t}$$

Die Schalleistung wird, wie jede andere Leistung auch, in der Einheit Watt (W) gemessen.
Tab. 7.2.1 zeigt einige übliche Schalleistungen:

Sprache (Unterhaltung)	10^{-5} W
Geige (fortissimo)	0,001 W
Flügel (fortissimo)	0,2 W
Trompete (fortissimo)	0,3 W
Orgel (fortissimo)	1 - 10 W
Autohupe	5 W
Lautsprecher	10 - 200 W
Sirene	1000 W

Tab. 7.2.1 Einige Schalleistungen

7.2.3 Die Lautstärke

Die Lautstärke Λ darf nicht mit der Schallstärke I verwechselt werden. Die Schallstärke ist
eine objektiv meßbare Größe und gibt die, eine Fläche durchsetzende, Energie an, während
die Lautstärke ein Maß für die von einem Menschen empfundene Schallstärke ist. Die
Lautstärke ist von vielen physikalischen (beispielsweise von der Frequenz) und biologischen Größen (beispielsweise vom Alter des Menschen) abhängig.

Messungen haben ergeben, daß bei einer Frequenz von 1000 Hz ein junger, normal hörender Mensch noch einen Ton der Schallstärke $I_o = 10^{-12} \frac{W}{m^2}$ wahrnehmen kann. Man bezeichnet diesen Wert als **Hörschwelle** oder **Schwellenschallstärke**.
Das Verhältnis der Schallstärke einer Schallquelle zu dieser Schwellenschallstärke ist ein Maß für die Lautstärke (z. B. 3 mal so laut). Da die Hörschwelle sehr niedrig ist, ergeben sich große, unhandliche Zahlen. Man verwendet deshalb den zehnfachen Logarithmus zur Basis 10 dieses Verhältnisses.

> **Die Lautstärke Λ einer Schallquelle ist der 10 fache dekadische Logarithmus des Quotienten aus seiner Schallstärke und der Schwellenschallstärke I_o.**

Diese unbenannte Größe erhält als Bezeichnung das Wort **Phon** (Phon ist also keine Einheit!).

$$\Lambda = 10 \cdot \lg \frac{I}{I_0} \text{ Phon}$$ (Gl. 7.2.2)

Zur Wiederholung:
$$\lg 1 = 0$$
$$\lg 10 = 1$$
$$\lg 100 = \lg 10^2 = 2 \cdot \lg 10 = 2$$
$$\lg 1000 = \lg 10^3 = 3 \cdot \lg 10 = 3$$
usw.

Für einen an der Hörschwelle liegenden Ton gilt $I = I_o$.

$\Rightarrow$ $\quad \Lambda = 10 \cdot \lg \frac{I_0}{I_0}$ Phon $= 10 \cdot 0$ Phon $= 0$ Phon

Ist die Schallstärke 1000 mal so groß, so folgt:
$$\Lambda = 10 \cdot \lg \frac{1000 \cdot I_0}{I_0} \text{ Phon} = 10 \cdot \lg 1000 \text{ Phon} = 10 \cdot 3 \text{ Phon} = 30 \text{ Phon}$$

Über entsprechend geeichte Meßgeräte lassen sich die Phonzahlen von Schallwellen direkt aufnehmen. Tab. 7.2.2 zeigt eine kleine Übersicht von gängigen Lautstärken in Phon:

Hörschwelle	0	Zug	80 - 85
Blätterrauschen	10 - 30	Motorrad	85 - 90
Flüstern	20	Lastwagen	90
schwacher Verkehr	30 - 40	Sirene	100
normale Unterhaltung	50 - 60	Autohupe	100 - 110
normaler Verkehr	70	Presslufthammer	120
Schreien	80	Startendes Flugzeug	120 - 130

Tab. 7.2.2 Einige Lautstärken

Für eine Autohupe gilt also:

$$\Lambda = 10 \cdot \lg \frac{I}{I_0} \text{ Phon} = 100 \text{ Phon} \quad \Rightarrow \quad \lg \frac{I}{I_0} = 10$$

$$\frac{I}{I_0} = 10^{10} \qquad\qquad \Rightarrow \quad I = 10^{10} \cdot I_0$$

Die Schallstärke einer Autohupe ist demnach etwa 10 Milliarden mal so groß wie die Schwellenschallstärke (Hörschwelle).

In Zeitungen sieht man immer wieder Lautstärkenangaben mit dem Beiwort **Dezibel** (dB). Das Wort Dezibel gibt an, daß man das Verhältnis zweier Schalleistungen P und P_0 einer Schallquelle betrachtet, nicht aber Schallstärken. Es gilt:

$$\boxed{M = 10 \cdot \lg \frac{P}{P_0} \text{ Dezibel}} \qquad \text{(Gl. 7.2.3)}$$

Für die Schallstärke I gilt nach Gl. 7.2.1:

$$I = \frac{\Delta W}{\Delta t \cdot \Delta A} \quad \text{und} \quad P = \frac{\Delta W}{\Delta t} \quad \Rightarrow \quad I = \frac{P}{\Delta A}$$

Setzt man diesen Ausdruck für I in die Gl. 7.2.2 ein, so folgt

$$\Lambda = 10 \cdot \lg \frac{I}{I_0} = 10 \cdot \lg \frac{P \cdot \Delta A}{P_0 \cdot \Delta A} = 10 \cdot \lg \frac{P}{P_0} = M$$

Rein formelmäßig wären die Größen Λ und M gleichwertig.
Allerdings berücksichtigt man bei der Dezibel-Angabe die Frequenzabhängigkeit des menschlichen Hörens nicht. Im Bereich zwischen 200 und 5000 Hz verstärkt aber das menschliche Ohr annähernd gleichmäßig (ein kleines Empfindlichkeitsmaximum bei ca. 4000 Hz kann festgestellt werden), so daß für diesen Frequenzbereich die Phonzahlen mit den Dezibelzahlen in etwa übereinstimmen.

Die Größe M wird vorwiegend in der Verstärkungs- und Dämpfungstechnik angewendet, da hier keine biologischen Einflüsse auftreten. In diesem technischen Bereich stimmen dann die Phon-Angaben mit den Dezibel-Angaben überein.

7.2.4 Das menschliche Hören

Rein äußerlich betrachtet ist das menschliche Ohr höchst unscheinbar. Und doch ist es von einer Empfindlichkeit und einer Variabilität, die kein modernes Meßgerät der Physik erreichen kann.

Das Ohr gliedert sich in drei Hauptteile (Abb. 7.2.1):

Das **äußere Ohr**, das **Mittelohr** und das **Innenohr**.

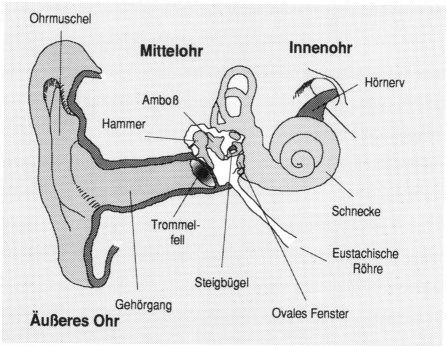

Abb. 7.2.1 Das menschliche Ohr

Das äußere Ohr besteht aus der Ohrmuschel und dem Gehörgang. Es wird durch eine schwingfähige Membran, dem Trommelfell, zum Mittelohr hin abgeschlossen.

Das Mittelohr wird durch drei kleine Knöchelchen (Hammer, Amboß und Steigbügel) gebildet. Außerdem endet dort die Eustachische Röhre, die über den Rachenraum das Mittelohr mit der Außenluft verbindet. Über diese Röhre werden Luftdruckunterschiede auf beiden Seiten des Trommelfelles ausgeglichen.

Den Übergang zwischen Mittelohr und Innenohr bildet das sogenannte "ovale Fenster". Dahinter befindet sich ein mit Flüssigkeit gefülltes, spiralförmig gewundenes, schnecken-ähnliches Organ, das den Gleichgewichtssinn des Menschen enthält.

Die Ohrmuschel fängt Schallwellen aus verschiedenen Richtungen auf und leitet sie über Reflexionen an der Innenseite der Muschel in den Gehörgang. Die Luft im Gehörgang tritt in Resonanz zur Schallwelle, ähnlich einer einseitig offenen Glasröhre. Dadurch tritt die erste Verstärkung auf. Bei Frequenzen zwischen 2000 und 5000 Hz ist der Druck, den die schwingenden Luftteilchen auf das Trommelfell ausüben, etwa doppelt so groß wie am Beginn des Gehörgangs.

Das Trommelfell wird durch die Bewegung der Luftteilchen in Schwingungen versetzt. Auf der Innenseite des Trommelfelles nimmt der am Trommelfell angewachsene Hammer die Schwingungen auf und leitet sie über den Amboß auf den Steigbügel, der am ovalen Fenster befestigt ist. Dabei bilden diese drei Knöchelchen ein Hebelsystem. Das innere Ende des Hebels bewegt sich über eine kürzere Entfernung, übt aber eine größere Kraft aus, als das äußere Ende (wie ein Hebel mit verschieden langen Armen). Dadurch tritt nochmals eine Verstärkung der Lautstärke um das zwei- bis dreifache ein.

Das ovale Fenster ist etwa 15 - 30 mal kleiner als das Trommelfell. Die gesamte Kraft, mit der die Schallwellen auf das Trommelfell treffen, wird auf diese, viel kleinere Fläche übertragen. Diese Kraftkonzentration bewirkt eine weitere Verstärkung (15 - 30 fach).

Hinter dem ovalen Fenster beginnt die dort enthaltene Flüssigkeit zu schwingen. Die Druckänderungen in dieser Flüssigkeit reizen schließlich die Nervenenden, die diese Empfindungen mittels elektrischer Impulse zum Gehirn übertragen.

Insgesamt wird also die Schallwelle um das 90 - 180 fache verstärkt.

Wie in Kapitel 7.2.3 erwähnt, liegt die Hörschwelle des Menschen bei etwa 10^{-12} W/m². Bei dieser Schallstärke schwingen die Luftteilchen mit einer mittleren Amplitude von 10^{-11} m. Der Durchmesser eines Wasserstoffatoms beträgt 10^{-10} m. Das Trommelfell vermag also Luftschwingungen wahrzunehmen, deren Amplitude nur ein Zehntel eines Atomdurchmessers betragen.

Sind die Luftdruckschwankungen aufgrund großer Schallstärken mehr als eine Million mal größer als bei der Hörschwelle ist die Grenze der Aufnahmefähigkeit des Trommelfelles erreicht (Schmerzgrenze). Noch größere Druckschwankungen zerstören das Trommelfell.

Erfahrungsgemäß besitzt das menschliche Ohr eine ausgesprochene Richtungsempfindlichkeit. Man vermag die Richtung, in der sich eine Schallquelle befindet, einigermaßen genau anzugeben. Dieser Richtungssinn beruht auf dem Zusammenwirken beider Ohren und dem Erkennen des Laufzeitunterschiedes eines Schallsignals (Abb. 7.2.2). Die Zeit, die das Schallsignal braucht, um die Strecke Δs zurückzulegen, wird erkannt und ausgewertet, wenn sie größer als $3 \cdot 10^{-5}$ s = 30 ms ist. Dies entspricht einer Abweichung von der Mittellinie um $\alpha = 3°$.

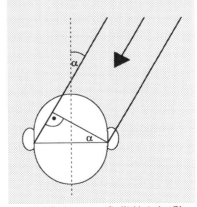

Abb. 7.2.2 Richtungsempfindlichkeit des Ohres

Die akustische Richtungsbestimmung kann verfeinert werden, wenn der Ohrenabstand (im Normalfall 21 cm) künstlich vergrößert wird. Befestigt man zwei Trichter im Abstand von 2 m zueinander an einem Gestell und führt die Trichtermündung jeweils zu einem Ohr, vermag man Richtungsänderungen von 0,3° festzustellen (akustische Peilung).

1880 wurde ein Patent angemeldet, dem diese Erkenntnis zugrunde liegt. Es wurde für die Seefahrt ein Topophon genanntes Gerät vorgestellt (Abb. 7.2.3), das Kapitänen ermöglichen sollte, im Nebel exakt zu bestimmen, aus welcher Richtung ein Tuten von anderen Schiffen kommt.

Abb. 7.2.3 Topophon

7.2.5 Aufgaben

Bei allen Aufgaben gilt für die Schallgeschwindigkeit:
u = 340 m/s

---

1. Aufgabe:

Eine Schallquelle strahlt mit der Energie 2,0 kJ gleichmäßig nach allen Seiten.

a) Bestimmen Sie die Schallstärke pro m^2 und pro Sekunde in einer Entfernung von 5,0 m zur Schallquelle.

b) In welcher Entfernung zur Schallquelle beträgt die Schallstärke pro m^2 und pro Sekunde noch 1% von dem Wert in Aufgabe a)?

($6,4 \ W/m^2$; 50,0 m)

---

2. Aufgabe:

Eine Schallquelle strahlt mit der Energie 2,0 kJ gleichmäßig nach allen Seiten einen Ton der Frequenz 510 Hz ab.

a) Bestimmen Sie die Wellenlänge der Schallwelle.

b) Bestimmen Sie die Zeitdauer Δt, die die Welle braucht, um sich um eine Wellenlänge auszubreiten.

c) In einer Entfernung von 12 m zur Schallquelle steht ein Mikrophon mit einer kreisförmigen Aufnahmemembran (Durchmesser 8,0 cm). Bestimmen Sie die Schallstärke, die auf das Mikrophon in der in b) errechneten Zeit trifft.

(1,50 m; 4,4 ms; 50 kW/m^2)

---

3. Aufgabe:

Zwei Schallquellen besitzen die Schallstärken $10^{-4} \ W/m^2$ und $10^{-7} \ W/m^2$. Wie groß ist der Unterschied der Phonzahlen der beiden Schallquellen?

(30 Phon)

---

4. Aufgabe:
In einer Entfernung von 20,0 m zu einer Schallquelle, die gleichmäßig nach allen Seiten strahlt, beträgt die Lautstärke 80 Phon.
a) Bestimmen Sie die Schallstärke in dieser Entfernung.
b) In welcher Entfernung hat sich die Lautstärke auf 50 Phon vermindert?
c) Wie groß ist im Fall b) die Schallstärke?
(10^{-4} W/m^2; 632 m; 10^{-7} W/m^2)

5. Aufgabe:
In einer bestimmten Entfernung von einer Schallquelle beträgt die Lautstärke 80 Phon. Wie groß ist die Schallstärke W/m^2 und welche Energie fällt während 10 s auf eine 2,0 m^2 große Fläche?
(10^{-4} W/m^2; 2,0 mW)

6. Aufgabe:
Ein Lautsprecher strahlt einen Ton mit der Leistung 15 W aus. Das Schallfeld besitzt die Form einer Halbkugel. Welche Lautstärke trifft auf das Gehör einer Person, die 3,0 m vor dem Lautsprecher steht?
(114 Phon)

7. Aufgabe:
Ein startendes Flugzeug besitzt in einer Entfernung von 100 m eine Lautstärke von 130 Phon. Der Schall breitet sich gleichmäßig nach allen Seiten aus.
a) Bestimmen Sie die Leistung der Schallquelle.
b) Bestimmen Sie die Lautstärke in 2,0 km Entfernung.
c) In der Realität stellt man in 2,0 km Entfernung eine Lautstärke von 88 Phon fest. Wie groß ist die Dezibelzahl der Dämpfung durch die Luft für die 2,0 km?
(1,3 MW; 104 Phon; 16 dB)

7.3 Bewegte Schallquellen

7.3.1 Der Doppler-Effekt

Steht man bei einem Autorennen am Rande der Fahrbahn, kann man folgendes akustische Phänomen beobachten: Das Motorengeräusch eines herannahenden Fahrzeuges klingt heller als das des sich entfernenden. Derselbe Effekt tritt bei einem vorbeibrausenden Zug ein. Die Ursache dafür muß in der Bewegung der Schallquelle liegen. Abb. 7.3.1 zeigt eine ruhende Schallquelle S und die sich radial ausbreitende Schallwelle.

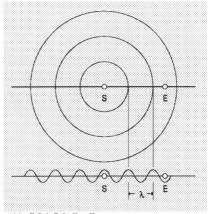

Abb. 7.3.1 Schallwelle

Der Ort der maximalen Amplitude, die der maximalen Verdichtung des umgebenden Mediums (z.B. Luft) entspricht, ist jeweils durch einen Kreisbogen gekennzeichnet, so daß der Abstand zweier Kreislinien ein Maß für die Wellenlänge λ darstellt. Die Zeitdauer, in der zwei aufeinanderfolgende Kreiswellen den Empfänger E passieren, ist $T = \frac{1}{f}$.

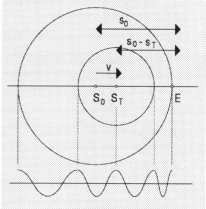

In Abb. 7.3.2 ist eine Schallquelle S eingetragen, die sich mit der Geschwindigkeit v auf den, in der Entfernung s_0 befindlichen, Empfänger E zubewegt. Zum Zeitpunkt $t = t_0 = 0$ s sende die Schallquelle (Standort S_0) gerade eine Verdichtung ("Kreislinie") aus. Da die Schallwelle sich mit der gleichmäßigen Geschwindigkeit v ausbreitet, ist sie zur Zeit $t_1 = \frac{s_0}{u}$ bei E angelangt. Während der Zeitdauer T bewegt sich aber die Schallquelle um die Strecke $s_T = vT$ auf den Empfänger zu (neuer Standort der Schallquelle ist S_T). Die Quelle sendet nach der Zeit T gerade wieder eine Verdichtung aus. Diese Verdichtung passiert den Empfänger zur Zeit t_2. Der von diesem Schallsignal zurückgelegte Weg ist $s_0 - s_T$. Für t_2 gilt:

Abb. 7.3.2 Bewegte Schallquelle

$$t_2 = T + \frac{s_0 - s_T}{u} = T + \frac{s_0 - vT}{u}$$

Zum Zeitpunkt t_1 empfängt E eine Verdichtung, zum Zeitpunkt t_2 ebenfalls. Während der Zeitspanne $t_2 - t_1$ passieren also 2 aufeinanderfolgende Verdichtungen, d.h. eine vollständige Schwingung, den Empfänger. Es gilt:

$$t_2 - t_1 = T + \frac{s_0 - vT}{u} - \frac{s_0}{u} = \frac{uT + s_0 - vT - s_0}{u} = \frac{uT - vT}{u} = \frac{u - v}{u} T$$

Da in dieser Zeit genau eine Schwingung beobachtet wird, kann man ihr die Frequenz f' zuordnen:

$$f' = \frac{1}{t_2 - t_1} = \frac{1}{\frac{(u - v)T}{u}} = \frac{1}{\left(1 - \frac{v}{u}\right)T}$$

da $f = \frac{1}{T}$ die Frequenz der ausgestrahlten Schallwelle ist

$\Rightarrow$
$$\boxed{f' = \frac{1}{1 - \frac{v}{u}} \cdot f}$$
(Gl. 7.3.1)

Die von E empfangene Frequenz f' unterscheidet sich von der ausgestrahlten Frequenz f.

$$1 - \frac{v}{u} < 1 \quad \Rightarrow \quad f' < f$$

Die empfangene Frequenz ist größer als die ausgestrahlte.

Wenn sich die Schallquelle vom Empfänger wegbewegt, verringert sich s_0 nicht um s_T, sondern vergrößert sich.

$$\Rightarrow \quad t_2 = T + \frac{s_0 + s_T}{u} = T + \frac{s_0 + vT}{u}$$

Damit gilt für die von E empfangene Frequenz f':

$$f' = \frac{1}{t_2 - t_1} = \frac{1}{T + \dfrac{s_0 + vT}{u} - \dfrac{s_0}{u}} = \frac{1}{\dfrac{uT + vT}{u}} = \frac{1}{1 + \dfrac{v}{u}} \cdot \frac{1}{T}$$

$$\Rightarrow \quad \boxed{f' = \frac{1}{1 + \dfrac{v}{u}} \cdot f} \qquad \text{(Gl. 7.3.2)}$$

da $1 + \frac{v}{u} < 1 \quad \Rightarrow \quad f' < f$

Die empfangene Frequenz ist kleiner als die ausgestrahlte.

Beispiel 7.3:
Die Sirene eines Polizeiwagens strahlt ein Schallsignal der Frequenz 2000 Hz aus. Der PKW fährt mit 180 km/h = 50 m/s.
a) Der PKW bewegt sich auf den ruhenden Beobachter zu:

$$f' = \frac{1}{1 - \dfrac{50}{340}} \cdot 2000 \, Hz \approx 2340 \, Hz$$

b) Der PKW entfernt sich:

$$f' = \frac{1}{1 + \dfrac{50}{340}} \cdot 2000 \, Hz \approx 1740 \, Hz$$

Der Ton, den der Beobachter empfängt, ändert seine Frequenz um etwa 600 Hz.

Dieser Effekt der (scheinbaren) Frequenzveränderung wurde am Anfang des 19. Jahrhunderts von dem österreichischen Physiker Christian Doppler erstmals geklärt und heißt ihm zu Ehren **Doppler-Effekt**.

Bisher war der Empfänger stets in Ruhe, die Schallquelle in Bewegung. Wären beide Objekte in Ruhe, würde während der Zeit T genau eine Wellenlänge den Empfänger passieren und man könnte keine Frequenzänderung beobachten. Bewegt sich der Empfänger (mit der Geschwindigkeit v) auf eine ruhende Schallquelle zu, ist die für eine Wellenlänge benötigte Meßzeit kleiner, oder anders ausgedrückt: In der Zeit T wird mehr als eine Wellenlänge empfangen. Die Strecke, die der bewegte Empfänger in der Zeit T zurücklegt, ist vT. Für die Länge L des empfangenen Wellenzuges gilt somit:

$$L = \lambda + vT$$

Das Verhältnis der beiden Wellenzüge (L und λ) zueinander ergibt den Faktor k, um den sich die empfangene Frequenz ändert:

$$k = \frac{\lambda + vT}{\lambda} = 1 + v \cdot \frac{T}{\lambda} = 1 + \frac{v}{u}$$

Damit ergibt sich:

$$f' = \left(1 + \frac{v}{u}\right) \cdot f \qquad \text{(Gl. 7.3.3)}$$

Bewegt sich der Empfänger von der ruhenden Schallquelle weg, so gilt für die geänderte Länge des in der Zeit T empfangenen Wellenzuges:

$$L = \lambda - vT \quad \Rightarrow$$

$$f' = \left(1 - \frac{v}{u}\right) \cdot f \qquad \text{(Gl. 7.3.4)}$$

Für den zur ruhenden Schallquelle bewegten Empfänger ergeben sich andere Formeln der Frequenzänderung als für den Fall der bewegten Schallquelle zum ruhenden Empfänger. Der Grund liegt in dem stets ruhenden Medium, das den Schall überträgt. Hätte man im Fall des bewegten Empfängers auch eine Bewegung des Mediums in die Rechnung mit einbezogen, hätten sich in beiden Fällen identische Ausdrücke ergeben. Im täglichen Leben wird der Unterschied kaum bemerkt, da für Geschwindigkeiten, die klein gegenüber der Schallgeschwindigkeit u sind, die beiden Faktoren $1 \pm \frac{v}{u}$ und $\frac{1}{1 \pm \frac{v}{u}}$ im Wert kaum voneinander abweichen.

Beispiel 7.4:

Eine Schallquelle sendet Töne der Frequenz 1000 Hz aus. Vergleichen Sie die beiden Fälle (Annäherung und Entfernung), falls die Schallgeschwindigkeit u in Luft 340 m/s beträgt.

a) Die Schallquelle bewegt sich mit v = 10 m/s = 36 km/h auf den ruhenden Empfänger zu.

$$f' = \frac{1}{1-\frac{v}{u}} \cdot f = \frac{1}{1-\frac{10}{340}} \cdot 1000\,Hz = 1030\,Hz$$

b) Der Empfänger bewegt sich mit 10 m/s auf die ruhende Schallquelle zu.

$$f' = \left(1+\frac{v}{u}\right) \cdot f = \left(1+\frac{10}{340}\right) \cdot 1000\,Hz = 1029\,Hz$$

Untersucht man die im Beispiel berechneten Fälle allgemein, so gilt:

$$f' = f_s = \frac{1}{1-\frac{v}{u}} \cdot f \quad \text{(Sender bewegt)} \qquad f' = f_E = \left(1+\frac{v}{u}\right) \cdot f \quad \text{(Empfänger bewegt)}$$

$$\frac{f_s}{f_E} = \frac{1}{1-\frac{v}{u}} : \left(1+\frac{v}{u}\right) = \frac{u}{u-v} : \frac{u+v}{u} = \frac{u^2}{u^2-v^2} = \frac{1}{1-\frac{v^2}{u^2}}$$

$$\text{für } v \ll u \quad \Rightarrow \quad \frac{v^2}{u^2} \approx 0 \quad \Rightarrow \quad \frac{f_S}{f_E} \approx 1$$

Für kleine Geschwindigkeiten v gegenüber der Schallgeschwindigkeit u gibt es also kaum einen Unterschied.

Strahlt ein sich näherndes Objekt eine Schallwelle bekannter Frequenz f aus und mißt man in einem ruhenden Empfänger die eintreffende Frequenz f', kann man aus dem Unterschied die Geschwindigkeit der Schallquelle bestimmen (siehe Aufgabe 2). Leider ist die Originalfrequenz f oft unbekannt. Diesem Problem kann man ausweichen, wenn man vom Standort des Empfängers eine Schallwelle (Signal) der Frequenz f zum bewegten Objekt sendet. Das Signal wird dort reflektiert und kehrt zum Empfänger zurück. Für die Berechnung muß man den Vorgang in zwei Teile zerlegen:

a) Das Signal läuft zum Objekt, das die Rolle des bewegten Empfängers spielt.

$$\Rightarrow \quad \tilde{f} = (1+\frac{v}{u}) \cdot f$$

b) Das reflektierte Signal kommt vom Objekt, das nun die Rolle der bewegten Schallquelle spielt, zurück.

$$\Rightarrow \quad f' = \frac{1}{1-\frac{v}{u}} \cdot \tilde{f} \approx \left(1+\frac{v}{u}\right) \cdot \tilde{f} = \left(1+\frac{v}{u}\right)^2 \cdot f \quad \Rightarrow \quad f' = \left(1+2\cdot\frac{v}{u}+\frac{v^2}{u^2}\right) \cdot f$$

$$\text{Für } v \ll u \quad \Rightarrow \quad \frac{v^2}{u^2} \approx 0 \quad \Rightarrow \quad f' \approx \left(1+2\cdot\frac{v}{u}\right) \cdot f$$

Für die Frequenzänderung $\Delta f = f' - f$ gilt dann:

$$\Delta f = \left(1 + 2 \cdot \frac{v}{u}\right) \cdot f - f = \left(1 + 2 \cdot \frac{v}{u} - 1\right) \cdot f$$

$$\Rightarrow \qquad \boxed{\Delta f = 2 \cdot \frac{v}{u} \cdot f} \qquad \text{(Gl. 7.3.5)}$$

Damit ergibt sich für die Geschwindigkeit v:

$$v = \frac{\Delta f}{2 \cdot f} \cdot u$$

Für den Fall, daß sich ein Objekt vom Standort der Sende-Empfangsvorrichtung wegbewegt, ergibt sich nach analoger Ableitung:

$$\Delta f = -\frac{2 \cdot v}{u} \cdot f \qquad \text{und} \qquad v = -\frac{\Delta f}{2 \cdot f} \cdot u$$

Um es zu wiederholen, die Näherung, die hier vorgenommen wurde, ist nur zulässig, wenn die Geschwindigkeit v klein gegenüber der Schallgeschwindigkeit u ist.

Beispiel 7.5:
Eine Ultraschallwelle der Frequenz 50 kHz wird von einem sich nähernden Objekt reflektiert. Das empfangene Schallsignal unterscheidet sich um 4 kHz von der ausgesandten Frequenz.

$$v = \frac{4000\,Hz}{2 \cdot 5 \cdot 10^4\,Hz} \cdot 340\,\frac{m}{s} = 13{,}6\,\frac{m}{s} = 49\,\frac{km}{h}$$

Die Ausführungen zum Doppler-Effekt gelten für alle Wellen, insbesondere für elektromagnetische wie Licht und Funkwellen. Da diese sich aber mit der Lichtgeschwindigkeit $c = 3 \cdot 10^8$ m/s bewegen ("Schallgeschwindigkeit" der el.-magn. Wellen), die Geschwindigkeiten von Körpern aber wesentlich kleiner sind, spielt die Unterscheidung zwischen bewegten Sendern oder Empfängern keine Rolle mehr. Auch die Geschwindigkeiten der ausgesandten und der empfangenen Wellenfronten sind stets gleich (eben die Lichtgeschwindigkeit). Eine ausführliche Ableitung zeigt, daß in diesem Fall der Faktor 2 im Nenner entfällt. Für Geschwindigkeitsbestimmungen mit elektromagnetischen Wellen gilt deswegen stets, unabhängig vom Vorzeichen:

$$v = \frac{\Delta f}{f} \cdot c$$

Die Frequenzänderung, die eintritt, äußert sich bei Schallwellen in einer Änderung der Tonhöhe. Bei Lichtwellen findet eine Farbänderung statt. Vergleicht man das Licht von weit entfernten Objekten (Sonnen) mit Lichtquellen im Labor, kann aus dem Farbunterschied auf die Geschwindigkeit dieser Objekte geschlossen werden. Auf dieser Methode beruht die Radial-Geschwindigkeitsmessung in der Astronomie.

Aber auch im täglichen Leben wird der Doppler-Effekt auf vielfältige Weise angewendet: Die Ultraschalluntersuchungen in der Medizin beruhen auf der Auswertung des Frequenzunterschiedes eines Ultraschallsignals, das beispielsweise vom sich bewegenden Herzen eines ungeborenen Babys reflektiert wird.

Beispiel 7.6:
Bei einer Radarkontrolle der Polizei wird eine elektromagnetische Welle der Frequenz $6 \cdot 10^{10}$ Hz auf einen fahrenden PKW gerichtet. Die reflektierte Welle unterscheidet sich um 8 kHz von der Originalfrequenz.

$$v = \frac{\Delta f}{f} \cdot c = \frac{8 \cdot 10^3 \ Hz}{6 \cdot 10^{10} \ Hz} \cdot 3 \cdot 10^8 \ \frac{m}{s} = 40 \ \frac{m}{s} = 144 \ \frac{km}{h}$$

Aufgaben:
Für alle Aufgaben beträgt die Schallgeschwindigkeit in Luft 340 m/s; die Ausbreitungsgeschwindigkeit der elektromagnetischen Wellen beträgt $3 \cdot 10^8$ m/s.

1. Aufgabe:
Eine Schallquelle (f = 5000 Hz) bewegt sich mit 100 km/h an einem ruhenden Beobachter vorbei. Wie groß ist die empfangene Frequenzänderung?
(820 Hz)

2. Aufgabe:
Ein Schallsignal (2000 Hz) bewegt sich mit der Geschwindigkeit v auf einen ruhenden Beobachter zu. Dieser mißt eine Frequenz von 2200 Hz.
a) Leiten Sie die Beziehung: $v = (1 - \frac{f'}{f}) \cdot u$ für eine sich nähernde Schallquelle her.
b) Mit welcher Geschwindigkeit nähert sich das Signal in km/h?
(111 km/h)

3. Aufgabe:
Eine Schallquelle bewegt sich mit 40% der Schallgeschwindigkeit an einem ruhenden Beobachter vorbei.
a) Zeigen Sie, daß für den Frequenzunterschied gilt:

$$\Delta f = \frac{2uv}{u^2 - v^2} \cdot f$$

b) Bestimmen Sie die Frequenzänderung im vorliegenden Fall.
(0,95 f)

4. Aufgabe:

Eine Schallquelle sendet ein Signal der Frequenz 1000 Hz aus.

a) Die Schallquelle bewegt sich mit 100 m/s auf den ruhenden Beobachter zu. Berechnen Sie die meßbare Frequenzänderung.

b) Der Empfänger bewegt sich 100 m/s auf die ruhende Schallquelle zu. Berechnen Sie die meßbare Frequenzänderung.

c) Bestimmen Sie den prozentualen Unterschied der Frequenzänderung in den Fällen a) und b).

d) Wie groß muß, in Abhängigkeit von der Schallgeschwindigkeit u, die Bewegung eines Objektes sein, damit der prozentuale Unterschied in den beiden Fällen a) und b) 10% beträgt?

(1417 Hz, 1294 Hz, 9,5%, 0,3u)

---

5. Aufgabe:

Ein Radargerät der Polizei sendet elektromagnetische Wellen der Frequenz 500 MHz aus. Welche Frequenzänderung wird durch ein mit 124 km/h fahrendes Fahrzeug hervorgerufen.

(57 Hz)

---

6. Aufgabe:

Elektromagnetische Wellen der Wellenlänge 1,0 cm werden von einem Sender in Richtung eines bewegten Objektes ausgestrahlt. Die empfangene, reflektierte Welle besitzt einen Frequenzunterschied von 6660 Hz.

a) Leiten Sie die Beziehung her $v = \Delta f \cdot \lambda$.

b) Bestimmen Sie die Geschwindigkeit des Objektes in km/h.

(240 km/h)

---

7. Aufgabe:

Bei einer astronomischen Untersuchung wird Licht der Wellenlänge 520 nm empfangen. Eine vergleichbare Lichtquelle im Labor liefert jedoch Licht der Wellenlänge 550 nm.

a) Bestimmen Sie den Frequenzunterschied der beiden Lichtquellen.

b) Mit wieviel Prozent der Lichtgeschwindigkeit bewegt sich das astronomische Objekt, wenn man die Erde als ruhenden Beobachter betrachtet.

($3,15 \cdot 10^{13}$ Hz, 5,8%)

7.3.2 Bewegung mit Überschallgeschwindigkeit

Als Ende August 1939 der erste Flug mit einem turbinengetriebenen Flugzeug ("Düsenflugzeug") stattfand, wurde gleichzeitig der Geschwindigkeitsrekord von Propellerflugzeugen übertroffen. Das Düsenflugzeug erreichte mühelos 750 km/h. Bald stellte sich die Frage, ob es möglich wäre, Flugzeuge mit diesem neuartigen Triebwerk zu bauen, die schneller als der Schall fliegen können. Nach mehreren Jahren intensiver technischer Forschung gelang dann am 14.10.1947 dem amerikanischen Flieger Charles Yeager der erste Überschallflug.

Während dieser Jahre zeigte sich, daß beim Annähern an die Schallgeschwindigkeit enorme äußere, mechanische Kräfte auf das Flugzeug einwirken. Dies führte sogar zur Zerstörung von Teilen des Flugzeuges und zum Absturz bei einigen Probeflügen. Nach Überschreiten der Schallgeschwindigkeit ändern sich die Strömungsverhältnisse der Luft und damit die Flugeigenschaften radikal. Wie ist dies alles zu erklären?

Wenn ein Objekt, im folgenden stets ein Flugzeug, Schallwellen aussendet, bilden sich, wie bereits des öfteren erwähnt, Verdichtungen (Stellen mit höherem Luftdruck als normal) und Verdünnungen (Stellen mit niedrigerem Luftdruck als normal) in der umgebenden Luft. In Abb. 7.3.3 sind die Verdichtungen einer Schallwelle als Kreislinie um das (ruhende) Objekt F eingezeichnet.

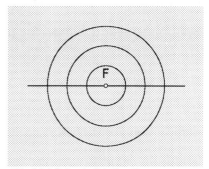

Abb. 7.3.3 Ruhende Schallquelle

Bewegt sich das Objekt, werden sich in Bewegungsrichtung die Verdichtungen zusammenschieben (vgl. Doppler-Effekt). Bei Annäherung an die Schallgeschwindigkeit liegen diese Verdichtungen sehr eng beieinander (Abb. 7.3.4). Das Flugzeug durchstößt in rascher Folge Stellen mit hohem Luftdruck, gefolgt von Stellen mit niedrigerem Luftdruck. Dies wirkt wie mechanische Schläge auf das Flugzeug. Von dieser Schlagwirkung kann sich jeder überzeugen, der bei einem schnell fahrenden Auto die Hand mehrmals hintereinander kurzzeitig aus dem Fenster streckt und wieder zurückzieht.

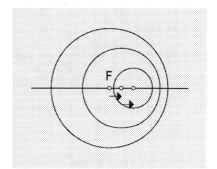

Abb. 7.3.4 Bewegte Schallquelle

Im Grenzfall bewegt sich das Flugzeug genau mit Schallgeschwindigkeit. Dann treffen die Verdichtungen aller ausgehenden Schallwellen an einer Stelle zusammen (Abb. 7.3.5).
Es entsteht ein Ort mit extrem hohem Luftdruck, der auf das Flugzeug wie eine Wand wirkt. Man nennt diese Stelle deshalb auch **Schallmauer**.

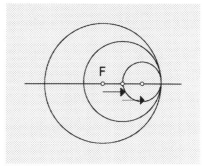

Abb. 7.3.5
Schallquelle mit Schallgeschwindigkeit

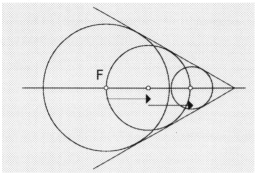

Abb. 7.3.6 Schallquelle mit Überschallgeschwindigkeit

Beim Überschreiten der Schallgeschwindigkeit nach Durchstoßen der Schallmauer können sich die vom Flugzeug ausgehenden Schallwellen nicht mehr nach vorne ausbreiten, da sie zu langsam sind. Die gesamten, vom Flugzeug abgestrahlten Schallwellen bilden nun nicht mehr ein kugelförmiges Schallfeld, sondern einen kegelförmigen Körper (Abb. 7.3.6), den sogenannten **Mach-Kegel** (nach dem Physiker E. Mach).

Da sich nun vor dem Objekt keine Stellen mit wechselndem Luftdruck befinden, ändert sich das Verhalten der am Flugzeug vorbeiströmenden Luft. Dies ergibt eine stark veränderte Wirbelbildung, beispielsweise an den Flügeln des Flugzeuges, und damit eine Änderung der Flugeigenschaften.

Die Form des Machkegels hängt von der Geschwindigkeit des Flugzeuges ab. In Abb. 7.3.7 sind jeweils zwei Objekte F und F′ im zeitlichen Abstand T eingetragen.

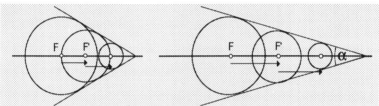

Abb. 7.3.7 Schallquellen mit verschiedenen Überschallgeschwindigkeiten

Die Schallwelle (Geschwindigkeit u) breitet sich in dieser Zeit um eine Wellenlänge aus, das Objekt selbst legt die Strecke $s = vT = \overline{FF'}$ zurück. Für den Öffnungswinkel α des Kegel gilt:

$$\sin\alpha = \frac{\lambda}{s} = \frac{\lambda}{vT}$$

Nach der Wellengleichung (Gl. 6.1.1) gilt: $\lambda = u \cdot T$

⇨ $$\boxed{\sin\alpha = \frac{uT}{vT} = \frac{u}{v}}$$ (Gl. 7.3.1)

Das Verhältnis $\frac{v}{u} = M$ heißt **Mach-Zahl** und gibt das Verhältnis der Geschwindigkeit eines Objektes zur Schallgeschwindigkeit an. Mach 1 heißt, das Objekt bewegt sich mit Schallgeschwindigkeit, bei Mach 2 mit doppelter Schallgeschwindigkeit.

$$\sin\alpha = \frac{u}{v} = \frac{1}{M}$$

Interessant ist es auch sich zu überlegen, wie eine Person auf dem Erdboden das Geräusch eines mit Überschall fliegenden Flugzeuges im Gegensatz zu einem mit Unterschall fliegenden vernimmt (ohne Berücksichtigung des Doppler-Effektes). Abb. 7.3.8 zeigt zuerst den Unterschallfall.

Beim Nähern des Objektes nimmt die Lautstärke zu, erreicht sein Maximum und klingt beim Entfernen wieder ab. Es bildet sich im Diagramm eine glockenähnliche Kurve.

Im Überschallfall (Abb. 7.3.9) vernimmt der Beobachter zuerst gar nichts. Erst wenn ihn das Objekt passiert hat und er in den Einflußbereich des Machkegels gerät, trifft ihn der Schall. Dieses plötzliche Autref-fen der Schallwelle bewirkt im Diagramm ein sprunghaftes Ansteigen der Lautstärke. Danach klingt das Geräusch allmählich ab. Dieses sprunghafte Ansteigen der Lautstärke vernimmt man als lautes, explosionsartiges Geräusch und nennt es **Überschallknall** (vgl. auch Abb. 7.1.10, Darstellung eines Knalles auf einem Oszillographen).

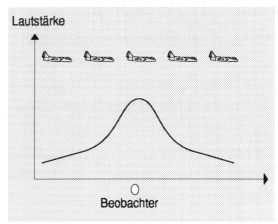

Abb. 7.3.8 Lautstärke beim Unterschallflug

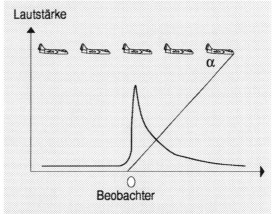

Abb. 7.3.9 Lautstärke beim Überschallflug

Der Überschallknall ist das akustische Zeichen der plötzlich auftreffenden Schallwelle. Er entspricht dem schlagartigen Anstieg des Luftdruckes (Verdichtungsstelle der longitudinalen Schallwelle). Dieses Ansteigen kann mechanische Schäden, z.B. Eindrücken von Fensterscheiben, hervorrufen. Man bezeichnet deshalb die sich in einem Mach-Kegel ausbreitende Schallwelle auch als **Schockwelle**.

Tatsächlich vernimmt man beim Überfliegen eines Flugzeuges mit Überschallgeschwindigkeit im Abstand von ca. einer Zehntel Sekunde zwei Knallgeräusche. Dies rührt daher, daß das Flugzeug kein punktförmiges Objekt ist. Der erste Knall wurde vom Bug (Kopfwelle), der zweite vom Heck (Heckwelle) des Flugzeuges verursacht. In einer Zehntel Sekunde legt das Flugzeug (mit Schallgeschwindigkeit) 34 m zurück. Dies entspricht in etwa der Flugzeuglänge.

Der Effekt des Überschallknalles ist nicht nur bei Flugzeugen zu beobachten. Er tritt bei Geschützen ebenso auf. Bewegt sich das Ende einer geschwungenen Peitsche mit Überschall, hört man die Peitsche knallen. Auch dies ist ein Überschallknall.

Beispiel:
Auf einem Berghang, 300 m von einem Beobachter entfernt und 80 m über ihm (siehe Abb. 7.3.10), wird eine Superkanone horizontal abgefeuert. Das Projektil verläßt den Lauf mit einer Geschwindigkeit von 510 m/s und soll, der Einfachheit halber, geradlinig weiterfliegen.

Für die Machzahl des Geschosses gilt:

$$M = \frac{v}{u} = \frac{510m \cdot s}{340m \cdot s} = 1,5$$

Das Geschoß fliegt also mit 1,5-facher Schallgeschwindigkeit.

Abb. 7.3.10 Abschuß eines Projektils

Um die Zeitdauer zu bestimmen, bis das Abschußgeräusch den Beobachter trifft, berechnet man zuerst die Entfernung e_1 der Kanone:

$$e_1^2 = 80^2 \ m^2 + 300^2 \ m^2 \qquad \Rightarrow \qquad e_1 \approx 310 \ m$$

Da die Schallgeschw. 340 m/s beträgt ergibt sich für die Zeit t_1: $\quad t_1 = \frac{310m \cdot s}{340m} \approx 0,91s$

Da sich das Geschoß mit Überschall bewegt, vernimmt der Beobachter den Überschallknall, wenn er in den Machschen Kegel gerät. Für den Öffnungswinkel α gilt:
$$sin \ \alpha = M^{-1} \quad \Rightarrow \quad \alpha \approx 42°$$
Wie weit (Strecke e_2) ist nun das Geschoß vom Beobachter entfernt, damit er in den Machschen Kegel gerät. Dazu wird der Kegel mit dem Radius r = 80 m der Grundfläche, der Höhe e_2 und dem Öffnungswinkel α betrachtet. Es gilt:

$$tan \ \alpha = \frac{r}{e_2}; \quad e_2 = \frac{r}{tan \ \alpha} = \frac{80m}{0,9} \approx 89m$$

Das Geschoß hat insgesamt 389 m zurückgelegt. Die dafür benötigte Zeit t_2 ist:
$$t_2 = \frac{389m \cdot s}{510m} \approx 0,76s$$

Der Beobachter vernimmt also zwei Knallgeräusche. Das erste, der Überschallknall des Geschosses, nach 0,76 s, das zweite, das Explosionsgeräusch beim Abfeuern, nach 0,91 s.

Bei sehr großen Lautstärken kann die Schallgeschwindigkeit in Luft wesentlich höher sein, als 340 m/s (bis zu 1000 m/s). Der Grund dafür liegt in der Eigenart der longitudinalen Welle. Die Lautstärke entspricht der Amplitude der Welle. Bei Schallwellen äußert sich dies in Verdichtungen und Verdünnungen der Luft. Diese Luft kann nun zwar fast beliebig verdichtet werden (extrem hoher Luftdruck), beim Verdünnen stößt man aber an eine natürliche Grenze, das Vakuum. So entsteht eine Welle die im Gegensatz zu einer Transversalwelle, keine Sinusform mehr besitzt. Dies führt zu Effekten, die die Ausbreitungsgeschwindigkeit der Welle stark verändern können.

Aufgaben:

1. Aufgabe:
Die Concorde ist ein mit Überschall fliegendes Passagierflugzeug. Allerdings darf sie den Überschallflug nur über dem Meer durchführen. Begründen Sie diese Einschränkung.

2. Aufgabe:
Bestimmen Sie den Öffnungswinkel des Machschen Kegels für ein Objekt, das sich mit 3-facher Schallgeschwindigkeit bewegt.
(19,5 °)

3. Aufgabe:
Der Öffnungswinkel eines Machschen Kegels für eine Rakete beträgt 10°. Bestimmen Sie die Geschwindigkeit der Rakete in km/h. Welcher Machzahl entspricht sie?
(7050 km/h, Mach 5,8)

4. Aufgabe:
Ein Projektil wird mit der Mündungsgeschwindigkeit von 600 m/s von einer geeigneten Vorrichtung abgefeuert und fliege reibungsfrei. Ein Beobachter befindet sich 500 m von der Abschußstelle entfernt und 100 m unter der Flugbahn. Hört er zuerst den Überschallknall oder die Explosion, verursacht durch den Abschuß? Geben Sie die beiden Laufzeiten an.
(1,1 s; 1,5 s)

5. Aufgabe:
Ein Projektil wird von einer geeigneten Abschußvorrichtung mit der Mündungsgeschwindigkeit v abgefeuert und fliege reibungsfrei. Der Beobachter befindet sich 500 m vom Abschußort entfernt und 100 m unter der Flugbahn (vgl. Aufgabe 4). Erstellen Sie eine Tabelle der Zeiten, bis der Beobachter den Überschallknall hört, wenn die Mündungsgeschwindigkeit von 350 m/s in Schritten von 50 m/s gesteigert wird. Bei welcher Geschwindigkeit liegt die Zeit unter einer Sekunde?
(1,44 s, 1,41 s, 1,30 s, 1,22 s, 1,14 s, 1,08 s, 1,02 s, 0,97 s, 700 m/s)

7.4 Musik

Wenn man auf dem Klavier zwei beliebige Tasten gleichzeitig anschlägt, kann man angenehme (**Konsonanz**) oder unangenehme Klänge (**Dissonanz**) erhalten. Dabei kommt es lediglich auf den Abstand der beiden Tasten an, nicht jedoch auf ihre Lage. Die Konsonanz, bzw. Dissonanz zweier Töne hängt also nicht von den absoluten Tonfrequenzen ab. Untersuchungen hinsichtlich der Konsonanz von Tönen führt man am einfachsten mit einem sogenannten **Monochord** durch (Abb. 7.4.1). Ein solches Gerät besteht im Prinzip aus einer gespannten Saite. Streicht man die Saite mit einem Bogen an (vgl. Geige, Cello,...), oder

zupft sie (vgl. Gitarre, Harfe,...) oder schlägt sie an (vgl. Klavier), so entsteht ein Ton, der durch einen Resonanzkörper verstärkt wird. Da die Saite an beiden Enden eingespannt ist, müssen sich an diesen Stellen Knoten der entstehenden Welle

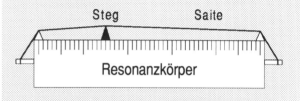

Abb. 7.4.1 Monochord

befinden. Dies bedeutet, daß die sich ausbildende Wellenlänge ein ganzzahliges Vielfaches von $\frac{\lambda}{2}$ sein muß.

In Abb. 7.4.2 sind mögliche Schwingungen einer solchen Saite dargestellt. Im ersten Bild ist dabei die Grundschwingung mit der Frequenz f zu erkennen. Der dazugehörige Ton heißt Grundton. Doch auch weitere Töne, die sogenannten Obertöne, sind möglich. Da der Grundton die größte Lautstärke besitzt und die gleichzeitig vorhandenen Obertöne übertönt, setzt man im Monochord einen Steg an bestimmte Stellen, der auf der Saite einen Knoten

erzwingt. Die daraus resultierende Schwingung stellt nun den Grundton dar und ist am stärksten zu hören. Der Steg in der Abb. 7.4.2 ist jeweils so angebracht, daß die Gesamtlänge der Saite in 2,3,4,... gleiche Teile geteilt wird. Rechts neben den schwingenden Saiten steht in der Abb. die Anzahl der Wellenlängen, die sich dann ausbilden. Nach der Wellengleichung u = λ · f kann man die dazugehörigen Frequenzen ausrechnen und das Verhältnis zur Grundfrequenz bilden. Auch diese Werte sind in der Abb. eingetragen. Besitzt beispielsweise der Grundton die Frequenz 100 Hz, ergeben sich die Frequenzen 200 Hz, 300 Hz, 400 Hz, usw.

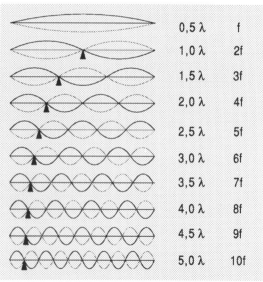

Abb. 7.4.2 Grund- und Obertöne einer schwingenden Saite

Spielt man nun auf zwei gleichartigen Monochorden mit verschiedener Stegeinteilung den dazugehörigen Ton, stellt man fest, daß für das Empfinden der Konsonanz (Dissonanz) das Verhältnis der jeweiligen Tonfrequenzen entscheidend ist. Ein solches Verhältnis von Tonfrequenzen heißt **Tonintervall**. Abb. 7.4.3 zeigt die verschiedenen Verhältnisse mit den Namen, die die Musikwissenschaft ihnen gegeben hat. Es zeigt sich, daß Tonintervalle mit möglichst einfachen Zahlenverhältnissen als konsonant empfunden werden. Kommen in den Verhältnissen Zahlen größer als 8 vor, klingen sie zunehmend dissonant, ebenso Verhältnisse mit der Zahl 7.

Konsonanz

Frequenz- verhältnisse	Verhältnis- name	
1:1	Prim	
2:1	Oktave	
3:2	Quinte	
4:3	Quarte	zunehmend
5:3	große Sexte	konsonant
5:4	große Terz	
6:5	kleine Terz	
8:5	kleine Sexte	
9:5	kleine Septime	
9:8	große Sekunde	zunehmend
15:8	große Septime	dissonant
16:15	kleine Sekunde	

Dissonanz

Abb. 7.4.3 Frequenzverhältnisse

Die Zahl der möglichen Töne (bzw. der Frequenzverhältnisse) ist unbegrenzt. Von ihnen benutzt die Musik nur eine endliche Anzahl, die durch Buchstaben bezeichnet werden. Töne, deren Frequenzverhältnis ganzzahlig ist (z.B. die Oktave), erhalten denselben Buchstaben und werden durch einen Index, bzw. durch Striche gekennzeichnet (z.B. c_1, c_2, c_3, oder c', c'', c'''). Abb. 7.4.4 zeigt die der Größe nach geordneten, in der Musik verwendeten Frequenzverhältnisse mit ihren Namen. Wählt man die Länge der Saite des Monochords so, daß der Grundton die Frequenz 264 Hz besitzt, erhält er den Namen c_1, bzw. c'. Die in der Musik weiter verwendeten Tonnamen sind ebenfalls angegeben.

Prim	große Sekunde	große Terz	Quarte	Quinte	große Sexte	große Septime	Oktave
1:1	9:8	5:4	4:3	3:2	5:3	15:8	2:1
(1,000)	(1,125)	(1,250)	(1,333)	(1,500)	(1,667)	(1,875)	(2,000)
264 Hz	297 Hz	330 Hz	352 Hz	396 Hz	440 Hz	495 Hz	528 Hz
c'	d'	e'	f'	g'	a'	h'	c''

Abb. 7.4.4 c-Dur Tonleiter

Abb. 7.4.5 zeigt die in der Musik übliche Schreibweise der Töne mit ihren Namen in den Musiklinien. Die Reihenfolge dieser Töne wird, da sie bei c beginnt, als **reine c-Dur-Tonleiter** bezeichnet.

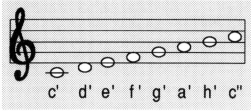

Abb. 7.4.5 c-Dur in Notenschreibweise

Beginnt man die Tonleiter nicht bei c, sondern einem anderen Ton, z.B. f, und berechnet mit diesem Ton als Grundton die Frequenzverhältnisse für die darauffolgenden Töne, erhält man zum Teil abweichende Werte. In Abb. 7.4.6 sind diese Tonleitern für die Töne c, f, g und a angegeben. Vergleicht man die weiß hinterlegten Werte der c-Dur-Tonleiter mit denen der f-Dur-Tonleiter, erkennt man, daß in der f-Dur-Reihe ein Ton erklingt, der etwa in der Mitte zwischen den Tönen h und c der c-Dur-Reihe liegt. Auch für andere Tonreihen kann dies festgestellt werden. Wie soll nun ein Instrument gestimmt werden, wenn sich, je nach Anfangston, verschiedene Frequenzen ergeben? Man beseitigt diese Schwierigkeit auf zweierlei Art:

	c	f	g	a
c	128			
d	144			
e	160			
f	170,7	170,7		
g	192	192	192	
a	213	213,4	216	213,3
h	240	227,6	240	240
c '	264	256	256	266,7
d '	297	284,5	288	284.4
e '	330	320,1	320	320
f '	352	341,4	360	355,6
g '	396	384	384	400
a '	440	426,8	432	426,7
h '	495	455,2	486	479,9
c "	528	512,1	540	533,3

Abb. 7.4.6 Frequenzen bei reiner Stimmung

a) Zwischen einigen Tönen (wie z.B. h und c) wurden insgesamt 5 Zwischentöne eingebaut (die schwarzen Tasten am Klavier). Ist ein Ton einer Tonreihe höher als der dazugehörige Ton der c-Dur-Reihe, erhält er als Namenszusatz die Buchstaben "is" (z. B. g ➪ gis). Ist er tiefer, wird "es", bzw. nur ein "s" angehängt (d ➪ des, a ➪ as). Eine Ausnahme bildet der Ton h. Der tiefere Zwischenton heißt nicht hes, sondern "b". Daraus ergeben sich die in Abb. 7.4.7 dargestellten Tonnamen.

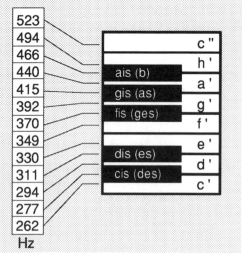

Abb. 7.4.7 Klaviertastatur mit Frequenzen

b) Es wurden Frequenzen festgelegt (bzw. das Frequenzverhältnis geändert), die eigentlich für alle Tonleitern falsch sind, die aber die geringsten Abweichungen von den jeweiligen Tonreihen aufweisen. Auf diese Weise entsteht die **gleichmäßig temperierte chromatische Tonleiter**, deren Grundlage auf den Organisten A. Werckmeister (1691) zurückgeht. Tab. 7.4.1 zeigt die geänderten Frequenzen. Die Frequenzen der reinen Stimmung stehen in Klammern dabei.

Ton	Frequenzverhältnis zum Grundton
c	1,0000 (1,000)
cis (des)	1,0595
d	1,1225 (1,125)
dis (es)	1,1892
e	1,2599 (1,250)
f	1,3348 (1,333)
fis (ges)	1,4142
g	1,4983 (1,500)
gis (as)	1,5874
a	1,6818 (1,667)
ais (b)	1,7818
h	1,8878 (1,875)
c'	2,0000 (2,000)

Abb. 7.4.8
Frequenzen bei internationaler Stimmung

Der Grundton, von dem man nun bei jeder Stimmung ausgeht, ist der Ton a mit einer Frequenz von 440 Hz. Das darunter und das darüber liegende c besitzen dann die Frequenzen 262 Hz und 523 Hz. Diese Stimmung nennt man international. Im Gegensatz dazu existiert eine physikalische Stimmung, die bei elektronischen Musikinstrumenten und Stimmgeräten viel leichter eingesetzt werden kann. Dabei wird dem c' die Frequenz 256 Hz = 2^8 Hz zugeordnet, c'' der Wert 512 Hz = 2^9 Hz. Also ist c'' = $2 \cdot$ c'. Die 12 dazwischen liegenden Töne werden gleichmäßig eingeteilt. Das Verhältnis von einem zum nächsten Ton beträgt dann die 12. Wurzel aus 2.

Die Methode der temperierten Stimmung ermöglichte erst das reine Zusammenspielen verschiedener Instrumente und verhalf der Musik zu einem großen Aufschwung. Besonders bekannt dürfte das "Wohltemperierte Klavier" sein, eine Sammlung von Musikstücken von Johann Sebastian Bach (1685 - 1750), in der er alle Möglichkeiten der neuen Stimmungsart durchspielte.

Wenn nun auch alle Instrumente gleichgestimmt sind, so sind doch die Resonanzkörper der Instrumente verschieden. Je nach Form und Art dieser Resonanzkörper werden verschiedene Obertöne eines Grundtones besser oder schlechter verstärkt, bzw. ganz unterdrückt. Selbst die Lackierung oder der angesetzte Staub spielen dabei eine Rolle. Sehr bekannt sind beispielsweise die berühmten Geigen des italienischen Geigenbauers Antonio Stradivari (1644 - 1737), die einen hervorragenden Klang besitzen. Man kann sie nicht nachbauen, da man die Zusammensetzung des von ihm verwendeten Lackes nicht kennt.

Will man in elektronischen Geräten den Klang eines natürlichen Musikinstrumentes simulieren, muß man genau die Arten und Lautstärken der jeweiligen Obertöne eines Tones auf diesem Instrument widergeben. Dabei stört die Exaktheit der Technik oft. Hat man einmal die Anzahl und Stärke der Obertöne festgelegt, bleibt dies im gesamten spielbaren Bereich gleich. Dies ist bei natürlichen Instrumenten nicht der Fall, so daß eine exakte Simulierung heute noch nicht möglich ist.

7.5 Zusammenfassung

Die Akustik ist die Lehre vom Schall. Der Schall selbst wird in vier Bereiche eingeteilt: **Akustischer Schall, Infraschall, Ultraschall** und **Hyperschall.** Lediglich die erste Art kann von einem Menschen mit Hilfe des Gehöres ohne technische Hilfsmittel wahrgenommen werden.

Schallwellen breiten sich in Form longitudinaler Wellen in einem Medium aus. Treffen Schallwellen auf ein Hindernis, werden sie unter demselben Winkel, unter dem sie auftreffen, wieder reflektiert.

Reflektierte Schallwellen können stehende Wellen bilden, die sich gut zur Messung der Schallgeschwindigkeit eignen (Kundtsches Staubrohr).

Trifft eine Schallwelle auf einen schwingungsfähigen Körper, kann dieser zum Mitschwingen angeregt werden. Ist der angeregte Körper aufgrund seiner Bauweise in der Lage dieselbe Schwingung durchzuführen (Erregerfrequenz = Eigenfrequenz), tritt **Resonanz** ein. Dies kann zu einer erheblichen Verstärkung der Schwingung führen.

Breiten sich Schallwellen in einem Medium aus, gibt es neben der Wellenlänge, der Frequenz und der Ausbreitungsgeschwindigkeit noch weitere, physikalisch meßbare Größen: die **Schallstärke I,** die **Schalleistung P** und die **Lautstärke** Λ. Die auf den Menschen unmittelbar einwirkende Größe ist die Lautstärke. Es existiert eine **Schwellenschallstärke** I_o, das ist ein Schallsignal, das gerade noch zu hören ist. Weitere Lautstärken werden im Verhältnis dazu mit dem Beiwort **Phon** angegeben. Es gilt:

$$\Lambda = 10 \cdot \lg \frac{I}{I_0} \ \text{Phon}$$

Die Schwellenschallstärke I_o wird als 0 Phon bezeichnet. Ab 130 Phon Lautstärke können beim Menschen auch kurzzeitige Signale Schmerzen hervorrufen und zur Störung des Hörvermögens führen.

Bewegt sich die Schallquelle oder der Empfänger oder auch beide, tritt beim Empfang des Schallsignals eine Frequenzverschiebung (**Doppler-Effekt**) zur original ausgestrahlten Schallwelle auf. Ist die Bewegung klein gegenüber der Schallgeschwindigkeit u, so gibt es in erster Näherung keinen Unterschied in den auftretenden Fällen. Es gilt:

$$f' = \frac{1}{1 - \frac{v}{u}} \cdot f = \left(1 + \frac{v}{u} \right) \cdot f$$

Bei Bewegung mit Überschall verändert sich die Form der Schallausbreitung drastisch. Die Schallwellen können nur noch innerhalb eines Kegel vernommen werden, dessen Spitze das sich bewegende Objekt bildet. Vernimmt ein Beobachter die Schallwelle, hört er zuerst den Überschallknall.

Kapitel 8

Der Kreislauf des Wassers in der Natur
aus: Kirchner, Mundus subterraneus, S. 233, Kupferstich 1668

Physik der Atmosphäre

Überblick:

Grundlage der Meteorologie sind die physikalischen Größen Druck, Temperatur, Luftfeuchtigkeit und deren Messung. Bei der Auswertung der Daten für Wettervorhersagen müssen allerdings auch die Geowissenschaften berücksichtigt werden.

Zeittafel:

Evangelista Torricelli (1608 - 1647)
Der Schüler Galileis bereitete den Weg zur Erfindung des Quecksilberbarometers. Eine ältere Einheit des Druckes wurde ihm zu Ehren "Torr" genannt.

Blaise Pascal (1623 - 1662)
Er entwickelte die Lehre vom Gleichgewicht der Flüssigkeiten. Im Jahre 1648 demonstrierte er auf dem Puy de Dome einen Barometerversuch zum Nachweis der Abnahme des Luftdruckes mit der Höhe.
Sein Name wurde deshalb für die Einheit des Druckes ausgewählt.

Gabriel Daniel Fahrenheit (1686 - 1736)
Fahrenheit baute Thermometer mit Quecksilber und Alkoholfüllung. 0° (Fahrenheit) legte er bei der Temperatur einer Kältemischung aus Eis, Salmiak und Wasser zu Grunde (–17,77°C). Als zweiten Festpunkt wählte er den Gefrierpunkt von Wasser (0°C) mit 32°F.

René Antoine Ferchauld de Réaumur (1683 - 1757)
Réaumur teilte den Bereich zwischen Gefrierpunkt und Siedepunkt des Wassers in 80 Teile auf (20°R = 25°C).

Anders Celsius (1701 - 1744)
Professor der Astronomie in Uppsala (Schweden). Celsius schlägt die Einteilung eines Thermometers in 100 Teile (Grade) zwischen schmelzendem Eis und siedendem Wasser bei Normaldruck vor.

William Thomson, Lord Kelvin of Largs (1824 - 1907)
Als Begründer der klassischen Thermodynamik definiert er u.a. den Begriff der absoluten Temperatur (Kelvinskala). Von 1846 bis 1899 war er Professor der theoretischen Physik an der Universität Glasgow.

Josef Stefan (1835 - 1893)
Er beschäftigte sich mit der Strahlung schwarzer Körper (Gesetz von Stefan und Boltzmann) und mit der kinetischen Gastheorie. Ihm gelang die Bestimmung der Oberflächentemperatur der Sonne.

Ludwig Boltzmann (1844 - 1906)
Seine Hauptarbeit liegt auf dem Gebiet der Wärmetheorie. Dabei entwickelt er in der Gastheorie grundlegende Beziehungen zwischen Entropie und Wahrscheinlichkeit mit Hilfe der Statistik.

8.1 Die wichtigsten Größen der Wetterbeobachtung

Für die Durchführung von Wetterbeobachtungen benötigt man mehrere gute und zweckentsprechende **Meßgeräte**. Die richtige Auswahl des **Standortes** für die einzelnen Geräte ist entscheidend für eine korrekte Wetterbeobachtung, z.B. sind Beeinflussungen der Messung durch den Erdboden, durch Heizungen o.ä. zu vermeiden.
Will man zu überzeugenden Aussagen im Wettergeschehen kommen, muß man **täglich** zu den **gleichen** Zeiten Messungen vornehmen und aufzeichnen (Wettertagebuch führen).

Folgende Parameter sind für die Wetteraufzeichnungen notwendig:
Druck, Temperatur, Luftfeuchtigkeit, Menge und Form des Niederschlages, Windrichtung und Windgeschwindigkeit, Bewölkungsgrad.

Im Folgenden werden in Kürze die Parameter und ihre Messung besprochen:

a) Der Luftdruck
Aus dem Physikunterricht der Mittelstufe ist bekannt, daß der Druck als Quotient von Kraft durch Fläche definiert ist:

$$p = \frac{F}{A}$$ \qquad \text{wobei } F \perp A \text{ gilt} \qquad (Gl. 8.1.1)

Die Einheit des Druckes wird aus der Formel zu N/m² abgeleitet und Pa(Pascal) genannt:

$$[p] = 1 \frac{N}{m^2} = 1 \, Pa$$

1hPa (Hektopascal) = 100 Pa

Man unterscheidet den statischen Druck (z.B. den durch eine Flüssigkeitssäule oder Gassäule erzeugte Druck) und den dynamischen Druck (Staudruck; z.B. Wind auf die Segel eines Schiffes)[*].

---

[*] vgl. Kap. 9.2, Seite 285

Die Messung des Luftdruckes kann mit jeder genügend hohen Flüssigkeitssäule erfolgen. Üblicherweise verwendet man Dosenbarometer. Sie enthalten eine luftleere Metalldose mit einer membranähnlichen Oberfläche, welche vom Luftdruck zusammengedrückt werden kann. Die Bewegung der Dosenoberfläche wird auf einen Zeiger übertragen, welcher auf einer Skala den zur Zeit der Messung herrschenden Luftdruck wiedergibt. (siehe Abb. 8.1.1)

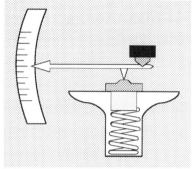

Abb. 8.1.1 Dosenbarometer

Die Werte, die man an seinem eigenen Barometer abliest, entsprechen meist nicht den im Radio bekanntgegebenen Werten, da diese auf Meereshöhe umgerechnet sind. In Tab. 8.1.1 ist der mittlere Luftdruck in verschiedenen Höhen angegeben.

Höhe in m	0	100	200	300	400	500	600	700	1000
Luftdruck in hPa	1013	1002	990	978	966	954	942	930	896

Tab. 8.1.1 Mittlerer Luftdruck

b) Die Temperatur

Die Temperatur wird gemäß der Definition von **Celsius** in °C (Grad Celsius) gemessen. Dabei hat Anders Celsius die Temperatur des schmelzenden Eises bei 0°C festgelegt, die Temperatur des siedenden Wassers bei einem Druck von 1013,2 hPa auf 100°C. Andere Einteilungen, wie **Réaumur** und **Fahrenheit,** werden nur noch selten verwendet.

Wie ein T-V-Diagramm zeigt, stellt der Zusammenhang zwischen Temperatur und Volumen zwar eine Gerade dar, jedoch geht sie nicht durch den Koordinatenursprung. Der Schnittpunkt der Gerade mit der T-Achse liegt bei – 273,2°C.

Diese Temperatur bezeichnet man als 0 K (Kelvin). Die Kelvinskala beginnt also bei –273,2°C und wird mit den gleichen Abständen wie die Celsiusskala fortgesetzt. Folgende "Regeln" kann man sich merken:

$$°C = K - 273,2$$

und

$$K = °C + 273,2$$

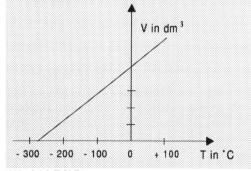

Abb. 8.1.2 T-V-Diagramm

Zur Messung der Lufttemperatur lassen sich Flüssigkeitsthermometer (z.B. mit Quecksilber, Toloul oder Alkohol) einsetzen. Quecksilber wird wegen seiner Giftigkeit kaum mehr verwendet. Es eignet sich auch nur für Temperaturen über –30°C. Die anderen Flüssigkeitsthermometer sollte man nicht der direkten Sonnenbestrahlung aussetzen, da es dann zu Bläschenbildung kommt, und die Instrumente dadurch sehr ungenau werden.

Eine genauere, auch ganztägige Aufzeichnung der Temperatur läßt ein Thermograph (siehe Abb. 8.1.3) zu. Ein Schreiber zeichnet den gesamten Temperaturverlauf auf. Meistens ist dieses Gerät mit einem Hydrographen (Messung der Luftfeuchtigkeit, vgl.c) kombiniert.

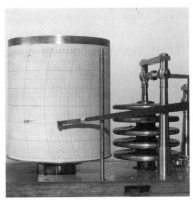

Genaue Messungen kann man auch mit elektrischen Thermometern durchführen. Hier gibt es das Thermoelement (dient zur Messung von Temperaturunterschieden, vgl. 9.Klasse), oder das Widerstandsthermometer, welches die Abhängigkeit des elektrischen Widerstandes von der Temperatur ausnutzt.

Abb. 8.1.3 Thermograph

c) Luftfeuchtigkeit

Unter Luftfeuchtigkeit versteht man den Gehalt an gasförmigem Wasserdampf in der Luft. Sie unterliegt zeitlich und räumlich großen Schwankungen. Für alle Lebewesen ist die Luftfeuchtigkeit von großer Bedeutung. Organische Substanzen reagieren auf die Veränderung der Luftfeuchtigkeit zum Teil relativ heftig.

Die Menge des Wasserdampfes in der Luft läßt sich in der Einheit g/m^3 angeben (Bedeutung: Wieviel g Wasserdampf befinden sich in einem m^3 Luft?). Die zugehörige Größe nennt man **absolute Luftfeuchtigkeit** (A). Ebenso ist eine Angabe in g/kg (Bedeutung: Wieviele g Wasserdampf befinden sich in einem kg Luft?) möglich. Hier spricht man von der **spezifischen Luftfeuchte** (S).

Ebenso wie die Luft, lastet auch der Wasserdampf mit seinem Gewicht auf der Erdoberfläche. Das bedeutet, daß der Wasserdampf, genauso wie die Luft allgemein, einen Druck auf die Erdoberfläche ausübt. Der Wasserdampfgehalt der Luft läßt sich deswegen auch als **Dampfdruck** (D) angeben. Dieser Dampfdruck ist der Anteil am gesamten Luftdruck, der durch den Wasserdampf verursacht wird. Nun kann die Luft nicht beliebig viel Wasserdampf aufnehmen. Das Maximum an aufnehmbarem Wasserdampf bezeichnet man als **Sättigungsfeuchte** (F in g/m^3, Abb. 8.1.4), oder, wenn man den Dampfdruck als Einheit verwendet, als **Sättigungsdampfdruck** (E). Wenn der Sättigungszustand der Luft erreicht ist, kann kein weiterer Wasserdampf mehr aufgenommen werden. Man bezeichnet die Temperatur, bei der die Luft den Sättigungsdampfdruck erreicht auch als **Taupunkt**. Der Sättigungsdampfdruck ist von der Temperatur abhängig: bei kälterer Luft ist die Menge an aufnehmbarem Wasserdampf wesentlich geringer als bei warmer Luft. Das bedeutet, daß bei Abkühlung von gesättigter, warmer Luft der zuviel vorhandene Wasserdampf in Form von Niederschlag (Tropfenbildung, Eisteilchen) ausfällt.

Den Quotienten aus vorhandenem Dampfdruck und Sättigungsdampfdruck (angegeben in Prozent) bezeichnet man als **relative Luftfeuchtigkeit f:**

$$f = \frac{D}{E} \cdot 100\% \quad \text{oder} \quad f = \frac{A}{A_{Max}} \cdot 100\%$$

Die relative Luftfeuchtigkeit hat ohne die Angabe der Temperatur keine Aussagekraft. Bei gesättigter Luft beträgt sie 100%.

Beispiel 8.1:
Bei einer Temperatur von 10°C beträgt der Sättigungsdampfdruck 12,3 hPa. Bei einem Dampfdruck von 6,15 hPa handelt es sich damit um 50% relative Luftfeuchtigkeit.

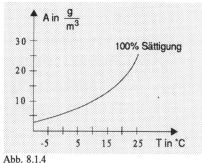

Abb. 8.1.4
Aufnahmefähigkeit der Luft für Wasserdampf

Zur Messung der Luftfeuchtigkeit nutzt man die Längenänderung organischer Substanzen (z.B. Haare), welche bei Änderung der Luftfeuchtigkeit eintritt. So erfährt ein Haar bei einer Zunahme der relativen Luftfeuchtigkeit um 10% eine Längenzunahme um 0,25%.

Das entsprechende Meßinstrument heißt (Haar-)Hygrometer und kann zusammen mit dem Thermometer in einen Thermohydrographen eingebaut werden. Das Hygrometer ist vor direkter Sonneneinstrahlung zu schützen, da die organische Substanz sonst austrocknen kann, wodurch Meßfehler von mehr als 15% hervorgerufen werden.

d) Niederschlagsmenge

Zur Messung des Niederschlages wird ein Gefäß definierter Grundfläche mit Verdunstungsschutz verwendet. Dieses Gefäß ist möglichst windgeschützt aufzustellen, und auch vor direkter Sonneneinstrahlung zu schützen. Verschiedene Einsätze berücksichtigen die Art des Niederschlages (Regen oder Schnee). Gemessen wird die Niederschlagshöhe in mm. Dabei bedeutet:

$$1 \text{ mm Niederschlagshöhe} = 1 \frac{l}{m^2} = 10 \frac{m^3}{ha}$$

Bei den Niederschlagsarten unterscheidet man im wesentlichen zwischen Niesel- oder Sprühregen (Tropfen < 0,5 mm); Land- oder Schauerregen (Tropfen zwischen 0,5 mm und 4 mm); Schnee, Graupel und Hagel.

e) **Wind**

Beim Wind interessieren zwei Faktoren: zum einen ist die Windrichtung von Bedeutung; zum anderen die Windgeschwindigkeit. Zur Bestimmung der Windrichtung genügt eine sogenannte Windfahne. Die Geschwindigkeit mißt man mit einem Schalenkreuzanemometer (Abb. 8.1.5). Die Drehgeschwindigkeit des Meßinstrumentes ist direkt proportional zur Windgeschwindigkeit.

Die Reibung des Windes am Boden hat zur Folge, daß die Windgeschwindigkeit zum Boden hin abnimmt. Um vergleichbare Werte zu erzielen, hat man eine Meßhöhe von 10 m über Grund festgelegt. In 2 m Höhe ist die Windgeschwindigkeit um ca. 33% geringer.

Die Windgeschwindigkeiten werden in 12 sogenannten "**Beaufortgraden**" (Windstärke; Zusammenstellung nach Auswirkungen des Windes) zusammengefaßt. Dabei bedeutet:

Abb. 8.1.5 Anemometer

0 *Windstille*; 3 *schwache Brise* (3,4 – 5,4 m/s); 6 *starker Wind* (10,8 – 13,8 m/s); 9 *Sturm* (20,8 – 24,4 m/s) und 12 *Orkan* (> 32,6 m/s)

f) **Bewölkungsgrad und Wolken**

Den Bewölkungsgrad des Himmels hält man durch kleine, in Viertel geteilte Kreise fest, je nachdem welcher Teil des Himmels bewölkt ist (Tab. 8.1.2). Die Bestimmung des Bewölkungsgrades ist also relativ subjektiv.

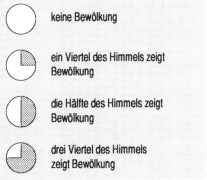

Tab. 8.1.2 Bewölkungsgrade

Wolken bestehen je nach Temperatur aus feinsten Wassertröpfchen oder kleinen Eisteilchen. Sie entstehen durch **Kondensation**[*] (Wasserdampf wird zu Wasser) bzw. durch **Sublimation**[**] (Wasserdampf wird zu Eisteilchen). Für ihre Entstehung ist, neben einer relativen Luftfeuchtigkeit von 100%, das Vorhandensein von Kondensationskeimen notwendig. Meistens handelt es sich dabei um elektrisch geladene Staubteilchen, Salzpartikel oder ähnliches.

---

[*] condensare (lat.) = dicht zusammendrängen, [**] sublimare (lat.) = emporheben

Eine grobe Einteilung der Wolken erfolgt in einzeln auftretenden Haufenwolken (**Cumulus**[*]), in die in waagrechten Schichten auftretenden Schichtwolken (**Stratus**[**]) und in die Federwolken (**Cirrus**[***]), welche faserförmig aussehen. Je nach Höhe der Wolken spricht man von "*hohen Wolken*" (6km – 13km), "*mittelhohen Wolken*" (2km – 6km) und "*tiefen Wolken*" (Höhe < 2km). Wolken mit großer, vertikaler Erstreckung können sich über alle drei Wolkenbereiche ausbreiten. Zu diesen Wolken zählen die Schönwetterhaufenwolken (*Cumulus, Quellwolken*) sowie Gewitter- oder Schauerwolken (*Cumulonimbus*). Sie entstehen an heißen schwülen Tagen (hohe Luftfeuchtigkeit, vgl. 8.3) und bringen u.a. Graupel und Hagel mit sich. Ebenso können sie auf der Rückseite einer Wetterstörung auftreten.

Federwolken (*Cirrus*), feine Schäfchenwolken (*Cirrocumulus*) und Schleierwolken (*Cirrostratus*) gehören zu den hohen Wolken. Grobe Schäfchenwolken (*Altocumulus*) und mittelhohe Schichtwolken (*Altostratus*) zählen zu den mittelhohen Wolken, während zu den tiefen Wolken die Haufenschichtwolken (*Stratocumulus*), tiefe Schichtwolken (*Stratus*) und die Regenwolken (*Nimbostratus*) gehören. Die verschiedenen Wolken verraten einiges über bevorstehende Wetteränderungen, z.B. deuten Cirren mit Krallen oder Haken auf eine Wetterverschlechterung hin. Zieht Cirrostratus unter Verdichtung rasch von Westen her auf, so ist das ein noch deutlicherer Hinweis auf schlechtes Wetter. Grobe Schäfchenwolken am Vormittag in langgestreckten Wolkenbänken kündigen für den Nachmittag Gewitter an, während die mittelhohen Schichtwolken einen Übergang vom Cirrostratus zu Regenwolken darstellen. Tiefe Schichtwolken sehen aus wie Nebel (Hochnebel) und liefern feintropfigen Sprühregen.

Auf dem Boden aufliegende Wolken, in denen die Sichtweite weniger als 1 km beträgt, bezeichnet man als Nebel (Tröpfchengröße kleiner als 0,01 mm). Die einzelnen Tröpfchen sind so klein, daß man sie einzeln nicht wahrnehmen kann. Die Anzahl der Tröpfchen in einer Wolke beträgt ca. $500/cm^3$. Die Wassermenge ist allerdings kleiner als $1 \ g/m^3$, was wesentlich weniger ist, als der Anteil von Wasserdampf in der Wolke.

Die synoptische Wetterkarte

Eine Zusammenfassung aller Parameter zu einem bestimmten Zeitpunkt über ein größeres Gebiet (z.B. Europa) bezeichnet man als **synoptische**[4] **Wetterkarte**. Die Abb. 8.1.6 zeigt eine solche Wetterkarte zusammen mit den üblichen Symbolen (Tab. 8.3.1). Die Luftdruckverhältnisse werden durch Linien gleichen Luftdrucks (**Isobare**), ähnlich den Höhenlinien

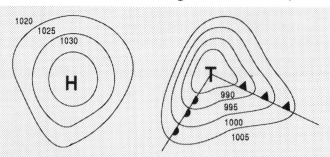

auf einer geographischen Karte, dargestellt (Abb. 8.1.7). Aus der aktuellen Wetterlage, welche in der synoptischen Wetterkarte zum Ausdruck kommt, können kurzfristige Wettervorhersagen gewonnen werden.

Abb. 8.1.7 Isobaren

---

[*] cumulare (lat.) = anhäufen, [**] stratum (lat.) = hingestreut, [***] cirrus (lat.) = Haarlocke,
[4] synopsis (lat.) = Zusammenschau

Die Isobaren bilden meistens in sich geschlossene Linien, welche ein Gebiet mit hohem Luftdruck (**Hoch**; H) oder eines mit tiefem Luftdruck (**Tief**; L) einschließen. Knicke in den geschlossenen Linien zeigen "Wetterfronten" (vgl. 8.3).

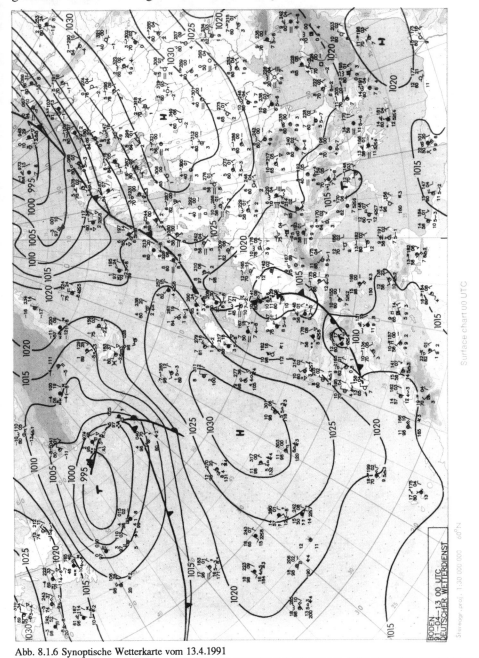

Abb. 8.1.6 Synoptische Wetterkarte vom 13.4.1991

Heutzutage wird die Wetterlage weltweit durch Wettersatelliten überwacht. Dabei unterscheidet man im wesentlichen zwei unterschiedliche Arten von Satelliten: die geostationären (wie z.B. METEOSAT), welche in einer Höhe von 36000 km (vergleiche Kapitel 5.5.2) einen festen Standort über der Erdoberfläche haben, und Satelliten, welche in ca. 1,5 Stunden auf einem bestimmten Längengrad in einer Höhe von 1500 km von Pol zu Pol kreisen. Weiterhin verwendet man Radiosonden und Ballone zur Wetterüberwachung.

In Wetterkarten häufig verwendete Zeichen zeigt Tab. 8.1.3.

T oder L	Tiefdruck	H	Hochdruck
∞	Dunst	≡	starker Dunst
≡	Nebel	•	Regen
▽	Schauer	🌙	Niesel
△	Graupel	✳	Schnee
R	Gewitter	1016	Luftdruck (hPa)
◎	ausgedehntes Niederschlagsgebiet		
▴▴▴	Warmfront	▲▲▲	Kaltfront
▴▲▴	Okklusionsfront		

Windgeschwindigkeiten

◎	0 Knoten
—○	1 - 2 Knoten
⌐○	3 - 7 Knoten
∟○	8 - 12 Knoten
⊩○	23 - 27 Knoten

usw.
Pfeilrichtung in Windrichtung
1 m/s entspricht 2 Knoten

Tab. 8.1.3 Symbole der Wetterkarte

Aufgaben:

1. Aufgabe:
Berechen Sie den Luftdruck, den eine Luftmasse von 10 kg auf einer Fläche von 60 cm^2 bewirkt.
(164 hPa)

2. Aufgabe:
Welche Masse Luft lastet auf einem m^2, wenn ein Luftdruck von 1013 hPa (500 hPa) herrscht?
($103 \cdot 10^2$ kg/m^2; $51 \cdot 10^2$ kg/m^2)

3. Aufgabe:
Welche Höhe hat eine Wassersäule (Quecksilbersäule), die den gleichen Druck (1013 hPa) wie die Luft am Boden hervorruft?
(10,3 m ; 0,76 m)

4. Aufgabe:
Zeichnen Sie zur Tabelle 8.1.1 ein h-p-Diagramm.

5. Aufgabe:
Wie groß ist die absolute Luftfeuchtigkeit, wenn 1% der vorhandenen Luftmasse Wasserdampf ist ($\rho = 1,3$ kg/m^3)? Für welchen Temperaturbereich ist dies möglich?
(13 g/m^3; bis ca. 15°C)

6. Aufgabe:
Einen schönen Anblick bieten Tautropfen in der Morgensonne. Tau kann jedoch nur bei einem bestimmten *Taupunkt* entstehen. Erklären Sie den Begriff *Taupunkt*.

7. Aufgabe:
20°C warme Luft der relativen Luftfeuchtigkeit von 40% wird durch Aufsteigen in kühlere Luftschichten auf 10°C abgekühlt. Wie groß ist die relative Luftfeuchtigkeit bei dieser Temperatur? Geben Sie den Taupunkt dieser Luftmasse an.
(74%; ≈ 5°C)

8. Aufgabe:
Auf welche Temperatur ist 25°C warme Luft der relativen Luftfeuchtigkeit von 25% abzukühlen, damit sie gesättigt ist?
(≈ 2°C)

9. Aufgabe:
a) Der Wetterbericht berichtet, daß am Vortag 12 mm Niederschlag gefallen sind. Wieviel Liter Regen hat damit ein 700 m^2 großer Garten abbekommen?
b) In einem Monat sind 112 mm Niederschlag gefallen. Berechnen Sie die Wassermenge in Liter für eine Fläche von 1cm^2, 1dm^2 und 1ha.
c) Im Jahresmittel betragen die Niederschläge rund 1000 mm.
   i) Welche Niederschlagsmenge ist damit täglich (monatlich) zu erwarten?
   ii) Würde das in den Wolken vorhandene Wasser völlig ausregnen, bekäme man eine Niederschlagshöhe von 25 mm. Für wieviele Tage würde diese Wassermenge maximal ausreichen?
(8400 l; 0,0112 l/cm^2; 1,12 l/dm^2; 1120000 l/ha; 2,7 mm; 83 mm; gut 9 Tage)

10. Aufgabe:
In 2 m Höhe wird ein Wind der Geschwindigkeit 15 km/h gemessen.
a) Erklären Sie, warum die Windgeschwindigkeit in 10 m Höhe größer ist!
b) Berechnen Sie die Windgeschwindigkeit in der Höhe von 10 m.
c) Welche Stärke hat dieser Wind?
(50 km/h; 6)

11. Aufgabe:
Führen Sie in den nächsten Wochen ein Wettertagebuch. Ermitteln Sie dazu die für Sie meßbaren Größen des Kapitels 8.1.

8.2 Aufbau der Atmosphäre

8.2.1 Schichten und Zusammensetzung der Erdatmosphäre

In der untersten Schicht der Erdatmosphäre, der **Troposphäre**, spielt sich das bekannte Witterungsgeschehen ab. Wasserdampf, Spurengase sowie Staub- und Schmutzteilchen nehmen Infrarotstrahlung auf und sorgen für eine entsprechende Erwärmung. Die sich anschließende **Tropopause** hat eine Höhe von 8 km - 17 km. Die Höhe ist von der Jahreszeit und von der geographischen Breite abhängig. Am Pol liegt die Tropopause am niedrigsten, während sie am Äquator ihre höchsten Werte erreicht. Die Tropopause hemmt (**Inversion/ Sperrschicht**) weitestgehend den Teilchenaustausch zwischen Troposphäre und der sich bis

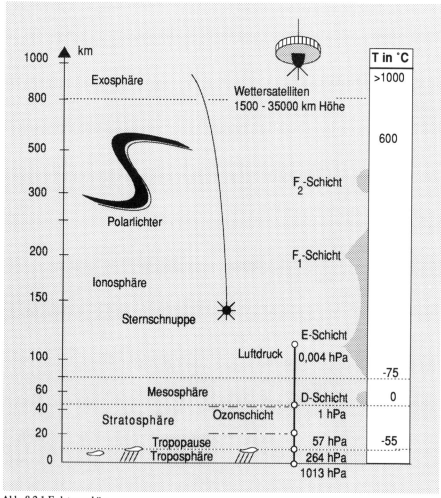

Abb. 8.2.1 Erdatmosphäre

ca. 35 km Höhe anschließenden **Stratosphäre**. In dieser Schicht findet die Bildung und Zerstörung von Ozon (O_3) durch die UV-Strahlung der Sonne statt. In der **Mesosphäre** steigt die Temperatur bis auf Erdbodenwerte an. Die Aufheizung erfolgt hier durch die Absorption der UV-Strahlung durch das Ozon. Die Mesosphäre reicht bis in eine Höhe von ca. 80 km. Anschließend kommt die sogenannte **Ionosphäre**. Die Dichte der Ionosphäre ist sehr gering (10^{-11} bis 10^{-14} kg/m³). Sie besteht aus Sauerstoff und Stickstoffatomen. In dieser Schicht werden die Röntgen- und γ-Strahlen absorbiert. Dadurch entstehen sehr hohe Temperaturen (bis zu 2000K), sowie Ionen, da durch die Absorption den Atomen Elektronen weggerissen werden. Es bilden sich Schichten mit hohem Anteil an Ionen (D,E,F-Schicht). Je nach Jahreszeit (Sommer) und Tageszeit (Tag) spalten sich die Schichten in zwei (z.B. F_1- und F_2-Schicht) auf. In der Ionosphäre findet die Reflexion von Radiowellen statt. Den Abschluß der Atmosphäre bildet die **Exosphäre**, welche im wesentlichen aus Wasserstoff besteht. Die Exosphäre geht ohne scharfe Grenze in den interplanetaren Raum über.

Bestandteil	Chem. Zeichen	Dichte Luft:1	Volumenprozent
Stickstoff	N_2	0,9673	78,08
Sauerstoff	O_2	1,1056	20,95
Argon	Ar	1,379	0,93
Kohlendioxyd	CO_2	1,528	0,03
Krypton	Kr	2,818	$1,1 \cdot 10^{-4}$
Xenon	Xe	4,42	$0,9 \cdot 10^{-5}$
Neon	Ne	0,674	$1,8 \cdot 10^{-3}$
Helium	He	0,1368	$5,0 \cdot 10^{-4}$
Wasserstoff	H_2	0,0696	$<10^{-3}$
Ozon	O_3	1,624	$2 \cdot 10^{-4}$

Tab. 8.2.1 Zusammensetzung der Erdatmosphäre

8.2.2 Die Abnahme des Luftdruckes mit der Höhe

Wenn man annimmt, daß der auf der Erdoberfläche gemessene Luftdruck auch in höheren Schichten der Erdatmosphäre herrscht, gelangt man zu folgender Modellrechnung:

Auf der Erdoberfläche mißt man: $p = 1013$ hPa $= 101300$ Pa $= 101300 \frac{N}{m^2}$

Daraus kann man bestimmen, wieviel Luftmasse auf einem Quadratmeter ruhen, indem man den oben berechneten Wert durch den Ortsfaktor g = 9,81 $\frac{m}{s^2}$ dividiert. Man erhält einen Wert von 10326 $\frac{kg}{m^2}$ (vgl. Aufgabe 2, Seite 252).

Geht man weiter von der konstanten Dichte von 1,293 $\frac{kg}{m^3}$ aus, berechnet sich die Höhe der gesamten Luftsäule zu:

$$H = \frac{10326 \text{ kg} / \text{m}^3}{1,293 \text{ kg} / \text{m}^3} = 7,9 \cdot 10^3 \text{ m} \approx 8 \text{ km}$$

Das würde bedeuten, daß sehr hohe Berge, wie z.B. der Mt. Everest in ihren höheren Regionen nicht mehr von der Atmosphäre umgeben wären.

An der Ausgangsüberlegung wurden zwei Dinge übersehen. Zum einen hängt der Druck, wie man bereits aus der 8. Klasse weiß, von der darüberstehenden "Materiesäule" ab (vgl. Abb. 8.2.2), zum anderen ist die Temperatur des Mediums zu beachten.

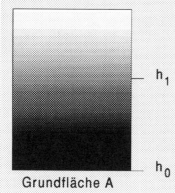

Grundfläche A

Abb. 8.2.2

In der Höhe h_0 lastet auf der Fläche A mehr Materie, als in der Höhe h_1. Damit ist der Druck bei h_0 größer als in der Höhe h_1.

Wie sieht die Abnahme des Druckes mit zunehmender Höhe aus? Hierbei muß man unterscheiden, wie sich die "Materiesäule" aufbaut: handelt es sich um eine (**nicht komprimierbare**) Flüssigkeit, erfolgt die Abnahme **linear**. Bei einem leicht **komprimierbaren** Gas dagegen wird die Materie in den unteren Schichten weiter zusammengedrückt (verdichtet), so daß die Abnahme nicht linear verläuft, sondern **exponentiell**.

Am Boden (h_0) liegt der Druck $p_0 = \frac{G}{A}$ vor, wobei G die Gewichtskraft auf die darüberlastende Luft ist (vergleiche Abb. 8.2.3).

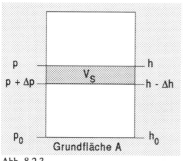

Abb. 8.2.3

In der Höhe h ($>h_0$) herrscht nur noch der Druck p($<p_0$). Zur Berechnung der **Druckabnahme** liefert das Volumenstück (V_S) der Höhe Δh:

$$-\Delta p = \frac{G_s}{A} = \frac{m_s \cdot g}{A} = \frac{\rho \cdot V_s \cdot g}{A} = \frac{\rho \cdot A \cdot \Delta h \cdot g}{A}$$

(G_S : Gewichtskraft, welche auf das Luftvolumen mit der Höhe Δh ausgeübt wird; m_S ist die zugehörige Masse)

Durch Kürzen der Fläche gelangt man zu:

$$\boxed{\Delta p = -\rho \cdot g \cdot \Delta h} \qquad \text{(Gl. 8.2.1)}$$

$$\boxed{\rho = -\frac{\Delta p}{g \cdot \Delta h}} \qquad \text{(Gl. 8.2.2)}$$

Bis hinauf zur Mesosphäre ist die **Molekularmasse** der Luft konstant $29 \, \frac{kg}{kmol}$. Mit Hilfe der **idealen Gasgleichung** ergibt sich:

$$\frac{p \cdot V}{T} = n \cdot R \quad (R = 8,314 \cdot 10^3 \, \frac{J}{K \cdot kmol})$$

(p: Druck; V: Volumen; T: Temperatur in K und n: Anzahl der Mol)

Für die Molmasse M_{Mol} gilt: $\quad M_{Mol} = \frac{m}{n} \quad \Rightarrow \quad n = \frac{m}{M_{Mol}}$; (mit m: Masse des Gases)

eingesetzt in die Gasgleichung:

$$\frac{p \cdot V}{T} = \frac{m \cdot R}{M_{Mol}} = m \cdot 2,87 \cdot 10^2 \, \frac{m^2}{s^2 \cdot K} = m \cdot R_M$$

$$\frac{p}{T} = \frac{m}{V} \cdot R_M = \rho \cdot R_M$$

Setzt man in die gewonnene Gleichung für ρ Gl. 8.2.2 ein erhält man:

$$\frac{p}{T} = -\frac{\Delta p}{\Delta h \cdot g} \cdot R_M$$

$$\Rightarrow \qquad \boxed{\frac{\Delta p}{\Delta h} = -\frac{g}{R_M \cdot T} \cdot p} \qquad \text{(Gl. 8.2.3)}$$

Aus der gewonnenen Gleichung kann man ablesen:
1. Die Druckabnahme wird mit zunehmender Höhe geringer.
2. Die Druckabnahme ist bei kalter Luft größer als bei warmer Luft (T steht im Nenner).

Abb. 8.2.4 zeigt ein h-p-Diagramm. Die Daten wurden mit Hilfe der Gleichung 8.2.3 gewonnen.

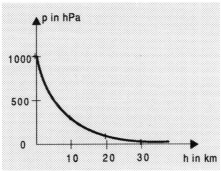

Abb. 8.2.4 h-p-Diagramm

8.2.3 Strahlungsbilanz Erde - Atmosphäre

a) Energietransport

Fast die gesamte Energie, welche die "Maschine" Atmosphäre für ihre Vorgänge (Wetter, Wind, Regen) zur Verfügung hat, stammt von der **Sonne**. Vor der Untersuchung des gesamten Energiehaushaltes sollen erst einmal in Frage kommende Energietransportmechanismen erläutert werden.

Eine Möglichkeit des Energietransportes ist die **Wärmeleitung**, wie man sie z.b. von Metallstäben her kennt. Diese Art des Wärmetransportes spielt im Erdboden und in den untersten Luftschichten, die ihre Temperatur weitestgehend dem Erdboden angleichen, eine Rolle. Für die Atmosphäre ist sie, wegen der schlechten Wärmeleitfähigkeit der Luft, nur von untergeordneter Bedeutung.

Der Energietransport in der Atmosphäre erfolgt zum großen Teil durch **Konvektion** und **Advektion**. Dabei handelt es sich bei der Konvektion um einen vertikalen Luftmassenaustausch durch aufsteigende, warme Luft, bzw. herabsinkende, kalte Luft. Advektion ist ein Luftmassenaustausch in horizontaler Richtung, also durch Wind.
Ein weiterer Wärmetransport erfolgt mit Hilfe des Wasserdampfes. Verdunstet auf der Erdoberfläche Wasser zu Wasserdampf, werden zum **Verdunsten von 1 g Wasser ca. 2260 J benötigt**. Diese Energie wird als **Kondensationswärme** in der Atmosphäre bei der **Wolkenbildung** wieder frei. Bei der Taubildung wird dieselbe Energiemenge frei, bei der **Reifbildung** kommen noch einmal **335 J/g Erstarrungswärme** hinzu.

Der Wärmetransport von der Sonne zur Erde und ihrer Atmosphäre geschieht durch **Strahlung**. Hierbei handelt es sich um einen Energietransport, der auch im luftleeren Raum ablaufen kann. Für die Beschreibung der Strahlung verwendet man die Gesetze für einen **schwarzen (idealen) Strahler.**

b) Der Energiehaushalt

Die Sonne liefert der Erde pro Quadratmeter eine Strahlungsleistung von **1,37 kW (Solarkonstante S)**. Für die Erwärmung der betroffenen Fläche ist es von zentraler Bedeutung, unter welchem Winkel die Strahlung auftrifft. Bei flachem Einfallswinkel wird die gleiche Energiemenge auf eine größere Fläche verteilt (Abb. 8.2.5).

Die Erde kann die ankommende Energie nicht behalten. Über ein größeres Zeitintervall gibt die Erde die gleiche Energiemenge wieder ab, die sie von der Sonne erhalten hat. Wäre das nicht so, würden sich die Klimaverhältnisse auf der Erde verändern.

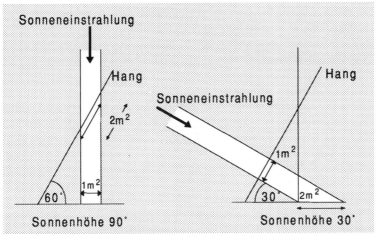

Abb. 8.2.5 Energieeinstrahlung der Sonne

Die Abb. 8.2.6 zeigt, wie die ankommende Energie von der Sonne prinzipiell verwertet wird: 5% der Strahlung werden von der Erdoberfläche reflektiert; 25% von der Atmosphäre (Wolken; Streuung). 22% der ankommenden Energie wird von der Erdoberfläche absorbiert, 25% von der Atmosphäre. Weitere 23% gelangen durch atmosphärische Streuung zur Erdoberfläche.

Insgesamt werden also vom Erde-Atmosphäre-System 70% absorbiert und 30% sofort wieder reflektiert.

Die verbleibenden 70% werden durch Oberflächenemission der Erde (4%) und durch atmosphärische Emission (66%) wieder abgegeben.

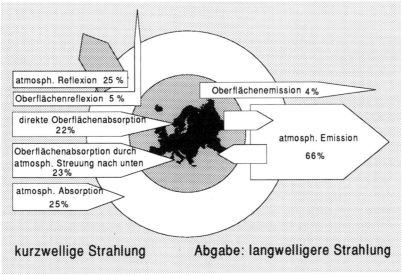

Abb. 8.2.6 Energiebilanz der Erde

Insgesamt stellt sich auf der Erde ein **Strahlungsgleichgewicht** ein, dessen Temperatur mit Hilfe des Gesetzes von **Stefan** und **Boltzmann** berechnet werden kann.

Dieses Gesetz gilt genaugenommen nur für einen idealen (schwarzen) Strahler und lautet:

$L = \sigma \cdot A \cdot T^4$ mit L: Strahlungsleistung; A: Oberfläche des Körpers (Strahlers) und

$$\sigma = 5,667 \cdot 10^{-8} \frac{W}{m^2 \cdot K^4} \text{(Strahlungskonstante)}$$

Das Gesetz von Stefan und Boltzmann beschreibt die Abgabe der Strahlungsleistung eines Strahlers, hier der Erde.

Die Aufnahme der ankommenden Strahlung durch die Erde kann man sich folgendermaßen vorstellen:

Eine Hälfte der Erde zeigt zur Sonne hin, so daß eine Fläche, entsprechend eines Kreises des Radius r_{Erde}, die Energie (bestimmt durch die Solarkonstante S) aufnimmt. Dabei muß man die direkt reflektierte Strahlungsleistung (ca. 30%) in Rechnung stellen:

$L = r^2 \cdot \pi \cdot S \cdot (1 - a)$ mit a = 0,30 (Albedo; Rückstrahlvermögen).

Setzt man die beiden Strahlungsleistungen gleich, läßt sich die Gleichgewichtstemperatur berechnen:

$$r^2 \cdot \pi \cdot S \cdot (1 - a) = \sigma \cdot 4 \cdot \pi \cdot r^2 \cdot T^4$$

$$T^4 = \frac{S \cdot (1-a)}{4 \cdot \sigma} = \frac{1,37 \, kW \cdot 0,7 \cdot m^2 \cdot K^4}{4 \cdot 5,667 \cdot 10^{-8} \, W \cdot m^2} = 4,2 \cdot 10^9 \, K^4$$

und damit ist T = 255K = – 18°C.

Diese Temperatur ist, verglichen mit der tatsächlichen Durchschnittstemperatur der Erdoberfläche (**ca. 15° C**) viel zu gering.

Der Grund für die zu niedrige Gleichgewichtstemperatur ist im Abstrahlmechanismus zu sehen. Wie man schon der Abb. 8.2.6 entnehmen kann, geschieht die Abstrahlung in einem langwelligeren Bereich als die Strahlungsaufnahme. Für diese Umsetzung ist die Atmosphäre verantwortlich, und hier in erster Linie die Wolken. Hier findet unter Reflexion eines Teiles der Energie eine Verschiebung zu längeren Wellenbereichen statt (vgl. Treibhaus). **Je größer der Grad der Bewölkung ist, umso höher wird die Bodentemperatur**. Bei fehlender Bewölkung ist die Energieabstrahlung höher (z.B. in klaren Nächten), und es kann somit zu Frösten (**Strahlungsfröste**) kommen.

Durch die verschiedene Einstrahlungsintensität (vgl. Abb.8.2.6), durch unterschiedliches Rückstrahlvermögen (Schnee höher als Erde) und unterschiedliche, atmosphärische Emission (Wolken, Staub) wird die Atmosphäre in verschiedenen Bereichen unterschiedlich erwärmt. Durch das Zusammenspiel dieser Faktoren wird das Wetter überhaupt erst erzeugt. Wird einer der Faktoren entscheidend verändert, kann dies nachteilige Auswirkungen auf das Klima mit sich bringen (z.B. Erhöhung des Staubanteils in der Atmosphäre durch Vulkanausbrüche).

c) Der Wasserkreislauf

Das wesentliche Lebenselement für Menschen, Tiere und Pflanzen auf der Erde ist das Wasser. Auch das Bodenbild der Erde ist erst durch Wasser gestaltet worden. Abhängig von der unter 8.2.3 erklärten Energiezufuhr, durchläuft das irdische Wasser ebenfalls einen entsprechenden Kreislauf.

Das meiste Wasser befindet sich in den Weltmeeren mit einem Anteil von 97,2%. 2,0% findet man im Eis der Gletscher und der Polargebiete, 0,6% tritt in Form von Grundwasser auf und nur 0,02% befindet sich in den Flüssen und Seen. Einen verschwindend kleinen Anteil macht der atmosphärische Wasserdampf mit 0,001% aus. Würde aller, in der Atmosphäre befindlicher Wasserdampf kondensieren und ausregnen, ergäbe dies nur eine Niederschlagshöhe von 25 mm.

Im jährlichen Mittel fallen jedoch **980 mm Niederschlag**, was bedeutet, daß innerhalb von 9-10 Tagen der gesamte, in der Atmosphäre vorhandene, Wasserdampf ausregnet, und wieder neu ersetzt werden muß. Vom Niederschlag gelangen ca. 45 % über das Grundwasser oder über Flüsse und Seen in die Meere. Rund 10% werden unmittelbar verdunstet und weitere 45% durch Transpiration der Pflanzen wieder an die Atmosphäre zurückgegeben. An diesem hohen Anteil kann man die Bedeutung des Festlandes (insbesondere der Pflanzen) am Wasserkreislauf erkennen (tropische Wälder; Amazonasgebiet).

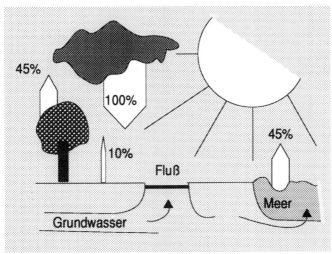

Abb. 8.2.7 Wasserkreislauf

261

Aufgaben:

1. Aufgabe:
Berechnen Sie den Druck, den eine Wassersäule der Höhe 0 m, 2 m, 4 m, 6 m, 8 m, 10 m und 11 m ausübt, in Hektopascal. Stellen Sie diesen Zusammenhang graphisch dar.
(196 hPa; 392 hPa; 589 hPa; 785 hPa; 981 hPa; 1079 hPa)

2. Aufgabe:
Eine Luftsäule habe einen Bodenluftdruck von 1000 hPa. Berechnen Sie den Druck in einer Höhe von 500 m, 1000 m, 1500 m und 2000 m über dem Boden bei einer Temperatur von 10°C (Hinweis: Verwenden Sie Gl.8.2.3). Fertigen Sie ein h-p-Diagramm an.
(940 hPa; 883 hPa; 829 hPa; 779 hPa)

3. Aufgabe:
In einer Wolke herrsche eine Temperatur von 4°C (rel. Luftfeuchtigkeit: 100%).
a) Wieviel g Wasserdampf sind pro m^3 in dieser Wolke vorhanden?
b) Nehmen Sie an, daß 15% des vorhandenen Wasserdampfes dieser Wolke kondensieren. Wieviel Energie wird dabei pro m^3 frei?
c) Welche Temperatur kann 1 m^3 Luft durch diese Energiezufuhr erreichen?
(6,4 g/m^3; 2,2 · 10^3 J; 5,7°C)

4. Aufgabe:
Wieviel Energie muß man aufbringen, um die Niederschlagsmenge von 2 mm eines Quadratmeters vollständig zum Verdunsten zu bringen?
(4,5 · 10^3 kJ)

5. Aufgabe:
Auf welche Fläche verteilt sich die Sonnenenergie eines Strahlenbündels von 1 m^2 bei einer Sonnenhöhe von 60° (45°).
(1,15 m^2; 1,41 m^2)

6. Aufgabe:
Welche Gleichgewichtstemperatur würde man erhalten, wenn das Rückstrahlvermögen a der Erde 0 wäre?
(279 K)

7. Aufgabe:
Welche Energie strahlt die Sonne pro Sekunde aus, wenn in der Entfernung der Erde pro Quadratmeter 1,37 kW Strahlungsleistung nachgewiesen werden können? (*Anm.*: Diesen Wert nennt man *Leuchtkraft* der Sonne.)
(3,8 · 10^{26} W)

8.3 Das Wetter

8.3.1 Die Luftbewegungen

Horizontale Luftbewegungen

Öffnet man bei einem geheizten Zimmer ein Fenster, so merkt man, wie kühle Luft unten hereinströmt, während erwärmte Luft oben das Zimmer verläßt. Durch den Temperaturunterschied von Zimmer und Außenluft treten Dichte- und damit Druckunterschiede auf. Die oben beschriebene Luftbewegung versucht die vorhandenen Druckunterschiede wieder auszugleichen. Derartige Druckunterschiede treten auf der Erde durch die unterschiedliche Erwärmung von Land und Wasser, Hang und Ebene, Feld, Wald und Stadt, usw. überall auf. Global ist ein Temperatur- und Druckgefälle vom Äquator zu den Polen auf der Erde vorhanden.

Wie schon beim Aufbau der Atmosphäre in 8.2.1 besprochen, gibt es auch Temperaturunterschiede in vertikaler Richtung. Sie führen zu **vertikalen Luftbewegungen** (Aufsteigen und Absinken von Luftmassen), sofern die Temperaturabnahme größer als 1 K pro 100 m ist. Die durch die Gewichtskraft bedingte, natürliche Druckabnahme führt selbstverständlich nicht zu vertikalen Luftbewegungen.

Zwei nebeneinander befindliche Luftsäulen mit gleicher Temperatur haben auch ein gleiches Druckgefälle (hervorgerufen durch die Gewichtskraft auf die Luftmassen). In Bodenhöhe herrsche ein Druck von 1000 hPa, in einer Höhe von 5500 m von 500 hPa (Abb.8.3.1).

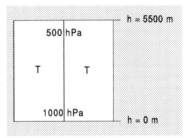

Abb. 8.3.1

Die linke Luftsäule werde nun, z.B. durch günstigere Sonneneinstrahlung, um 10 K erwärmt, während die rechte Säule bei der Ausgangstemperatur von Abb. 8.3.1 verbleibt (Abb. 8.3.2).

Dadurch herrscht bei der linken Luftsäule in einer Höhe von 5500 m noch ein Druck von 520 hPa (500 hPa werden hier erst in 5700 m Höhe erreicht), da die Dichte der wärmeren Luft geringer ist. In der Höhe wird der Druckunterschied durch eine Luftbewegung (Wind) von links nach rechts ausgeglichen. Der Luftdruck in der linken Hälfte fällt, während er in der rechten steigt. Dadurch entsteht eine weitere Luftbewegung am Boden von rechts nach links, solange, bis die Druck- und Temperaturunterschiede wieder ausgeglichen sind (**Zweikammermodell**).

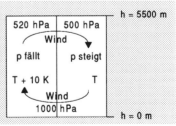

Abb. 8.3.2

Mit Hilfe des Zweikammermodells lassen sich z.B. sehr gut lokale Windsysteme, wie Land- und Seewind oder Hangwinde erklären (vgl. Aufgabe 1).

Versucht man dieses System erdumspannend anzuwenden, würde man zunächst zu folgendem, globalen Windsystem gelangen: Eine Kammer entspricht den wesentlich höher erwärmten Regionen am Äquator, die andere den kalten Polen. Dann müßte den obigen Überlegungen folgend in der Höhe warme Luft polwärts strömen, während am Boden kalte Luft zum Äquator fließt. Das bedeutet, daß an den Polen ein Hochdruck am Boden vorherrscht, während man am Äquator tiefen Luftdruck verzeichnet.

Aus folgenden Gründen ist es in Wirklichkeit anders:

1. Durch die **Eigenrotation** der Erde erfolgt eine Ablenkung der Winde aus der ursprünglichen Nord-Süd-Richtung. Ein Punkt am Äquator hat durch die Erdrotation eine Geschwindigkeit von etwa 1667 km/h, in einer geographischen Breite von 30° noch ca. 1441 km/h, bei 60° nur mehr 835 km/h und am Pol 0 km/h. Eine Luftmasse, welche am Äquator startet, ist bestrebt, die Geschwindigkeit von 1667 km/h in Richtung Osten beizubehalten (Trägheitssatz). Dadurch werden die Winde auf der **Nordhalbkugel nach rechts** (Abb. 8.3.3) und auf der Südhalbkugel **nach links** abgelenkt. Der reine Südwind wird zu einem Südwestwind. Die Kraft, welche die Winde ablenkt, ist aus Kapitel 4 als **Corioliskraft** bekannt.

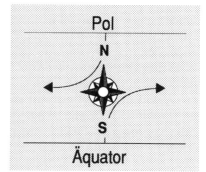

Abb. 8.3.3

2. Im wesentlichen wird die Windrichtung durch die Lage der Hoch- und Tiefdruckgebiete festgelegt. Auf Grund des Luftdruckgefälles (die auftretende Kraft nennt man **Gradientenkraft**), sollte die Windrichtung **quer** zu den Isobaren verlaufen. Durch die Corioliskraft wird diese Bewegungsrichtung stark verändert. **Im Gleichgewichtszustand zwischen Gradientenkraft und Corioliskraft erfolgt die Luftbewegung bei gleichbleibender Geschwindigkeit parallel zu den Isobaren** (Abb. 8.3.4 und Höhenwetterkarten der Abb. 8.3.8, Luftbewegung in einer Höhe von ca. 5000 m bei einem Luftdruckniveau von 500 hPa. Windrichtung: Parallel zu den Isobaren; Tiefdruck links – Hochdruck rechts von sich lassend).

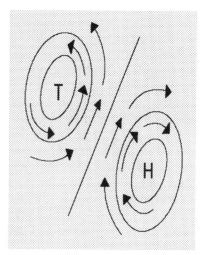

Abb. 8.3.4

Es gilt:

> **Corioliskraft = Gradientenkraft (geostrophischer Wind)**

3. In Bodennähe kommt zu den bisher genannten Kräften noch die **Bodenreibung** hinzu. Aufgrund dieser Kraft wird die Windrichtung am Boden wiederum **schräg** zu den Isobaren abgelenkt (Abb. 8.3.5).

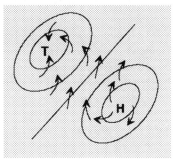

Vertikale Luftbewegungen

Abb. 8.3.5 Bodennahe Winde

Bevor die aus den auftretenden Kräften resultierende Druckverteilung besprochen wird, sollen noch die **vertikalen Luftbewegungen** betrachtet werden.

Wie schon eingangs erwähnt, finden durch größere Temperaturunterschiede (>1 K/100 m) Luftumschichtungen von unten nach oben statt. Erwärmte Luft im Bodenbereich steigt nach oben in kältere Bereiche auf. Dabei sind zwei Fälle zu unterscheiden:

a) Der Temperaturunterschied zwischen der aufsteigenden, warmen Luft und der sie umgebenden kühleren Luft wird mit zunehmender Höhe immer kleiner. Damit wird die Aufsteiggeschwindigkeit ebenfalls abnehmen und aufhören. Man spricht von stabiler Luftschichtung.

b) Eine labile Luftschichtung liegt vor, wenn der Temperaturunterschied beim Aufsteigen der Luft zunimmt, und die Geschwindigkeit der aufsteigenden Luft mit zunehmender Höhe sogar größer wird.

Beispiel 8.2:

Stellen Sie sich einen schönen Sommermorgen vor. Die Luft in Bodennähe ist durch die Wärmeabstrahlung in der Nacht kühl. Die Temperatur nimmt bis in eine Höhe von ca. 300 m zunächst einmal zu (Bodeninversion). Dadurch liegt eine ruhige Luft vor, es finden keinerlei Auf- oder Abwärtsbewegungen der Luftschichten statt (stabile Luftschichtung). Nun wird durch die zunehmende Sonneneinstrahlung die bodennahe Luft zunehmend erwärmt und bekommt einen leichten Auftrieb. Die bodennahen Luftschichten werden also labil. Die nun aufsteigende Luft kühlt sich um ca. 1 K pro 100 m Höhe ab. Der Aufstieg der Luftmasse dauert solange, bis die sie umgebende Luft wärmer ist. Durch die Abkühlung beim Aufstieg der Luft setzt der Vorgang der Kondensation des Wasserdampfes ein: es werden Haufenwolken ausgebildet.

An einem ohnehin schon feuchten Sommermorgen wird bei den aufsteigenden Luftmassen der Taupunkt wesentlich früher erreicht. Durch die schnell freiwerdende Kondensationswärme findet ein Temperaturausgleich der Luftschichten erst in größerer Höhe statt. Das führt zu Wolkenbildung mit vertikaler Erstreckung (Cumulonimbus), wodurch im Laufe des Tages Niederschläge (Gewitter) entstehen.

Die Luftfeuchtigkeit der aufsteigenden Luft nimmt also durch ihre Abkühlung zu, so daß in Gebieten aufsteigender Luftmassen Haufen-, bzw. Schichtwolken gebildet werden und Niederschläge auftreten.
Im Gegensatz dazu wird abfallende Luft durch die Erwärmung ausgetrocknet und führt kaum zu Niederschlägen.

Vertikale Luftbewegungen können auch durch irdische Hindernisse, z.B. Berge, hervorgerufen werden. Ein Beispiel hierfür ist der **Föhn**. Warme und feuchte Luftmassen werden am Südrand der Alpen zum Aufsteigen gezwungen. Sie kühlen ab und es kommt zu Niederschlägen. Am Nordrand der Alpen fallen die Luftmassen nach unten und erwärmen sich auf Grund der geringeren Luftfeuchtigkeit stärker, als sie zuvor abgekühlt wurden. Dadurch entsteht ein warmer, trockener Wind.

Charakteristische Druckverteilung auf der Erde

An den Polen herrscht wegen der kalten, schweren Luft in Bodennähe ein **polares Hochdruckgebiet**, während sich durch die schnellere Abnahme des Druckes in der Höhe ein Tiefdruckgebiet befindet (10 km Höhe). Der Luftdruck nimmt dann in der Höhe mit den Breitengraden (abgesehen von lokalen Störungen) zu. Dadurch herrscht in der Höhe ein mit der Höhe zunehmender Westwind. Am größten ist die Tätigkeit dieses Westwindes und der mit ihm auftretenden **Zyklonen** (Tiefdruckgebiete, vgl. S. 267) im Winter, weil der Temperaturunterschied zwischen Nordpol und Äquator in dieser Jahreszeit am größten ist.
Das polare Hochdruckgebiet am Boden wird von einer **subpolaren Tiefdruckrinne** abgelöst. Danach folgt der **subtropische Hochdruckgürtel**. Hier wird die, durch die **Passatwinde** (NO-Winde zum Äquator; vgl. Abb. 8.3.3) fehlende Luft, durch abfallende Luftmassen ergänzt (trockene Wüstengebiete), während am Äquator eine sogenannte **innertropische Konvergenzzone** liegt. Hierbei handelt es sich um eine Tiefdruckrinne, in der eine stark aufsteigende Luftströmung zu ergiebigen Niederschlägen führt. In der Konvergenzzone treffen sich die vom Norden kommenden Nordostpassate und vom Süden kommenden Südostpassate (hier liegt im Gegensatz zur übrigen Erde eine Zone von ständigen **Ostwinden** vor).

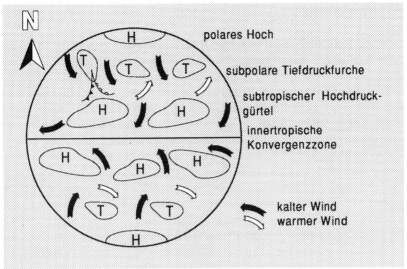

Abb. 8.3.6 Prinzipielle Verteilung des Luftdruckes auf der Erde

Im subpolaren Tiefdruckgebiet treffen **Warmfronten** aus dem Süden und **Kaltfronten** aus dem Norden aufeinander. Es entstehen **riesige Wirbel** (**Zyklonen,** Abb. 8.3.7) mit einem Kern tiefen Luftdrucks. Die Energie dieser Luftwirbel stammt aus dem Temperaturgegensatz der kalten und warmen Luftfronten, sowie teilweise auch aus der, durch die Wolkenbildung freiwerdende, Kondensationswärme. Sie werden mit den globalen Westwinden von West nach Ost getrieben, wobei die Kaltfront mit der Zeit die Warmfront einholt und mit ihr verschmilzt (**okkludiert**). Zwischen der Warmluft vor der Warmfront und der Kaltluft hinter der Kaltfront bestehen aber weiterhin Temperaturunterschiede, so daß die entstandene **Okklusionsfront** weiterhin eine **Wetterfront** bleibt. Erst nach dem völligen Ausgleich der Temperaturunterschiede füllt sich das Tiefdruckgebiet auf und verschwindet.

Die subpolare Tiefdruckrinne wird häufig durch sich ausbreitende Hochdruckgebiete vom subtropischen Hochdruckgürtel (**Azorenhoch**) oder vom polaren Hoch (vorwiegend im Winter) unterbrochen.

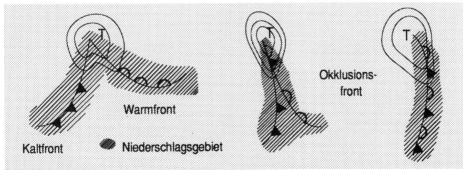

Abb. 8.3.7 Zyklone

8.3.2 Wetterprognosen

Aus Presse, Funk und Fernsehen kann man anhand synoptischer Wetterkarten mit entsprechenden Erläuterungen **kurzfristige** (bis zu ca. 36 Stunden gültige) Wettervorhersagen bekommen. Dazu werden in Wettermeldungen die wesentlichen Parameter (Druck, Lufttemperatur, Taupunkttemperatur, Windrichtung und -stärke, Art und Menge der Bewölkung, Sichtweite und Wetterverhältnisse, wie Regen, Schnee, Nebel..) an die entsprechenden Wetterämter gegeben. Die Daten werden von Computern erfaßt und in Karten eingetragen. Ein Meteorologe analysiert die ausgegebenen Daten, fertigt Karten mit den entsprechenden Isobaren und Temperaturfeldern und zeichnet die Fronten und Luftmassengrenzen ein. Zusätzlich werden die Wetterdaten in größeren Höhen mit Hilfe von **Radiosonden** erfaßt (**Höhenwetterkarte**). So können auch die Luftströmungen und Temperaturen der höheren Luftschichten mitberücksichtigt werden. Ebenso erhält man auf diese Weise Auskünfte über die Stabilität der Luftschichtungen. Aus all diesen Daten wird dann eine Prognose für die kommenden Stunden erstellt. Gut 85% der Prognosen stimmen mit dem tatsächlichen Wettergeschehen überein. Fehleinschätzungen gibt es in erster Linie bzgl. der **Verlagerungsgeschwindigkeiten**, bzw. der **Zugrichtung** von Fronten.

Wetterbestimmend sind, wie im letzten Abschnitt gesehen, die verschiedenen Tief- und Hochdruckgebiete, welche von der allgemeinen Strömung über die Erdoberfläche getrieben werden, oder auch während einer gewissen Zeitspanne einfach liegen bleiben und sich nicht vom Fleck bewegen (**stationäre Hochdruckgebiete**). Sie können aber mit der Zeit auch gewisse Umwandlungen (z.B. durch Auftreten größerer, lokaler Erwärmung) erfahren. Solche Veränderungen sind meist nur schwer vorhersehbar.

Diskussion der Abb. 8.3.8: Wetterkarten vom 14.4.1991 bis zum 16.4.1991

Die Wetterkarten aus Abb. 8.3.8 setzen das Wettergeschehen der Wetterkarte vom 13.4.91 (Abb. 8.1.6) fort. Für die Tage vom 14.4. und 15.4. ist eine Höhenwetterkarte (500 hPa-Niveau) abgebildet. Auf der Karte vom 14.4. kann man ein hochreichendes Tiefdruckgebiet über dem Atlantik erkennen. Ein weiteres Tiefdruckgebiet ist am Westrand Grönlands angekommen. Dieses Tiefdruckgebiet ist in der Höhenkarte nicht erkennbar; es handelt sich folglich nur um ein bodennahes Tiefdruckgebiet. Hochdruckgebiete findet man östlich der Britischen Inseln (bis ins 500 hPa-Niveau), sowie in Bodennähe über Süditalien und Rußland. Insgesamt sind die Luftdruckgegensätze über Mitteleuropa gering. Es herrscht ein relativ freundliches Aprilwetter (Himmel nur wenig bedeckt) mit stärkerer, nächtlicher Abkühlung.

Am 15.4. sind die beiden fast stationären Tiefdruckgebiete vom 14.4. weiterhin zu beobachten. Das Hoch über den Britischen Inseln hat sich weiter ausgebreitet, während das über Italien verschwunden ist. Von Norden her schiebt sich über Grönland ein Hochdruckgebiet zwischen die beiden Tiefs. Dadurch verlagert sich das Atlantiktief nach Norden, während das Tief nordöstlich von Skandinavien nach Südwesten gedrückt wird, was auf der Karte vom 16.4. deutlich erkennbar ist. Damit setzt in Mitteleuropa eine Wetteränderung ein (vgl. Aufgabe 6, S. 275).

Wetterkarte vom 14. 4. 1991, Abb. 8.3.8 a

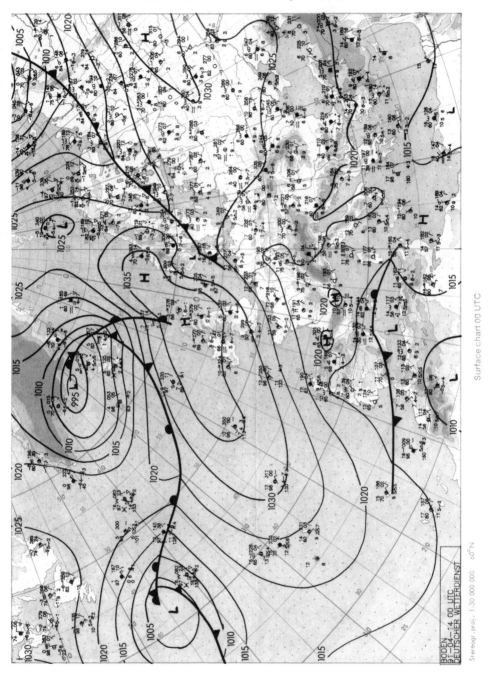

Höhenwetterkarte vom 14. 4. 1991, Abb. 8.3.8 b

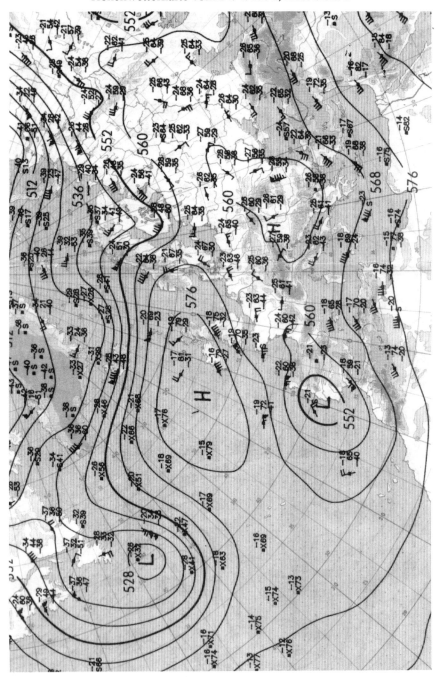

Wetterkarte vom 15. 4. 1991, Abb. 8.3.8 c

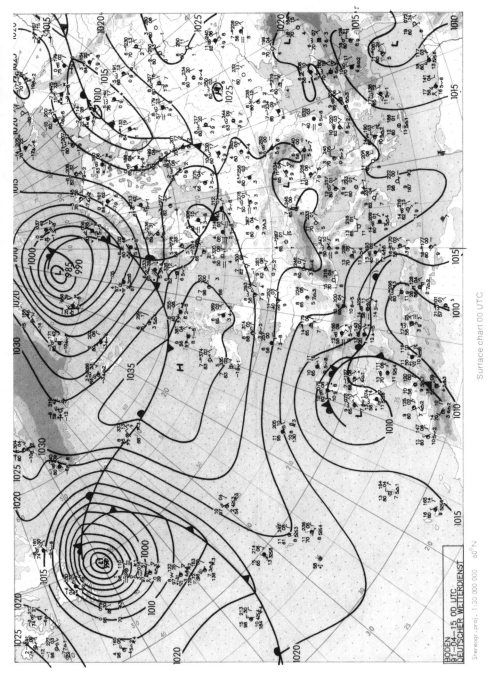

Höhenwetterkarte vom 15. 4. 1991, Abb. 8.3.8 d

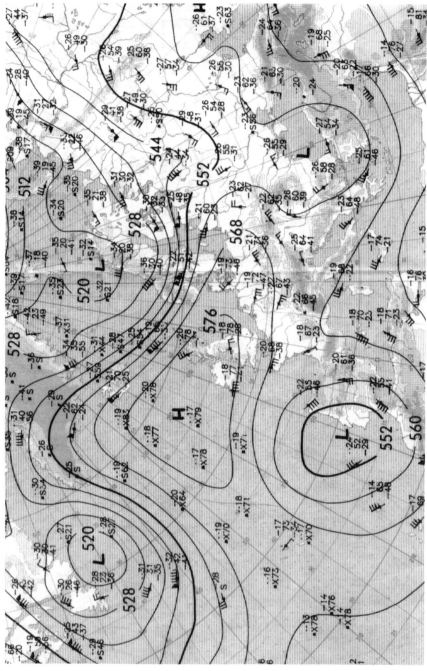

Wetterkarte vom 16. 4. 1991, Abb. 8.3.8 e

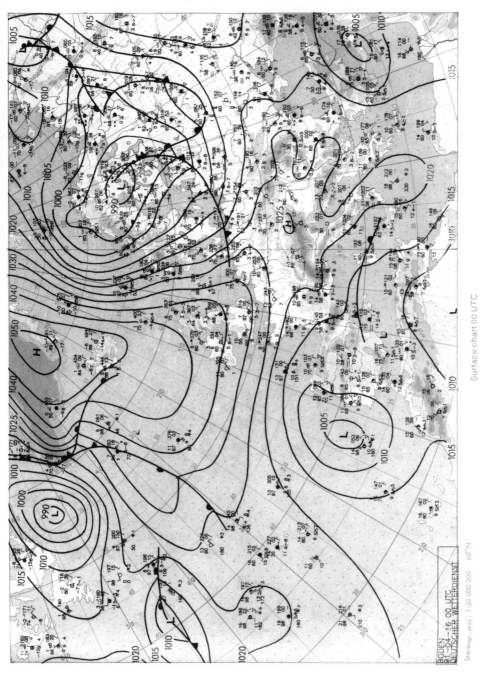

Aus der Höhenwetterkarte lassen sich also die Stabilität von Druckgebieten und ihre Zugrichtungen (aus der Höhenwindrichtung) ablesen. Hochreichende Druckgebiete sind im allgemeinen stationär oder bewegen sich nur langsam vom Ort. Starke Luftdruckänderungen fallen meistens in Gebiete mit starken Höhenströmungen.

Neben den kurzfristigen Wettervorhersagen werden mittels Computerprogrammen bis zu 10 Tage gültige, **mittelfristige** Vorhersagen getroffen. **Langfristige** Wettervorhersagen (z.B. bis zu einem Monat) sind mit großen Unsicherheiten behaftet. Sie beruhen in erster Linie auf mehrjährigen Beobachtungen und benutzen statistisch gewonnene Daten.

Regeln für die eigene Wettervorhersage

Auch ohne den Besitz der weltweiten Wetterdaten kann man mit einfachen Mitteln zu, freilich nicht so sicheren Wetterprognosen gelangen. Das Barometer zeigt den momentanen Luftdruck an. Man kann erkennen, ob der Luftdruck steigt oder fällt (kurzes Antippen des Barometers). Bei einem steigenden Verhalten baut sich ein Hochdruckgebiet auf. Im Sommer zeigt dies beständiges, warmes und trockenes Wetter an. Im Winter dagegen bedeutet ein Hochdruckgebiet kaltes Wetter, im Herbst kommt es häufig zu Dauernebel. Erfolgt ein rascher Druckanstieg, kommt es zumeist nur zur vorübergehenden Wetterbesserung. Bei langsamem, stetigen Sinken des Luftdrucks kündigt sich schlechtes, unbeständiges Wetter an. Ein starkes Abfallen des Luftdrucks weist auf die Annäherung einer Zyklone hin. Sturm und ergiebige Niederschläge werden meist nicht ausbleiben.
Weiterhin hilfreich sind die Beobachtung von Wolken und Wind. Je nach Windrichtung kommen Luftmassen verschiedenen Charakters (z.T. über Umwege) zu uns. Aus der Windrichtung kann man die Lage der Hoch-, bzw. Tiefdruckgebiete bzgl. des Standortes erkennen. Beim Vorbeizug eines Tiefdruckgebietes dreht der Wind meistens von Ost über Süd nach West, während es bei einem Hochdruckgebiet genau umgekehrt ist. Das Wetter wird sich grundlegend ändern, wenn ein beständiger Wind plötzlich seine Richtung oder Stärke ändert.
Durch die Beobachtung von Wolken (welche Wolken, mit welcher Geschwindigkeit ziehen sie auf?) kann man ebenso kurzfristige Wetteränderungen erkennen.

Singularitäten

Die Wetterbeobachtungen über viele Jahrzehnte haben ergeben, daß es im Jahr bestimmte Zeiten mit fast vorhersehbarem Wetter gibt (Singularitäten). Als Beispiele kann man hier anführen:
- das Weihnachtstauwetter
- in der ersten Märzwoche erneuter Wintereinbruch (Märzwinter)
- das launische Aprilwetter
- die Eisheiligen im Mai (in den letzten Jahren unregelmäßig)
- die Schafskälte im Juni und
- den Altweibersommer

Aufgaben:

1. Aufgabe:
Bei einem Urlaub an der Meeresküste kann man sogenannte "See-und Landwinde" erleben.
a) Wie unterscheidet man die beiden Windarten?
b) Erklären Sie das Zustandekommen von See- und Landwinden.

2. Aufgabe:
Warum wehen Passatwinde auf der Nordhalbkugel der Erde in Nord-Ost-Richtung, auf der Südhalbkugel in Süd-Ost-Richtung?

3. Aufgabe:
a) Warum fließen die Winde nicht geradlinig von einem Hochdruckgebiet zu einem Tiefdruckgebiet hin, sondern weisen eine Drehrichtung auf?
b) Erklären Sie, was man unter geostrophischen Winden versteht.

4. Aufgabe:
Von zwei nebeneinander befindlichen Luftsäulen hat die linke eine Temperatur von 10°C, die rechte von 30°C.
a) Berechnen Sie mit Verwendung der Aufgabe 2 aus 8.2 die Druckabnahme der Luft bis in 2000 m Höhe.
b) Stellen Sie die entstehenden, horizontalen Winde mit Hilfe des Zweikammermodells dar.
c) Markieren Sie Hoch- und Tiefdruckgebiete.

5. Aufgabe:
Warum ist die Luft in einem häufig gelüfteten Zimmer an einem kalten Wintertag besonders trocken?

6. Aufgabe:
Welche Wetteränderungen kündigen sich am 16.4.1991 (Karte der Abb. 8.3.8 e) an?

8.4 Zusammenfassung

Physikalische Größen wie Luftdruck, relative Luftfeuchtigkeit und Temperatur dienen zur statistischen Erfassung von Wettererscheinungen. Auswertung der Daten, Überführung zu dynamischen Prozessen in der Atmosphäre und Zusammenfassung in einer synoptischen Wetterkarte erlauben kurzfristige Wettervorhersagen.

Für die Abnahme des Luftdruckes mit der Höhe gilt: $\Delta p = - \rho \cdot g \cdot \Delta h$

Mit Hilfe der idealen Gasgleichung läßt sich die Abnahme des Luftdruckes mit der Höhe durch die Gleichung:

$$\frac{\Delta p}{\Delta h} = - \frac{g}{R_M \cdot T} \cdot p \qquad \text{graphisch als Exponentialfunktion darstellen.}$$

Die Energie- und Wasserkreisläufe sind von entscheidender Bedeutung für das Leben auf unserem Planeten.

Kapitel 9

Gleitflug von Otto Lilienthal mit Flugapparat Nr. 6, Rhinower Berge, 1893

Überblick:

Die Strömungsmechanik befaßt sich mit dem Verhalten von bewegten Gasen und Flüssig-keiten. Da sich die genannten Medien aus zu vielen einzelnen Teilen zusammensetzen, kann man die Bewegung aller Teilchen des Systems einzeln nicht erfassen. Man versucht deshalb die Bewegung dieser "**Fluide**"* als Ganzes zu beschreiben.

Zeittafel:

Daniel Bernoulli (1700 - 1782)
Bernoulli beschäftigte sich hauptsächlich mit der Hydrodynamik. Er entwickelte eine mathematische Behandlung der Physik von Flüssigkeiten.

George G. Stokes (1819 - 1903)
Der britische Physiker entwickelte das nach ihm benannte Stokessche Gesetz. Die Einheit der kinematischen Viskosität** wurde ihm zu Ehren "Stokes" genannt.

Osborne Reynolds (1842 - 1912)
Er arbeitete vor allem auf dem Gebiet der Strömungslehre. 1883 stellte er das hydrodyna-mische Ähnlichkeitsgesetz als Grundlage für hydrodynamische Modellversuche auf.

Otto Lilienthal (1848 - 1896)
Er erzielte die ersten, praktischen Erfolge bei der Verwirklichung des dynamischen Fluges. Nach rund 2000 Gleitflügen stürzte er im August 1896 tödlich ab (siehe Titelbild dieses Kapitels).

Wilbur Wright (1867 - 1912); Orville Wright (1871 - 1948)
Die Brüder Wright verhalfen dem Motorflugzeug zum kommerziellen Durchbruch.

---

* fluidum (lat) = das Fließende, Strömende; ** viscosus (lat) = klebrig

9.1 Überblick über verschiedene Strömungsphänomene

9.1.1 Darstellung von Strömungen

Bei der Entwicklung eines neuen Personenkraftwagens oder eines Flugzeuges müssen die Konstrukteure darauf achten, daß die Karosserie, bzw. der Flugzeugkörper eine möglichst strömungsgünstige Form besitzt. Zum Herausfinden der geeignetsten Form verwendet man einen Windkanal. Kraftfahrzeuge könnte man direkt in einen Windkanal bringen, bei Flugzeugen muß man auf verkleinerte Modelle zurückgreifen.

In einem Windkanal wird das zu untersuchende Objekt von Luft einer vorgegebenen Geschwindigkeit umströmt. Damit man das Verhalten der Strömung sehen kann, wird die einströmende Luft mit Rauchfäden versetzt, deren Ausbreitung man beobachten kann.

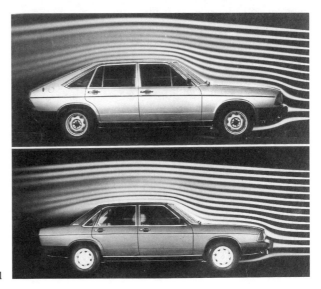

Abb. 9.1.1 Kraftfahrzeug im Windkanal

Der Windkanal ist ein "**Stromfadengerät**" für Luft. Engt man die Stromfäden ein und idealisiert man sie zu mathematischen Linien, werden sie "**Stromlinien**" genannt. Die entstehenden Muster der Stromlinien erinnern an die Linien eines magnetischen Feldes (oder an die eines Gravitationsfeldes; vgl. Kap.5). Insofern spricht man hier auch von einem Feld, dem **Strömungsfeld**.

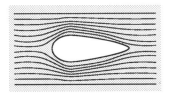

Abb. 9.1.2a
Strömung um einen Stromlinienkörper

Abb. 9.1.2b
Strömung um eine Kugel

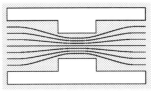

Abb. 9.1.2c
Strömung durch eine Engstelle

Für den optischen Nachweis des Strömungsverhaltens benötigt man bei Luft, wie am Beispiel des Windkanals besprochen, Rauchteilchen. Allgemein verwendet man sogenannte "Schwebeteilchen", wie z.B. Aluglitter oder Farbe in Flüssigkeiten, Rauch oder Nebel in Gasen.

Abb. 9.1.3 zeigt einen Apparat (nach Pohl*) zur Demonstration von Stromlinien in Flüssigkeiten. Der Körper, dessen Strömungsverhalten untersucht werden soll, befindet sich hier zwischen zwei Glasplatten, welche durch Abstandshalter parallel und dicht gehalten werden. Die durchströmende Flüssigkeit (Wasser) wird oben mit Hilfe von Düsen mit gefärbtem Wasser (Stromfäden) durchsetzt. Der Abfluß läßt sich durch eine Schlauchklemme regulieren.

Die Stromlinienbilder der Abb. 9.1.2. könnte man ebenfalls mit dem Pohlschen Apparat bekommen.

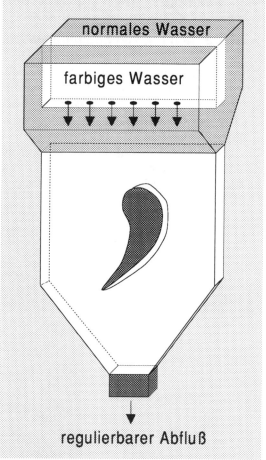

Abb. 9.1.3 Stromliniengerät nach Pohl

9.1.2 Strömungsarten

Was kann man anhand der Stromlinienbilder erkennen und auswerten? Abb. 9.1.2a (Strömung um einen Stromlinienkörper) zeigt Stromlinien, welche glatt nebeneinander herlaufen (**laminare** Strömung), während hinter der Kugel der Abb. 9.1.2b Wirbel auftreten (**turbulente** Strömung). Die Autokonstrukteure werden ihr Hauptaugenmerk auf die Stärke dieser Verwirbelung legen. Je stärker solche Wirbel auftreten, desto größer ist der Energieverlust bei der Fortbewegung durch einen größeren Strömungswiderstand.

---

* Robert Wichard Pohl (1884 - 1976), dt. Physiker

Ob eine laminare oder turbulente Strömung auftritt, hängt unter anderem von der **Geschwindigkeit** des umströmenden Mediums ab. Die bei geringen Geschwindigkeiten (v_0) auftretende, laminare Strömung wird ab einer bestimmten Geschwindigkeit v ($>v_0$) in eine turbulente Strömung übergehen. In Abb. 9.1.2c wird die Strömung durch eine Engstelle dargestellt. Deutlich erkennbar ist, daß die Stromlinien an der Engstelle zusammenrücken. Wodurch kommt dieses Verhalten zustande?

Dazu untersucht man die Geschwindigkeit der Strömung vor und nach dieser Engstelle. Zur Geschwindigkeitsmessung bringt man ein "Schwebeteilchen" (in einem Fluß z.B. ein Stück Holz) in die Strömung ein und mißt dessen Geschwindigkeit stellvertretend für alle anderen Teilchen der Flüssigkeit. Deutlich läßt sich die Zunahme der Geschwindigkeit des Teilchens an der Engstelle beobachten (Abb. 9.1.4).

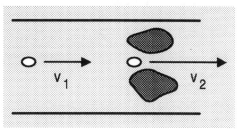

Abb. 9.1.4

Zusammenfassend kann man den Stromlinienbildern folgende Daten entnehmen:

> 1. **Die Strömungsrichtung entspricht der Richtung der Stromlinien.**
> 2. **Die Dichte der Stromlinien ist ein Maß für den Betrag der Strömungsgeschwindigkeit.**
> 3. **Stromlinien überschneiden sich nicht.**

Würden sich Stromlinien gegenseitig überschneiden, hätte man an einer Überschneidungsstelle keine eindeutige Geschwindigkeitsrichtung.

9.1.3 Die Reynoldssche Zahl

Um Aussagen über das Verhalten von Flugzeugen zu erhalten, müssen die anstehenden Experimente mit kleineren Modellen durchgeführt werden. Dabei darf sich aber bei der Verkleinerung kein anderes Strömungsverhalten ergeben (z.B. muß der Strömungswiderstand im Vergleich zum Original erhalten bleiben). Auskunft über gleiche Bedingung liefert die sogenannte **Reynoldssche Zahl (Re)**, eine **dimensionslose Größe**. Die Reynoldssche Zahl setzt sich aus den Größen l (linearer Durchmesser des Hindernisses in m), v (Geschwindigkeit der Strömung in $\frac{m}{s}$), der Dichte ρ (in $\frac{kg}{m^3}$) und der **Zähigkeit** η (in Pa·s; Tab. 9.1.1) zusammen:

Stoff	η in Pa $\cdot$ s
Luft	$1{,}8 \cdot 10^{-3}$
Benzol	$6{,}49 \cdot 10^{-4}$
Wasser	$1{,}002 \cdot 10^{-3}$
Quecksilber	$1{,}554 \cdot 10^{-3}$
Glycerin	$1{,}5$
Pech	$5{,}0 \cdot 10^7$
Eiswasser	$1{,}79 \cdot 10^{-3}$
sied. Wasser	$0{,}28 \cdot 10^{-3}$

Tab. 9.1.1
Zähigkeitskonstanten bei 20° C

$$Re = \frac{\rho \cdot l \cdot v}{\eta}$$

$$[Re] = \frac{kg \cdot m \cdot m \cdot s^2 \cdot m^2}{m^3 \cdot kg \cdot m \cdot s \cdot s}$$

Somit ist die Reynoldssche Zahl eine einheitenlose **Kennzahl**.

Die Forderung nach einer gleichen Reynoldszahl im Experiment ist identisch mit der Forderung nach einem gleichen Kräfteverhältnis von Trägheits- und Reibungskräften. Bei fast jeder Strömung (auch bei laminaren Strömungen) treten Reibungskräfte zwischen den einzelnen Schichten des Fluids auf. Strömungen ohne Reibungskräfte nennt man "**Potentialströmungen**"oder "**wirbelfreie Strömungen**". Mit Hilfe der Re-Zahl kann man die Geschwindigkeit bestimmen, bei der die laminare Strömung in eine turbulente Strömung übergeht.

Beispiel 9.1:
Der lineare Durchmesser des Rumpfes eines Jumbojets beträgt 6,5 m. Im Windkanal verwendet man ein Modell mit dem Durchmesser 0,65 m. Welche Strömungsgeschwindigkeit ist im Windkanal zu wählen, wenn man einen Flug mit der Geschwindigkeit von 300 m/s simulieren will?

$$Re = \frac{300 \cdot 6{,}5 \cdot 1{,}3}{1{,}8 \cdot 10^{-5}} = 1{,}5 \cdot 10^8$$

Im Modell muß $Re_{Modell} = Re$ gelten. Arbeitet man mit gleicher Dichte und gleicher Zähigkeit, müßte man die Geschwindigkeit 10 mal so groß wählen, also 3000 m/s.

9.1.4 Die Kontinuitätsgleichung

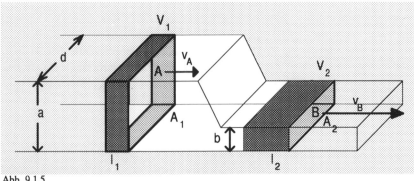

Abb. 9.1.5

Wie schon unter 9.1.2 erwähnt, ist die Strömungsgeschwindigkeit an Engstellen größer. Man kann dies z.B. an Flußbrücken, an denen der Fluß durch die Brückenpfeiler verengt wird, beobachten. Zur genaueren Analyse dient Abb. 9.1.5.
Die Abbildung zeigt eine Strömung von links nach rechts. Die gezeichneten Linien könnte man als willkürlich herausgegriffene Stromlinien auffassen. Die Dichte ρ in der Flüssigkeit soll an allen Stellen gleich groß sein. Es werden nur **inkompressible** Medien mit **stationärer** Strömung (d.h. der Stromlinienverlauf bleibt an jedem Ort im Laufe der Zeit unverändert) betrachtet. Das Flüssigkeitsvolumen, welches in einer vorgegebenen Zeit Δt durch das Volumen V_1 strömt, strömt im selben Zeitintervall auch durch das Volumen V_2.

$$\frac{V_1}{\Delta t} = \frac{V_2}{\Delta t} \quad \Rightarrow \quad \frac{A_1 \cdot l_1}{\Delta t} = \frac{A_2 \cdot l_2}{\Delta t} \quad (*)$$

Außerdem gilt:

$$\frac{l_1}{\Delta t} = v_A \quad \text{und} \quad \frac{l_2}{\Delta t} = v_B$$

wobei v_A und v_B die Strömungsgeschwindigkeiten an den Stellen A bzw. B sind.
Setzt man die Geschwindigkeiten in Gleichung (*) ein, bekommt man:

$$\boxed{A_1 \cdot v_A = A_2 \cdot v_B} \qquad \text{(Gl. 9.1.1)}$$

Den erhaltenen Zusammenhang bezeichnet man als **Kontinuitätsgleichung**. Anders geschrieben lautet sie:

$$\frac{A_1}{A_2} = \frac{v_B}{v_A}$$

Aus dieser Gleichung geht hervor, daß sich die Strömungsgeschwindigkeiten umgekehrt proportional wie die Flächen, durch die das Medium strömt, verhalten. Ist die Querschnittsfläche kleiner, muß die Strömungsgeschwindigkeit entsprechend größer sein.
Man hätte zur Herleitung ebenfalls von der Massenerhaltung ausgehen können. Da für beide betrachtete Volumen die Dichte gleich ist (ρ), ist auch $V_1 \cdot \rho = V_2 \cdot \rho$ und damit $m_1 = m_2$.

9.1.5 Aufgaben

1. Aufgabe:
Nennen Sie die wesentlichen Unterschiede zwischen **laminarer** und **turbulenter** Strömung.

2. Aufgabe:
Der lineare Durchmesser eines U-Bootes beträgt 5,3 m. In einem Modell sollen Experimente mit einer Verkleinerung im Maßstab 1:10 durchgeführt werden. Untersucht werden soll das Verhalten der Stromlinien am Schiff bei Geschwindigkeiten von 5 m/s (12 m/s). Welche Strömungsgeschwindigkeiten sind im Modell zu wählen, wenn man als Fluid
a) Wasser der Temperatur 20°C ($\rho = 998$ kg/m^3)
b) siedendes Wasser ($\rho = 958$ kg/m^3)
c) Eiswasser ($\rho = 1000$ kg/m^3)
verwendet?
(50; 120; 14; 34; 89; 214 m/s)

3. Aufgabe:
Für die Bewegung kleiner Kugeln in Luft muß Re<1 gelten, damit keine turbulente Strömung auftritt.
a) Für welche Geschwindigkeit v ist dies für Luft von 20°C erfüllt, wenn der lineare Durchmesser der Kugel 0,50 mm beträgt?
b) Nach welcher Fallzeit setzt demnach eine Verwirbelung ein, wenn man die Kugel aus der Ruhe frei fallen läßt?
(0,028 m/s; 2,8 ms)

4. Aufgabe:
Ein Wasserfluß durch ein rundes Rohr vom Radius 20 cm hat eine Strömungsgeschwindigkeit von 2,0 m/s.
a) Welche Geschwindigkeit tritt auf, wenn sich das Rohr auf einen Durchmesser von 10 cm verengt?
b) Welchen Durchmesser hat das Rohr, wenn die Strömungsgeschwindigkeit auf 5,5 m/s steigt?
(32 m/s; 24 cm)

9.2 Zusammenhang zwischen statischem Druck und Strömungsgeschwindigkeit

In 9.1 wurde mit Hilfe der Kontinuitätsgleichung aufgezeigt, daß die Strömungsgeschwindigkeit an Engstellen zunimmt. Wie verhält sich die physikalische Größe Druck an solch einer Stelle?

Aus der 8. Klasse ist die Definition der **abgeleiteten** Größe Druck bekannt:

$$p = \frac{F}{A} = \frac{\text{Kraft}}{\text{Fläche}} \quad \text{mit } F \perp A.$$ Die Einheit des Druckes ist $[p] = 1\dfrac{N}{m^2} = 1 \text{ Pa} \quad$ (Pascal)

Da die Einheit Pa für vorkommende Werte des Druckes meist zu klein ist, wird die Einheit **hPa (Hektopascal = 100 Pa)** häufig verwendet.

Der Druck in einer Flüssigkeit (**hydrostatischer** Druck) ist bestimmt durch die Gewichtskraft G der Flüssigkeitssäule und deren Auflagefläche A:

$$p = \frac{G}{A} = \frac{m \cdot g}{A} = \frac{\rho \cdot V \cdot g}{A} = \frac{\rho \cdot A \cdot h \cdot g}{A} \quad \Rightarrow \quad \boxed{p = \rho \cdot g \cdot h} \quad \text{(Gl. 9.2.1)}$$

Dichte und Flüssigkeitshöhe sind die (am gleichen Ort) relevanten Variablen des hydrostatischen Druckes.

Wie verhält sich nun der Druck an einer Engstelle? Die Strömungsgeschwindigkeit nimmt zu, das bedeutet nach dem 2. Newtonschen Gesetz, daß eine Beschleunigung und damit eine Kraft vorliegen muß. Der zugehörige Kraftvektor zeigt in Richtung der zunehmenden Geschwindigkeit, also zur Engstelle. Für die weiteren Überlegungen wird eine stationäre Strömung vorausgesetzt. Die Dichte des Fluids soll sich nicht ändern. In einer Zeit Δt strömt eine Masse Δm durch die Fläche A. Die zugehörige kinetische Energie beträgt:

$$\boxed{\Delta W_{kin} = \frac{1}{2} \cdot \Delta m \cdot v^2} \quad \text{(Gl. 9.2.2)}$$

Aus dem Zusammenhang zwischen Masse und Volumen erhält man:

$$\Delta m = \rho \cdot V = \rho \cdot A \cdot \Delta l = \frac{\rho \cdot A \cdot \Delta l}{\Delta t} \cdot \Delta t = \rho \cdot A \cdot v \cdot \Delta t \quad \text{da } \frac{\Delta l}{\Delta t} = v$$

Setzt man den Ausdruck für Δm in Gl. 9.2.2 ein, erhält man ΔW_{kin} zu:

$$\boxed{\Delta W_{kin} = \frac{1}{2} \cdot \rho \cdot v \cdot A \cdot \Delta t \cdot v^2} \quad \text{(Gl. 9.2.3)}$$

Steht die Flüssigkeit (z.B. durch eine angeschlossene Pumpe) unter Druck, muß noch ein Anteil an potentieller Energie berücksichtigt werden:

$$\Delta W_{pot} = F \cdot \Delta l = \frac{F}{A} \cdot A \cdot \Delta l = p \cdot A \cdot \Delta l = p \cdot \Delta V \qquad \text{wobei}$$

$$\Delta V = A \cdot \frac{\Delta l}{\Delta t} \cdot \Delta t = A \cdot v \cdot \Delta t \qquad \text{ist, und somit}$$

$$\boxed{\Delta W_{pot} = p \cdot A \cdot v \cdot \Delta t} \qquad \text{(Gl. 9.2.4)}$$

Wendet man auf die strömende Flüssigkeit den Energieerhaltungssatz der Mechanik an, lautet der Ansatz für zwei verschiedene Querschnitte A_1 und A_2:

$$W_{ges} = W_{kin} + W_{pot} = \frac{1}{2} \cdot \rho \cdot v_1 \cdot A_1 \cdot v_1^2 \cdot \Delta t + p_1 \cdot A_1 \cdot v_1 \cdot \Delta t =$$

$$= \frac{1}{2} \cdot \rho \cdot v_2 \cdot A_2 \cdot v_2^2 \cdot \Delta t + p_2 \cdot A_2 \cdot v_2 \cdot \Delta t =$$

Division durch Δt und Ausklammern von $v_i \cdot A_i$ (i = 1, 2) liefert

$$v_1 \cdot A_1 \cdot (\frac{1}{2} \cdot \rho \cdot v_1^2 + p_1) = v_2 \cdot A_2 \cdot (\frac{1}{2} \cdot \rho \cdot v_2^2 + p_2)$$

Nach der Kontinuitätsgleichung ist $v_1 \cdot A_1 = v_2 \cdot A_2$, und damit ist

$$\boxed{\frac{1}{2} \cdot \rho \cdot v^2 + p = const.} \qquad \text{(Gl. 9.2.5)}$$

Gleichung von Bernoulli

Der Term $\frac{1}{2} \cdot \rho \cdot v^2$ heißt **"Staudruck"**, während man bei p vom **"statischen** Druck" spricht.

Die Bernoullische Gleichung läßt sich also kurz ausdrücken durch:

$$\boxed{\textbf{"Staudruck + statischer Druck = const"}}$$

Beispiel 9.2:
Die Abb. 9.2.1 zeigt ein von Wasser durchflosse-nes Rohr vom Durchmesser 5,0 cm. Die Ge-schwindigkeit des Wassers beträgt an der Stelle A_1 gerade $1,0 \frac{m}{s}$. An der Stelle A_2 verengt sich das Rohr auf einen Durchmesser von 3,0 cm. Dadurch steigt gemäß der Kontinuitätsgleichung die Ge-schwindigkeit auf

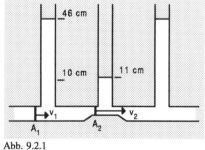

Abb. 9.2.1

$$v_2 = \frac{v_1 \cdot A_1}{A_2} = \frac{1,0\frac{m}{s} \cdot (2,5\,cm)^2 \cdot \pi}{(1,5\,cm)^2} = 2,8\frac{m}{s}$$

Der Staudruck an der Stelle A₁ berechnet sich zu:

$$p_1 = \frac{1}{2} \cdot \rho \cdot v^2 = \frac{1}{2} \cdot 1000\frac{kg}{m^3} \cdot (1,0\frac{m}{s})^2 = 5,0\,hPa \quad \text{während} \quad p_2 = 39\,hPa$$

An der Stelle A₁ zeigt ein Steigrohr mit einer Wasserhöhe von 46 cm den hier vorhandenen statischen Druck an. Welche Höhe erreicht die Wassersäule im Steigrohr über der Querschnittsfläche A₂?

$$p_1 = g \cdot \rho \cdot h = 9,81\ m/s^2 \cdot 1000\ kg/m^3 \cdot 0,46\ m = 45\ hPa$$

zusammen mit dem Staudruck liegt bei A₁ ein Druck von 50 hPa vor.

Der gleiche Druck muß nach der Gleichung von Bernoulli an der Stelle A₂ vorhanden sein:

$$p = 50\,hPa - 39\,hPa = 11\,hPa; \quad h = \frac{1100\,N \cdot s^2 \cdot m^3}{9,81\,m \cdot 1000\,kg \cdot m^3} = 11\,cm$$

Dreht man die Anordnung von Abb. 9.2.1 um, wird durch den geringeren statischen Druck im Steigrohr aus einem Reservoir Flüssigkeit angesogen (Abb.9.2.2; vgl. Aufgabe 5, Seite 289).

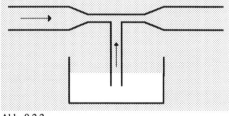

Abb. 9.2.2

Das hydrodynamische Paradoxon

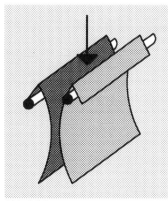

Abb. 9.2.3

Zwei Postkarten werden zusammengerollt, so daß sie beim Loslassen gekrümmt bleiben. An einer Schmalseite wird jede Postkarte abgeknickt und über zwei parallel gehaltene Stricknadeln gehängt (Abb. 9.2.3). Die gekrümmten Seiten sind einander zugewandt. Nun bläst man von oben her zwischen die Postkarten. Man beobachtet entgegen der naiven Vorstellung, daß sich die beiden Karten aufeinander zubewegen. Durch die höhere Strömungsgeschwindigkeit zwischen den Karten entsteht gemäß Bernoulli-Gleichung ein geringerer statischer Druck (Unterdruck), so daß sich die Karten gegenseitig anziehen.

Die Abbildung 9.2.4 zeigt eine "Wasserstrahlpumpe". Das von oben einfließende Wasser erhöht an der Engstelle (E) seine Strömungsgeschwindigkeit, so daß auf Grund des dadurch entstehenden Unterdrucks Luft aus dem Kolben (K) gezogen wird. Eine solche Pumpe kann zum Evakuieren von Glaskolben und anderen Gefäßen verwendet werden.

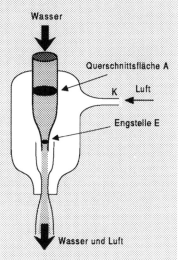

Abb. 9.2.4 Wasserstrahlpumpe

Aufgaben:

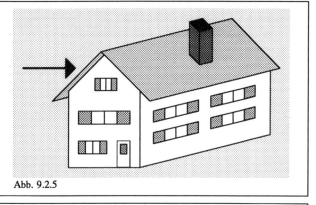

1. Aufgabe:
Erklären Sie, wie ein von links kommender Wind die Dacheindeckung des Hauses der Abb. 9.2.5 abdecken kann.

Abb. 9.2.5

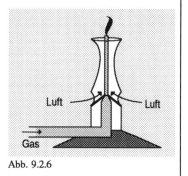

2. Aufgabe:
Abb. 9.2.6 zeigt einen Bunsenbrenner. Erklären Sie anhand der Abbildung die Funktionsweise.

Abb. 9.2.6

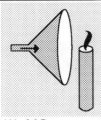

3. Aufgabe:
Ein Schüler versucht mit Hilfe eines Trichters die Kerze in der Abb. 9.2.7 auszublasen.
Was kann er beobachten?
Erklären Sie die Beobachtung.

Abb. 9.2.7

4. Aufgabe:
Bei welcher Strömungsgeschwindigkeit beträgt der Staudruck 1000 hPa in
a) Luft
b) Wasser
(392 m/s; 14 m/s)

5. Aufgabe:
Welcher Unterdruck entsteht an der verengten Stelle des in Abb. 9.2.8 angegebenen Entwässerungsrohres, wenn das Wasser bei A mit $v_1 = 5$ m/s abströmt?
($d_1 = 6$ cm; $d_2 = 4$ cm).
(508 hPa)

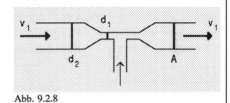

Abb. 9.2.8

6. Aufgabe:
Wie verhält sich ein Blatt Papier, welches an der unteren Öffnung einer Garnrolle gehalten wird, wenn man von oben in die Rolle bläst (Abb. 9.2.9)?

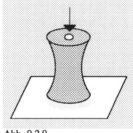

Abb. 9.2.9

9.3 Gesetze für den Strömungswiderstand

9.3.1 Wirbelbildung

In Kapitel 9.1.3 wurde die Reynoldssche Zahl Re vorgestellt. Ist diese Kennzahl im Experiment die gleiche wie in der Realität, können die Strömungsverhältnisse als gleich angesehen werden. Durch die Bewegung eines Gases oder einer Flüssigkeit entsteht eine **innere Reibung**. Diese Reibung tritt unabhängig davon auf, ob das Fluid bewegt wird oder sich der Körper im Fluid bewegt (Frage des Koordinatensystems). Bei der Betrachtung der Reibungsvorgänge müssen zwei Fälle unterschieden werden. Wie aus Kapitel 9.1 bekannt ist, unterscheidet man laminare und turbulente Strömungen. Der Zeitpunkt, in dem eine laminare Strömung in eine turbulente übergeht, ist abhängig von der Reynoldszahl, und damit u.a. auch von der **Form des Körpers** in der Strömung, sowie von der **Strömungsgeschwindigkeit** (vgl. Aufgabe 2 aus 9.1).

Von besonderem Interesse für die Ausbildung von Wirbeln ist die **Grenzschicht** zwischen Fluid und dem Körper. Die wichtigste Aufgabe eines Strömungsmechanikers ist, herauszufinden, mit welcher Form des Körpers eine Wirbelbildung möglichst vermieden werden kann. Bei einer turbulenten Strömung treten zusätzlich zu den inneren Reibungskräften im Fluid noch mechanische Energieverluste bei der Bewegung durch die, in den Wirbeln steckende, kinetische Energie auf.

9.3.2 Reibung bei laminarer Strömung

In einem Versuch soll eine **dünne** Scheibe langsam durch eine Flüssigkeit gezogen werden (Abb. 9.3.1). Sieht man von der Beschleunigung am Anfang der Bewegung ab, soll sich die Scheibe mit **konstanter** Geschwindigkeit v bewegen.

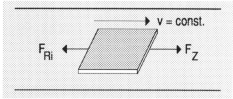

Abb. 9.3.1

Die notwendige Zugkraft F_Z ist dann im Kräftegleichgewicht mit der inneren Reibungskraft F_{Ri}, so daß man mit F_Z die Reibungskraft messen kann. Verdoppelt man die Bewegungsgeschwindigkeit, verdoppelt sich auch die Zugkraft (sofern die Strömung nicht in eine turbulente Strömung übergeht). Damit gilt:

$$F_{Ri} \sim v \quad \text{bzw.} \quad F_{Ri} = c \cdot v$$

Die Proportionalitätskonstante c bestimmte **Stokes** für Kugeln zu $c = 6\pi\eta r$, wobei η die aus 9.1.3 bekannte Zähigkeit des Fluids ist.

Eingesetzt erhält man das folgende sogenannte **Stokessche Gesetz:**

$$\boxed{F = 6\,\pi\,\eta\,r\,v} \qquad \text{(Gl. 9.3.1)}$$

Diese Gleichung für die innere Reibungskraft gilt nur bei kleinen Geschwindigkeiten (v < 0,001 m/s), bzw. bei kleiner Reynoldsscher Zahl. In diesem Bereich hängt die innere Reibungskraft linear von der Geschwindigkeit ab.

Beispiel 9.3:
Mit Hilfe der Formel von Stokes läßt sich die Fallgeschwindigkeit kleiner Öltröpfchen (r = 1,0 · 10⁻³ mm; ρ = 0,88 kg/dm³) in Luft (η = 1,8 · 10⁻⁵ Pa·s), für den Fall, daß die Gewichtskraft der Tröpfchen gleich der inneren Reibung ist (Bewegung mit v = const) berechnen:

$$mg = 6\pi\eta rv \; ; \quad mit \; m = \rho \; V = \rho \cdot \frac{4}{3}\pi \; r^3 \; erhält \; man$$

$$v = \frac{4 \cdot r^3 \cdot \pi \cdot \rho \cdot g}{3 \cdot 6 \cdot \pi \cdot \eta \cdot r} = \frac{2 \cdot r^2 \cdot g}{g \cdot \eta} = 1,1 \cdot 10^{-4} \frac{m}{s} = 0,11 \frac{mm}{s}$$

9.3.3 Reibung bei turbulenten Strömungen

Werden die Geschwindigkeiten größer als 0,1 m/s, gilt das Stokessche Gesetz nicht mehr. Auf der Strömungsrückseite löst sich die Strömung vom Körper ab, und es entstehen Wirbel. In diesen Wirbeln steckt kinetische Energie, welche der Bewegung entzogen wird. Dadurch scheint der Reibungswiderstand wesentlich größer zu sein.

Folgendes Experiment kann Aufschluß über das Verhalten einer Kugel mit der Querschnittsfläche A in einer Luftströmung geben (Abb. 9.3.2):

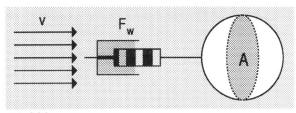

Abb. 9.3.2

Es zeigt sich, daß die gemessene Kraft $F_W \sim v^2$ ist. Ebenso ergeben sich folgende Proportionalitäten: $F_W \sim A$ und $F_W \sim \rho$, so daß man insgesamt erhält:

$$\boxed{F_W = \frac{1}{2} \cdot c_W \cdot \rho \cdot A \cdot v^2}$$ (Gl. 9.3.2)

Der in F_W vorkommende Term $\frac{1}{2} \cdot \rho \cdot v^2$ ist nichts anderes, als der aus 9.2 bekannte Staudruck (Gl. 9.2.5), so daß sich Gl. 9.3.2 auch in folgender Form schreiben läßt:

$$F_W = c_W \cdot A \cdot p$$

Der Wert c_W wird **Widerstandsbeiwert** genannt und ist von v abhängig. In einem Bereich, in dem v < 0,001 m/s ist, ist c_W umgekehrt proportional zu v, so daß sich $F_W = \frac{1}{2}\rho A v^2$ ergibt (lineare Abhängigkeit von F_W und v). Ein Spezialfall für Kugeln hiervon wurde in 9.3.2 schon behandelt. Im Geschwindigkeitsbereich von 0,1 m/s bis 22 m/s ist c_W konstant, und Gl. 9.3.2 gilt mit einem eingesetzten Wert aus Tabelle 9.3.1. Bei 22 m/s erfolgt ein plötzlicher Abfall von c_W, welcher zu überraschenden Bahnveränderungen des bewegten Körpers führt (z.B. Aufschlag beim Volleyball).

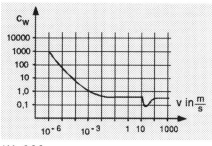

Abb. 9.3.3

Körperform		c_W
dünne Platte		1,11
Kreiszylinder	L = 4·R	0,85
	L = 14·R	0,99
Kugel		0,45
Kreiskegel mit Boden	$\alpha = 30°$	0,34
	$\alpha = 60°$	0,51
Halbkugel, konvex	mit Boden	0,4
	ohne Boden	0,34
Halbkugel, konkav	mit Boden	1,17
	ohne Boden	1,33
Stromlinienkörper		0,06
Kraftfahrzeuge	PKW	0,25 - 0,40
	LKW	0,70 - 0,85

Tab. 9.3.1 Widerstandsbeiwerte

Beispiel 9.4:
Für die Bewegung eines Kraftfahrzeuges mit der konstanten Geschwindigkeit v ist nach Kapitel 4 eine Leistung von $P = F \cdot v$ notwendig. Wird die Fahrgeschwindigkeit verdoppelt, ist wegen $F \sim v^2$ eine Verachtfachung der Leistung erforderlich ($P \sim v^3$).

9.3.4 Aufgaben

1. Aufgabe:
Welchen Radius hat ein Öltröpfchen, das in Luft eine Strecke von 0,10 cm in 12 s mit konstanter Geschwindigkeit durchfällt?
(53 nm)

2. Aufgabe:
Ein Fallschirm der Masse 35 kg eines Piloten (Masse: 85 kg) hat im geöffneten Zustand 12 m Durchmesser. Welche höchste Sinkgeschwindigkeit ergibt sich ($\rho = 1,3$ kg/m^3)?
(3,5 m/s)

3. Aufgabe:
Mit welcher Kraft drückt ein Wind der Geschwindigkeit 10 m/s gegen ein 30 m^2 großes, quer zum Wind stehendes Segel ($c_w = 1,2$) ?
(2,3 kN)

4. Aufgabe:
Zum Abschätzen der Leistung eines Windkraftwerkes verwendet man die Formel $P = Av^3/800$ (in kW; A Fläche in m^2 und v Windgeschwindigkeit in m/s). Erklären Sie das Zustandekommen dieser Formel.

5. Aufgabe:
Wie kann aus dem Stromlinienbild einer Strömung auf Kräfte in der Strömung geschlossen werden?

6. Aufgabe:
Ein PKW hat die Stirnfläche 2,8 m^2 und den Widerstandsbeiwert 0,38. Wie groß muß die Leistung des Motors sein, wenn er auf horizontaler Straße mit einer Geschwindigkeit von 50 km/h (100 km/h; 130 km/h) fährt ($\rho = 1,2$ kg/m^3) ?
(1,7 kW; 14 kW; 30 kW)

9.4 Flugphysik

9.4.1 Luftwiderstand und dynamische Auftriebskraft

Neben der in 9.3 besprochenen Luftwiderstandskraft ist bei der Betrachtung von Flugzeugen die **dynamische Auftriebskraft** entscheidend. Diese Kraft ist eine Folge des Impulssatzes. Immer, wenn Materie durch eine Kraft F beschleunigt wird, tritt nach dem 3. Newtonschen Gesetz eine Gegenkraft auf (z.B.: ein aufgeblasener Luftballon mit Öffnung; Raketenflug; vgl. Kapitel 2 und 3).

Es soll eine Masse m durch die Kraft F die Beschleunigung a erhalten, dann ist die zugehörige Rückstoßkraft $F_R = -m \cdot \dfrac{\Delta v}{\Delta t}$

Als Kraftstoß schreibt sich die letzte Gleichung: $F_R \cdot \Delta t = -m\Delta v$.

Nun werden viele Teilchen diese Rückstoßkraft erzeugen, so daß man über die Zeit Δt verteilt eine mittlere Kraft erhält

$$\overline{F_R} = \frac{\underset{\text{Teilchen}}{\sum}(F_R \cdot \Delta t)}{T} = -\frac{\left(\underset{\text{Teilchen}}{\sum} m\right) \cdot \Delta v}{T}$$ wobei v die Geschwindigkeit der Teilchen ist.

Beispiel 9.5:

Bei einem Raketenstart haben die Verbrennungsgase eine Geschwindigkeit von 500 m/s.

Welche Schubkraft ist erforderlich, wenn $\dfrac{\underset{\text{Teilchen}}{\sum} m}{T} = 20 \dfrac{kg}{s}$ ist?

$$F_R = 20 \frac{kg}{s} \cdot 500 \frac{m}{s} = 10 kN$$

Bei Hubschraubern und Tragflächenflugzeugen wird ebenfalls Materie nach **unten beschleunigt**. Die Rotorblätter des Hubschraubers beschleunigen Luft nach unten. Die Gegenkraft wird auf den Rotor nach oben ausgeübt. Ähnlich beschleunigt die Tragfläche eines Flugzeuges die Luft nach unten und erhält einen Rückstoß nach oben.

An ein schräg in den Luftstrom gestelltes Brett stoßen die Luftteilchen an der Unterseite an und übertragen bei jeder Impulsänderung einen **Kraftstoß** auf das Brett (Abb. 9.4.1). Dies erzeugt den **dynamischen Auftrieb**. An der Oberseite des Brettes herrscht nämlich ein **Unterdruck**.

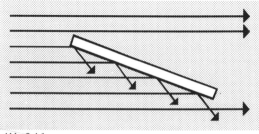

In diesem Beispiel wird die Strömung oberhalb des Brettes abreißen. Es entstehen **Wirbel**, in denen ein Teil der kinetischen Energie in **Wärme** umgewandelt wird (**Strömungswiderstand**).

Abb. 9.4.1

Wählt man ein Stromlinienprofil, kann man diesen Effekt vermeiden. Oberhalb des Stromlinienprofils herrscht dann Unterdruck, während an der Unterseite ein höherer Druck vorhanden ist. Diese Druckdifferenz folgt bei Gültigkeit der mechanischen Energieerhaltung auch direkt aus der in 9.2 besprochenen Bernoulli-Gleichung (Gl. 9.2.5).

9.4.2 Am Flugzeug auftretende Kräfte

Die an einem Flugzeug angreifenden Kräfte sind im wesentlichen die **Gewichtskraft** ($G = mg$), die **Luftwiderstandskraft** ($F_W = \frac{1}{2} \cdot c_w \cdot A \cdot \rho \cdot v^2$), der **dynamische Auftrieb**, ($F_D = \frac{1}{2} \cdot c_D \cdot A \cdot \rho \cdot v^2$) sowie die **Motorkraft** (F_M). c_D nennt man **Auftriebsbeiwert**, welcher ähnlich wie c_w von v abhängt. Für A wird bei Tragflächen nicht der angeströmte Querschnitt, sondern die Grundrißfläche verwendet.

Ein Flugzeug fliegt normalerweise mit einem bestimmten **Anstellwinkel** α zur Strömung. Um die günstigsten Kraftverhältnisse zu erhalten, ist es von Bedeutung, das Verhalten von F_W und F_D bei Änderung des Anstellwinkels zu kennen. Das Verhalten der beiden Kräfte ist für verschiedene Tragflächenprofile ähnlich, wenn auch nicht völlig gleich. Abb. 9.4.2 und 9.4.3 zeigen α-$c_{W/D}$-Diagramme. Die Kurven zeigen, da $\frac{F_W}{F_D} = \frac{c_W}{c_D}$ gilt, auch die Verhältnisse für die beiden Kräfte.

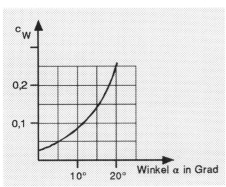

Abb. 9.4.2

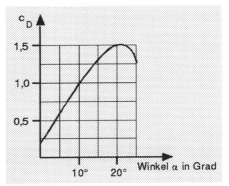

Abb. 9.4.3

Wie man der Abb. 9.4.3 entnehmen kann, wird c_D, und damit F_D, mit zunehmendem Wert α größer. Erst bei 20° setzt eine plötzliche Abnahme von c_D ein. Ab diesem Anstellwinkel geht die laminare Strömung in eine turbulente über. Man könnte also meinen, daß ein Anstellwinkel von 20° am geeignetsten ist. Leider steigt aber auch F_W mit zunehmendem Winkel, was wiederum nicht erwünscht ist. Der beste Anstellwinkel wäre damit der, bei dem c_W möglichst klein, während c_D möglichst groß ist, d.h. $\frac{c_W}{c_D}$ **muß minimal** sein. Um dieses Problem zu lösen, zeichnet man ein c_W-c_D-Diagramm (**Polardiagramm**; Abb. 9.4.4). Der kleinstmögliche Wert von $\frac{c_W}{c_D}$ liegt im Polardiagramm dort, wo der Winkel ε am kleinsten ist. Man muß also die Tangente an das Polardiagramm durch den Koordinatenursprung ziehen. Im Beispiel beträgt $(\frac{c_W}{c_D})_{min} = \frac{1}{12}$ und $\alpha \approx 5°$.

Dieser, aus dem Polardiagramm bestimmte Winkel, ist der **optimale Anstellwinkel** für den **Horizontalflug**. Der Wert für $(\frac{c_W}{c_D})_{min}$ liegt bei den üblichen Profilen zwischen 0,03 und 0,05.

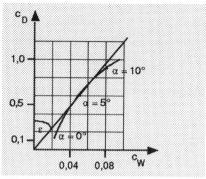

Abb. 9.4.4 Polardiagramm (nach Lilienthal)

9.4.3 Die einzelnen Phasen eines Fluges

a) Startphase

Ein Flugzeug mit der Masse M (Treibstoffmasse m) wird solange beschleunigt, bis die erreichte Geschwindigkeit eine dynamische Auftriebskraft erzeugt, welche zum Abheben ausreicht. Die notwendige Antriebs(motor-)kraft hängt von der Länge der zur Verfügung stehenden Startbahn ab.

b) Steigflug

Die Kräfte $\vec{F}_M$ (Motorkraft), $\vec{G}$ (Gewichts-kraft) und $\vec{R}$ (Resultierende Kraft aus Luftwiderstandskraft und dynamischer Auftriebskraft) halten sich in dieser Phase das Gleichgewicht:

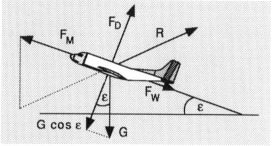

Abb. 9.4.5 Steigflug

$$\boxed{\vec{F}_M + \vec{R} + \vec{G} = \vec{0}} \qquad \text{(Gl. 9.4.1)}$$

Die Gewichtskraft hat die Komponenten $\vec{G} \cdot \sin \varepsilon$ und $\vec{G} \cdot \cos \varepsilon$
$\vec{R}$ läßt sich in $\vec{F}_W$ und $\vec{F}_D$ zerlegen, so daß aus Gl. 9.4.1 folgt

$$\vec{F}_M + \vec{G} \cdot \sin \varepsilon + \vec{G} \cdot \cos \varepsilon + \vec{F}_W + \vec{F}_D = \vec{0}$$

Diese Bedingung ist erfüllt, wenn: $\vec{F}_M + \vec{G} \cdot \sin \varepsilon + \vec{F}_W = \vec{0}$ und $\vec{G} \cdot \cos \varepsilon + \vec{F}_D = \vec{0}$

c) Horizontalflug

Beim Horizontalflug halten sich ebenfalls die Kräfte $\vec{F}_M$, $\vec{R}$ und $\vec{G}$ das Gleichgewicht:

$$\vec{F}_M + \vec{R} + \vec{G} = \vec{0}$$

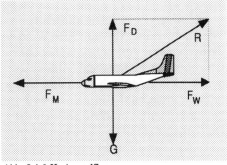

Nun sind jedoch die dynamische Auftriebskraft und die Gewichtskraft direkt im Gleichgewicht, so daß gilt:

$$\vec{F}_M = -\vec{F}_W \quad \text{bzw.} \quad \vec{G} = -\vec{F}_D$$

Abb. 9.4.6 Horizontalflug

d) Gleitflug

Im Gleitflug ist die aus Luftwiderstand und dynamischem Auftrieb gebildete Kraft $\vec{R}$ antiparallel zu $\vec{G}$:

$$\vec{R} = -\vec{G} \quad \text{oder}$$

$$\vec{R} + \vec{G} = \vec{F}_W + \vec{F}_D + \vec{G} =$$

$$= \vec{F}_W + \vec{F}_D + \vec{G} \cdot \cos\varepsilon + \vec{G} \cdot \sin\varepsilon = \vec{0}$$

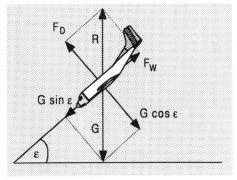

Abb. 9.4.7 Gleitflug

Diese Bedingung ist erfüllt, wenn

$$\vec{F}_W + \vec{G} \cdot \sin\varepsilon = \vec{0} \quad \text{und} \quad \vec{F}_D + \vec{G} \cdot \cos\varepsilon = \vec{0}$$

bzw. $\quad \dfrac{|\vec{F}_W|}{|\vec{F}_D|} = \tan\varepsilon = \dfrac{c_W}{c_D}$

Beispiel 9.6:
Aus dem Polardiagramm Abb. 9.4.4 läßt sich ein Gleitflugwinkel von $\tan\varepsilon = \dfrac{1}{12}$, also $\varepsilon = 4,8°$, ablesen.

Was ist zu tun, wenn beim Gleitflug die Gewichtskraft zu groß ist? Eine Erhöhung der Geschwindigkeit bedeutet eine Zunahme von F_W und F_D, und damit von R. Der berechnete Gleitwinkel ε ist immer beizubehalten. Eine Veränderung des Winkels führt zu einem "Girlandenflug".

9.4.4 Der Drachenflug

Damit ein Kinderdrachen fliegen kann, ist Wind notwendig. Nur durch den Wind wird die dynamische Auftriebskraft höher als die Gewichtskraft des Drachens (Abb. 9.4.8). Da der Wind in Bodennähe geringer ist als in größerer Höhe, wird man meist die Windstärke durch Laufen erhöhen müssen. Ist der Drachen erst einmal weiter oben, kann sich die Gewichtskraft mit dem dynamischen Auftrieb das Gleichgewicht halten.

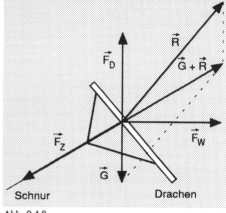

Abb. 9.4.8

Zu den Kräften $\vec{G}$ (Gewichtskraft), $\vec{F}_D$ (dynamischer Auftrieb) und $\vec{F}_W$ (Luftwiderstand) kommt beim Drachen noch die Zugkraft $\vec{F}_Z$ hinzu. Die Wirkungslinie der Kräfte $\vec{G}+\vec{R}$ und $\vec{F}_Z$ muß identisch sein, um Drehmomente am Drachen zu verhindern.

Aus der Abb. 9.4.8 kann man erkennen: $\vec{F}_Z + \vec{G} + \vec{R} = \vec{0}$

9.4.5 Aufgaben

Aufgabe 1:
Ein Flugzeug der Masse 300 t soll zum Starten auf eine Geschwindigkeit von 350 km/h gebracht werden. Die vorhandene Startbahn hat eine Länge von 2,5 km.
a) Berechnen Sie die Beschleunigung des Flugzeuges.
b) Berechnen Sie die dazu notwendige Schubkraft (Rollreibung soll vernachlässigt werden).
c) Vergleichen Sie den Wert der Beschleunigung mit dem eines Mittelklassewagens, welcher von 0 auf 100 km/h in 15 s beschleunigt.
($1{,}9 \text{ m/s}^2$; $5{,}7 \cdot 10^5 \text{ N}$; $1{,}8 \text{ m/s}^2$)

Aufgabe 2:
Das Modell eines Flugzeuges wurde im Windkanal getestet. Bei einer Anströmgeschwindigkeit von 35 m/s konnte ein Luftwiderstand von 0,23 N gemessen werden. Der Durchmesser des Modells beträgt 12 cm.
a) Berechnen Sie den Luftwiderstandsbeiwert.
b) Die Tragflächen haben im Modell die Maße 20 cm auf 5 cm. Bei einem Anstellwinkel von 7° wird eine Auftriebskraft von 0,35 N gemessen. Bestimmen Sie den Auftriebsbeiwert.
($2{,}6 \cdot 10^{-2}$; $4{,}4 \cdot 10^{-2}$)

Aufgabe 3:
Bestimmen Sie aus dem in Abb. 9.4.9 angegebenen Polardiagramm den günstigsten Anstellwinkel.

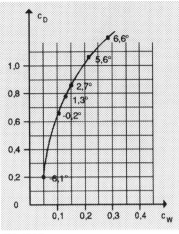

Abb. 9.4.9

Aufgabe 4:
Bei einem Flugzeug ist die dynamische Auftriebskraft $3,0 \cdot 10^6$ N.

a) Welche Luftwiderstandskraft ergibt sich, wenn das Verhältnis von $\frac{c_W}{c_D} = \frac{1}{20}$ ist?

b) Welche Tragflügelfläche ist für einen Flug mit 900 km/h zu veranschlagen, wenn $c_W = 0,03$ ist ($\rho = 1,3$ kg/m³)?

c) Welcher Winkel eignet sich für dieses Flugzeug als Gleitflugwinkel?
($1,5 \cdot 10^5$ N; 120 m²; 2,9°)

Aufgabe 5:
Ein Flugzeug der Masse 25 t hat Tragflächen von insgesamt 85 m². Die Beiwerte sind $c_w = 0,020$ und $c_D = 0,41$.

a) Welche horizontale Geschwindigkeit muß das Flugzeug mindestens haben?

b) Welche Antriebskraft ist dazu notwendig?

c) Mit welchem Gleitwinkel sinkt das Flugzeug bei abgestelltem Motor?

d) Wie lange braucht das Flugzeug bis zur Landung aus einer Höhe von 1000 m, wenn es eine Gleitgeschwindigkeit von 100 km/h besitzt?

(375 km/h; 12 kN; 2,8°; 6,1 min)

Aufgabe 6:
Erläutern Sie, wie sich die Kräfteverhältnisse am Flugzeug verändern, wenn es aus dem Horizontalflug in den Steigflug (Gleitflug) übergeht.

9.5 Zusammenfassung

Strömungsverhältnisse lassen sich mit Hilfe von Stromlinienbildern untersuchen. Aus der Kontinuitätsgleichung ($A \cdot v$ = const) und dem Energieerhaltungssatz folgert man die Gleichung von Bernoulli (Staudruck + statischer Druck = const).

Bei jeder Strömung tritt eine innere Reibung auf, welche proportional zu v ist. Im Spezialfall für kleine Kugeln gilt bei laminarer Strömung nach Stokes:

$$F = 6 \cdot \pi \cdot \eta \cdot r \cdot v$$

Für turbulente Strömungen ist der Strömungswiderstand aufgrund der in den Wirbeln enthaltenen Bewegungsenergie größer:

$$F = \frac{1}{2} \cdot c_W \cdot \rho \cdot A \cdot v^2$$

Versuche im Windkanal erbringen Auskünfte über die beim Flug ausschlaggebenden Kräfte (Luftwiderstandskraft und dynamische Auftriebskraft) und deren Veränderungen in den einzelnen Flugphasen. Aus den Polardiagrammen lassen sich für Flugkörper wichtige Daten ablesen.

Fliehkraftregler zur ersten Dampfmaschine für Drehbewegungen von James Watt, 1788

Überblick:

Bei vielen Bewegungsvorgängen findet neben einer örtlichen Veränderung eines Körpers auch eine Rotation des Körpers um eine Drehachse statt. Damit ein Körper sich zu drehen beginnt, muß immer Energie aufgewendet werden. In diesem Kapitel sollen deshalb die grundlegenden Größen für die Beschreibung von Drehbewegungen betrachtet werden. Aus diesen Größen werden dann Gesetze abgeleitet, die es gestatten, die Drehbewegungen rechnerisch zu erfassen.

Die im dritten Kapitel besprochenen Erhaltungssätze gelten natürlich auch für Drehungen. Dabei tritt eine neue Form der kinetischen Energie, die Rotationsenergie, auf. Anstelle des Impulses eines geradlinig bewegten Körpers tritt der Drehimpuls.

Zeittafel:

Da die physikalische Betrachtung von Drehbewegungen Hand in Hand mit der allmählichen Beherrschung der geradlinigen, beschleunigten Bewegung ging, wird in diesem speziellen Fall auf die Zeittafeln der Kapitel 1 bis 4 verwiesen.

10.1 Grundgrößen

Legt man einen Quader auf das Ende einer senkrecht stehenden Stange (Abb. 10.1.1), wird er im allgemeinen in eine Richtung kippen und herabfallen. Durch Verrücken des Körpers kann man jedoch einen Punkt finden, an dem er liegen bleibt. Verwendet man eine andere Seite des Quaders als Bodenfläche, kann man wieder einen Punkt finden, so daß der Körper im Gleichgewicht bleibt. Verlängert man in den beiden, in der Abb. 10.1.1 gezeichneten Fällen, die durch die Stange vorgegebene Richtung, gibt es einen Punkt, an dem sie sich kreuzen. Diese Stelle heißt **Schwerpunkt S** des Körpers.

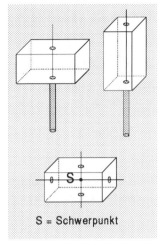

S = Schwerpunkt

Abb. 10.1.1

Die Gesamtmasse M des Quaders ist die Summe aller einzelnen Masseteilchen Δm. Die Gewichtskraft F_G wird durch den Ausdruck $F_G = G = M \cdot g = \Sigma(\Delta m) \cdot g$ bestimmt. Mißt man nun die Kraft F, die der Quader auf die Stange ausübt, erhält man $F = F_G$. Masseteilchen, die nicht direkt über der Auflagefläche liegen, üben also ebenfalls eine Gewichtskraft auf die Stange aus. Es folgt daher der Satz:

> **Im Schwerpunkt eines Körpers kann man sich dessen Gesamtmasse vereinigt denken.**

Wenn eine Kraft auf einen Körper ausgeübt wird, so wurde bisher stillschweigend vorausgesetzt, daß die Kraftrichtung durch den Schwerpunkt des Körpers geht. Außerdem wurde die durch die Kraft hervorgerufene Bewegung stets durch die Bewegung des Schwerpunktes beschrieben (vgl. Kap. 1.1.3).

Was passiert nun, wenn die Richtung einer auf einen Körper ausgeübten Kraft nicht durch den Schwerpunkt geht? Der Freihandversuch in Abb. 10.1.2 zeigt die beiden unterschiedlichen Fälle. Dabei wird ein auf einem Tisch liegendes Buch mit dem Finger angestoßen.

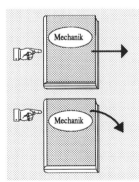

Abb. 10.1.2

a) Die Richtung des stoßenden Fingers geht **durch** den Schwerpunkt. Das Buch, genauer gesagt alle Masseteilchen des Buches, bewegen sich geradlinig in eine Richtung.

b) Die Richtung des stoßenden Fingers geht **nicht durch** den Schwerpunkt. Das Buch führt, neben einer Vorwärtsbewegung, eine (teilweise) Drehung aus. Die Achse, um die sich das Buch dreht, steht senkrecht zur Tischfläche und geht durch den Schwerpunkt.

Im zweiten Fall bewegen sich die einzelnen Masseteilchen auf einer Kreisbahn um die Drehachse. Der Winkel $\Delta\varphi$, den sie dabei überstreichen, ist unabhängig von ihrem Abstand zur Achse. Da sie dafür eine gewisse Zeit Δt benötigen, kann man den Begriff der Winkelgeschwindigkeit ω, wie in Gl. 4.2.1, einführen:

$$\boxed{\omega = \frac{\Delta\varphi}{\Delta t}} \qquad \text{(Gl. 10.1.1)}$$

Die Bahnlänge der einzelnen Masseteilchen, und damit ihre Geschwindigkeit, ist jedoch von ihrem Abstand r zur Achse abhängig. Nach Kap. 4, Gl. 4.2.2, gilt:

$$\boxed{v = \omega \cdot r} \qquad \text{(Gl. 10.1.2)}$$

Es ist nun nicht gesagt, daß die Drehung mit einer konstanten Geschwindigkeit erfolgt. Die Drehgeschwindigkeit kann sich erhöhen oder verlangsamen (z.B. durch Reibung). Daher ist es notwendig die Änderung der Winkelgeschwindigkeit zu betrachten. Da es sich um eine beschleunigte Bewegung handelt, gelten die Überlegungen aus Kapitel 1.4. Dort wurde die Beschleunigung als Quotient der Geschwindigkeitsänderung und der dafür benötigten Zeit definiert. Analog gilt:

$$\boxed{\alpha_{mittel} = \frac{\Delta\omega}{\Delta t}} \quad \text{und} \quad \boxed{\alpha_{momentan} = \lim_{\Delta t \to 0} \frac{\Delta\omega}{\Delta t}} \quad \text{(Gl. 10.1.3)}$$

Die Größe α heißt sinnvollerweise Winkelbeschleunigung und wird in $\frac{1}{s^2}$ angegeben. Nach Gl. 10.1.2 gilt:

$$\Delta v = \Delta\omega \cdot r \qquad \Rightarrow \qquad \Delta\omega = \frac{\Delta v}{r}$$

$$\frac{\Delta v}{r} = \alpha \cdot \Delta t \quad \text{und} \quad \alpha = \frac{\Delta v}{r \cdot \Delta t} = \frac{1}{r} \cdot \frac{\Delta v}{\Delta t}$$

Die Größe $\frac{\Delta v}{\Delta t}$ stellt die Beschleunigung eines Masseteilchens im Abstand r zur Drehachse dar.

$$\Rightarrow \qquad \alpha = \frac{1}{r} \cdot a \qquad \text{bzw.} \quad \boxed{a = r \cdot \alpha} \qquad \text{(Gl. 10.1.4)}$$

Beispiel 10.1:
Das Vorderrad eines Fahrrades besitzt einen Durchmesser von 64,0 cm. Der Radfahrer startet zum Zeitpunkt t = 0 s aus der Ruhelage und erreicht, bei konstanter Beschleunigung, nach 25,0 s die Geschwindigkeit $18\frac{km}{h} = 5\frac{m}{s}$.
Um die (mittlere) Winkelgeschwindigkeit zu bestimmen, muß zuerst die Anzahl n der Umdrehungen des Rades und damit die Größe des Winkels $\Delta\varphi$ festgestellt werden. Die geradlinig zurückgelegte Strecke s beträgt:

$$s = \frac{1}{2}at^2 \quad mit \quad a = \frac{v}{t} \quad \Rightarrow \quad s = \frac{1}{2}vt = 62,5\,m$$

Bei einer Umdrehung legt das Vorderrad den Weg s_R zurück: $\quad s_R = 2r\pi = 2\,m$
Für die Anzahl n ergibt sich dann:

$$n = \frac{s}{s_R} = \frac{62,5\,m}{2\,m} \approx 31 \quad \Rightarrow \quad \omega = \frac{31 \cdot 2\pi}{25\,s} = 7,8\frac{1}{s}$$

Die (mittlere) Winkelbeschleunigung beträgt somit

$$\alpha = \frac{\Delta\omega}{\Delta t} = \frac{7,8}{25\,s \cdot s} = 0,31\frac{1}{s^2}$$

Nun kann die Beschleunigung eines Punktes am Außenrand der Felge berechnet werden:
$a = r \cdot \alpha = 0,32\,m \cdot 0,31\,s^{-2} = 0,1\,m/s^2$
Die Beschleunigung des Fahrrades selbst (seines Schwerpunktes!) kann aus der Gleichung
$a = \frac{v}{t}$ *bestimmt werden:*

$$a = \frac{5\,m}{s \cdot 25\,s} = 0,2\frac{m}{s^2}$$

Die beiden Beschleunigungswerte im Beispiel müssen sorgfältig unterschieden werden. Der letztere beschreibt die Bewegung des Schwerpunktes des Fahrrades, während der erste für die Bewegung eines Masseteilchens steht.

Im nächsten Kapitel soll nun der zweite Fall genauer untersucht werden. Doch zuvor einige Aufgaben.

Aufgaben:

1. Aufgabe:
Die Trommel einer Waschmaschine besitzt einen Radius von 25,0 cm. Sie erreicht ihre maximale Schleuderzahl von 600 Umdrehungen pro Minute nach 12 Sekunden. Bestimmen Sie die mittlere Winkelbeschleunigung α.
($0,83\,s^{-2}$)

2. Aufgabe:
Eine Zentrifuge mit dem Radius 40,0 cm beschleunigt mit einer Winkelbeschleunigung von $2\,s^{-2}$. Nach welcher Zeit hat ein Randpunkt die Geschwindigkeit 100 km/h erreicht?
(34,7 s)

3. Aufgabe:
Durch eine Kraft von 50,0 N wird ein Massestück von 200 g mit $\alpha = 0,67\,s^{-2}$ auf einer Kreisbahn beschleunigt. Berechnen Sie den Kreisbahnradius.
(3,73 m)

4. Aufgabe:
Wie groß ist die Winkelbeschleunigung des Mondes auf seiner Bahn um die Erde?
Begründen Sie ihre Antwort.
$(0\ s^{-2})$

5. Aufgabe:
Nach dem zweiten Keplerschen Gesetz (vgl. Kap. 5.2) überstreicht die Verbindungslinie
Sonne-Erde in gleichen Zeiten gleiche Flächen. Was gilt für die Winkelbeschleunigung
der Erde auf ihrer Bahn um die Sonne, wenn man berücksichtigt, daß die Bahn
ellipsenförmig ist?

6. Aufgabe:
Erklären Sie in Worten, warum die Beschleunigung des Massenpunktes im obigen
Beispiel wesentlich kleiner ist als die Beschleunigung des Schwerpunktes des Fahrrades.
Beachten Sie dabei die jeweils zurückgelegte Strecke.

10.2 Momente

10.2.1 Das Drehmoment

Wie bereits in Kap. 2.6 erwähnt, gibt es die Möglichkeit eine Aussage oder ein Gesetz in der
Physik induktiv oder deduktiv abzuleiten. Das induktive Verfahren liefert auf Grund
mathematischer Überlegungen ein Ergebnis, das dann im Experiment überprüft werden
muß. Dieses Verfahren soll nun angewendet werden.

Auf einen Körper wirken zwei Kräf-
te $\vec{F_A}$ und $\vec{F_B}$ an den Stellen A und
B (siehe Abb. 10.2.1). Wegen des
vektoriellen Charakters der Kraft
können die beiden Kräfte bis zu dem
gemeinsamen Punkt Z verschoben
werden. Hier kann nun mit Hilfe des
Kräfteparallelogramms die resultierende Kraft $\vec{F_R}$ leicht ermittelt
werden. Diese Kraft $\vec{F_R}$ wird bis zu
Punkt S, der auf der Verbindungs-
geraden der beiden ursprünglichen
Angriffspunkte A und B liegt, verschoben. Jetzt denkt man sich eine
zur Kräfteebene senkrechte Achse

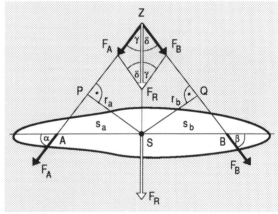

Abb. 10.2.1

durch S. Diese Achse hält den Körper, so daß eine Bewegung in Richtung von $\vec{F_R}$ nicht
möglich ist, sondern lediglich eine Drehung um diese Achse. Es soll allerdings keine
Drehung stattfinden, der Körper also in Ruhe bleiben.

Nach der Zeichnung gilt:

$$\sin\alpha = \frac{r_a}{s_a} \quad \text{und} \quad \sin\beta = \frac{r_b}{s_b} \qquad \Rightarrow \qquad r_a = s_a \cdot \sin\alpha \quad \text{und} \quad r_b = s_b \cdot \sin\beta$$

Die Größen r_a und r_b stellen die senkrechten Abstände der Kräfte zu der Achse dar.
Nach dem Sinussatz (Trigonometrie, 10. Klasse) gilt außerdem:

$$\frac{\sin\gamma}{\sin\delta} = \frac{F_B}{F_A}$$

Die Winkel γ und δ können in den rechtwinkligen Dreiecken PSZ bzw. ZSQ bestimmt werden:

$$\sin\gamma = \frac{r_a}{ZS} \quad \text{und} \quad \sin\delta = \frac{r_b}{ZS} \qquad \Rightarrow \qquad \frac{\sin\gamma}{\sin\delta} = \frac{r_a}{r_b} = \frac{F_B}{F_A}$$

$$\Rightarrow \qquad \boxed{F_A \cdot r_a = F_B \cdot r_b} \qquad \text{(Gl. 10.2.1)}$$

Diese Gleichung stellt eine Gleichgewichtsbedingung für den unbewegten Körper dar.
Dabei kommt es nicht nur auf die Größe der angreifenden Kräfte $\vec{F_A}$ und $\vec{F_B}$ an, sondern auch auf ihre senkrechten Abstände r_a und r_b zur Achse.
Das Ergebnis dieser induktiven Ableitung kann man also folgendermaßen in einem Satz fassen:

> **Greifen zwei Kräfte an einem um eine Achse drehbaren Körper an, so bleibt dieser in Ruhe, sofern die Produkte aus Kraft und senkrechtem Abstand zur Achse gleich sind.**

Diese Aussage muß man im Experiment überprüfen. Dazu kann man eine Vorrichtung wie in Abb. 10.2.2 verwenden. Eine Scheibe ist um eine zur Scheibenfläche senkrechte Achse drehbar gelagert. Die Achse geht durch den Scheibenmittelpunkt. Am Rand der Scheibe befinden sich Vorrichtungen, an denen man die Massestücke m und M befestigen kann. An einer unter der Scheibe liegenden Skala ist es möglich, den senkrechten Abstand der Massen m und M zur Achse abzulesen. Es zeigt sich, daß die Scheibe in Ruhe bleibt, falls die Bedingung

$$F_m \cdot r_m = F_M \cdot r_M$$

erfüllt ist. In allen anderen Fällen dreht sich die Scheibe.

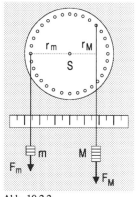

Abb. 10.2.2
Drehmomentenscheibe

Auf Grund dieses Ergebnisses wird die induktiv gewonnene Aussage im Experiment bestätigt.

Maßgebend ist immer das Produkt aus der Kraft F und ihrem senkrechten Achsenabstand r. Dieses Produkt hat in der Physik einen eigenen Namen erhalten. Man definiert:

Das Produkt aus einer Kraft F und ihrem senkrechten Abstand r zu einer Drehachse eines Körpers heißt **Drehmoment M** der Kraft. Die Drehachse liegt dabei senkrecht zu der durch die Vektoren $\vec{F}$ und $\vec{r}$ gebildeten Ebene.

$$\boxed{M = F \cdot r}$$ (Gl. 10.2.2)

Als Einheit des Drehmomentes M erhält man:

$$[M] = 1\ N \cdot m$$

Beispiel 10.2:
Auf einer Wippe befindet sich auf der linken Seite die Masse $m_L = 20,0\ kg$. Ihr senkrechter Abstand r_L zur Drehachse beträgt 1,20 m (siehe Abb. 10.2.3). In welchem Abstand r_R muß eine Masse m_R von 12,0 kg auf die rechte Seite der Wippe gelegt werden, damit Gleichgewicht besteht?
Die beiden Drehmomente M_L und M_R müssen gleich sein:

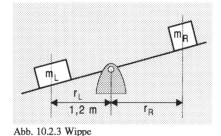

Abb. 10.2.3 Wippe

$\Rightarrow$ $M_L = m_L \cdot r_L = m_R \cdot r_R = M_R$

$\Rightarrow$ $r_R = \dfrac{m_L \cdot r_L}{m_R} = \dfrac{20\ kg \cdot 1,2\ m}{12\ kg} = 2\ m$

Aufgaben:

1. Aufgabe:
Bei Schraubverbindungen ist oft angegeben, mit welchem Drehmoment Schrauben festgezogen werden sollen.
a) Welche Kraft ist notwendig, wenn mit einem 40,0 cm langen Schraubenschlüssel eine Schraube mit 48 Nm festgezogen werden soll?
b) Wie groß ist das Drehmoment, wenn eine Kraft von 200 N angewendet wird?
(120 N; 80 Nm)

2. Aufgabe:

An einem um S drehbar gelagerten Rad (siehe Abb. 10.2.4) wird am Punkt P mit der Kraft F = 40,0 N gezogen. Das Gleichgewicht wird durch das Gewicht G einer Masse m gehalten, die bei Q an der Scheibe befestigt ist.

a) Zeigen Sie die Gültigkeit der Beziehung

$$G = F \cdot \frac{\sin\alpha}{\sin\beta}$$

b) Bestimmen Sie m für α = 50° und β = 40° (4,86 kg)

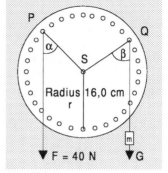

Abb. 10.2.4

3. Aufgabe:

In Abb. 10.2.5 wird ein Objekt mittels eines Hebels gehoben. Die Massen- und Längenangaben entnehmen Sie der Zeichnung.

a) Welche Kraft ist mindestens notwendig?
b) Wie lang müßte der rechte Hebelarm sein, damit das Objekt durch die Muskelkraft eines Menschen (800 N) bewegt wird?

(1,57 kN; 8,83 m)

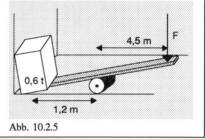

Abb. 10.2.5

10.2.2 Das Trägheitsmoment

Wenn ein Körper sich bewegt, besitzt er die kinetische Energie $W_{kin} = \frac{1}{2} \cdot mv^2$. Dabei besitzen sämtliche Masseteilchen des Körpers dieselbe Geschwindigkeit v. Dreht sich ein Körper um eine Achse, ist dies nicht mehr der Fall. Die Bahngeschwindigkeit v eines Teilchens berechnet sich bekanntermaßen zu $v = \omega \cdot r$, wobei r den Abstand zur Drehachse darstellt. Für die kinetische Energie eines Masseteilchens der Masse Δm gilt dann:

$$W_{kin} = \frac{1}{2}\Delta mv^2 = \frac{1}{2}\Delta mr^2\omega^2 = \frac{1}{2}\omega^2\Delta mr^2$$

Will man nun die gesamte kinetische Energie eines sich drehenden Körpers bestimmen, muß man die (unterschiedlichen) kinetischen Energien aller Masseteilchen Δm, aus denen der Körper besteht, zusammenzählen.

$$W_{kin} = \frac{1}{2}\omega^2 \cdot \Sigma(\Delta m \cdot r^2) \qquad W_{kin} \text{ für Drehbewegungen}$$

zum Vergleich $\qquad W_{kin} = \frac{1}{2}v^2 \cdot m \qquad W_{kin} \text{ für geradlinige Bewegungen}$

Die Geschwindigkeit einer Drehbewegung kann durch die Winkelgeschwindigkeit ω ausgedrückt werden. Der Gesamtmasse m bei der geradlinigen Bewegung entspricht dann der Ausdruck $\Sigma(\Delta mr^2)$. Deshalb wird für ihn manchmal der Begriff **Drehmasse** verwendet. Im allgemeinen wird er jedoch als **Trägheitsmoment J** bezeichnet, da er ein Maß für das Beharrungsvermögen einer Masse bei einer Drehung darstellt.

$$\boxed{J = \Sigma\ (\Delta m \cdot r^2)} \qquad \text{(Gl. 10.2.3)}$$

$$[J] = 1\ kg \cdot m^2$$

Die kinetische Energie eines sich drehenden Körpers ist damit:

$$\boxed{W_{kin} = \frac{1}{2} \cdot J \cdot \omega^2 = W_{rot}} \qquad \text{(Gl. 10.2.4)}$$

Da diese Form der kinetischen Energie bei einer Drehung (Rotation) auftritt, wird sie als **Rotationsenergie W_{rot}** bezeichnet.

Im vorigen Kapitel wurde der Begriff des Drehomentes M eingeführt. Nach Gl. 10.2.2 gilt für ein Masseteilchen Δm im senkrechten Abstand r zur Drehachse:
$M = F \cdot r = \Delta m \cdot a \cdot r$
Nach Gleichung 10.1.4 gilt: $a = r \cdot \alpha \quad \Rightarrow$
$M = \Delta m \cdot r \cdot \alpha \cdot r = \alpha \cdot \Delta m \cdot r^2$
Summiert man über alle Masseteilchen des Körpers, erhält man

$$\boxed{M = \alpha \cdot \Sigma\ (\Delta m \cdot r^2) = \alpha \cdot J} \qquad \text{(Gl. 10.2.5)}$$

Die Größe α, die Winkelbeschleunigung, entspricht der Größe a, der Bahnbeschleunigung, bei einer geradlinigen Bewegung. Das Trägheitsmoment J (Drehmasse) steht anstelle der Gesamtmasse m. Vergleicht man die Gleichung 10.2.5 mit dem zweiten Newtonschen Gesetz F = m · a, so kann man sagen, daß die Stelle der Kraft bei einer Drehung durch das Drehmoment ersetzt wird.

Es ist sinnvoll, die Größen, die bei Drehbewegungen auftreten, und die Größen bei geradlinigen Bewegungen gegenüberzustellen.

geradlinige Bewegung (Translation)	Drehbewegung (Rotation)
Strecke s	Winkel φ
Bahngeschwindigkeit v	Winkelgeschwindigkeit ω
Bahnbeschleunigung a	Winkelbeschleunigung α
Kraft F	Drehmoment M
Masse m	Trägheitsmoment J

Die Masse m ändert sich bei Bewegungen nicht, sofern die Geschwindigkeit der Bewegungen nicht zu groß ist. Das Trägheitsmoment J ist jedoch wegen r^2 abhängig von der Lage der Drehachse. Da ein Körper unendlich viele, verschiedene Drehachsen besitzen kann, ist die Bestimmung von J oft schwierig und nur im Versuch möglich.

Etwas einfacher wird es, wenn man sich auf Drehachsen beschränkt, die durch den Schwerpunkt gehen. In Abb. 10.2.6 ist eine flache, zylindrische Scheibe mit ihrem Schwerpunkt S gezeichnet. Legt man in S das Zentrum eines kartesischen Koordinatensystems, stellen die Koordinatenachsen x, y und z mögliche Drehachsen dar. Dabei wird das Trägheitsmoment, bezogen auf die z-Achse, **polares Trägheitsmoment** J_z genannt. Die beiden anderen Drehachsen liefern die gleichgroßen **äquatorialen Trägheitsmomente** J_x und J_y.

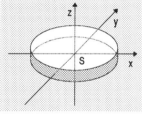

Abb. 10.2.6

Man kann zeigen, daß zwischen diesen Trägheitsmomenten die Beziehung $J_z = J_x + J_y$ gilt. Alle anderen durch S führenden Drehachsen können geometrisch in ihre x-, y- und z-Teile aufgespalten werden. Es ist in diesem Fall also nur notwendig, das polare Trägheitsmoment $J_z = J$ zu bestimmen.

Die Scheibe in Abb. 10.2.6 besitzt den Radius R, die Dicke h und besteht aus einem Material der Dichte ρ. Man zerlegt nun die Scheibe in eine Anzahl konzentrischer Ringe (Abb. 10.2.7) der Breite Δr, die den Abstand r vom Mittelpunkt S besitzen. Das Volumen ΔV eines Ringes berechnet sich zu

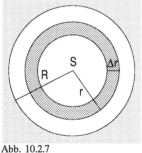

$$\Delta V = r^2 \pi h - (r - \Delta r)^2 \pi h =$$
$$= r^2 \pi h - r^2 \pi h + 2 r \Delta r \pi h - (\Delta r)^2 \pi h =$$
$$= 2 r \Delta r \pi h - (\Delta r)^2 \pi h$$

Abb. 10.2.7

Verkleinert man die Ringbreite Δr sehr stark, wird das Quadrat $(\Delta r)^2$ sehr klein gegenüber Δr, so daß der Ausdruck $(\Delta r)^2 \cdot \pi \cdot h$, ohne einen großen Fehler zu machen, vernachlässigt werden kann.

$\Rightarrow \quad \Delta V = 2 \cdot r \cdot \Delta r \cdot \pi \cdot h$

Daraus läßt sich die Masse Δm dieses Ringes bestimmen:

$\Delta m = \Delta V \cdot \rho = 2 \cdot r \cdot \Delta r \cdot \pi \cdot h \cdot \rho$

Damit ergibt sich für das Trägheitsmoment ΔJ des Ringes:

$\Delta J = \Delta m \cdot r^2 = 2 \cdot r^3 \cdot \Delta r \cdot \pi \cdot h \cdot \rho$

Das gesamte Trägheitsmoment der Scheibe erhält man durch die Summierung der einzelnen Werte:

$J = \Sigma \, \Delta J = \Sigma \, 2 \cdot r^3 \cdot \Delta r \cdot \pi \cdot h \cdot \rho = 2 \cdot \pi \cdot h \cdot \rho \cdot \Sigma \, r^3 \cdot \Delta r$

Dieser Ausdruck läßt sich mit Hilfe der Integralrechnung (Mathematikstoff der 12. Klasse) einfach bestimmen:

$$J = 2\pi h r \cdot \sum r^3 \cdot \Delta r = 2\pi h \rho \cdot \int_0^R r^3 \, dr = 2\pi h \rho \cdot \frac{1}{4} R^4 \qquad \Rightarrow \qquad J = \frac{1}{2} R^2 \pi h \rho \cdot R^2$$

Die Gesamtmasse M der Scheibe ist: $\qquad M = \rho \cdot V = \rho \cdot R^2 \cdot \pi \cdot h$
Dann gilt für das Trägheitsmoment J

$$\boxed{J = \frac{1}{2} \cdot M \cdot R^2} \qquad \text{(Gl. 10.2.6)}$$

In dieser Gleichung ist die Dicke h der Scheibe nicht mehr explizit enthalten. Somit gilt diese Berechnungsformel für sämtliche zylindrische Körper beliebiger Dicke h. Die Dicke h wird allenfalls zur Bestimmung der Gesamtmasse M des Körpers notwendig sein.

Beispiel 10.3:

Eine Stahlscheibe ($\rho = 7,5 \, g/cm^3$) besitzt einen Radius von 1,50 m und eine Dicke h von 6,0 cm. Sie dreht sich achtmal in der Minute (Drehachse senkrecht zur Scheibe durch den Mittelpunkt).

$$J = \frac{1}{2} \cdot M \cdot R^2 = \frac{1}{2} \cdot \rho \cdot R^2 \cdot \pi \cdot h \cdot R^2$$

$$= \frac{1}{2} \cdot 7,5 \frac{g}{cm^3} \cdot (1,5m)^4 \cdot \pi \cdot 0,06m = 3,6 \cdot 10^3 \, kg \cdot m^2$$

Die Rotationsenergie W_{rot} ist dann:

$$W_{rot} = \frac{1}{2} \cdot J \cdot \omega^2 = \frac{1}{2} \cdot 3,6 \cdot 10^3 \, kg \cdot m^2 \cdot \frac{4 \cdot \pi^2 \cdot 8^2}{(60s)^2} = 1,3J$$

Da die notwendigen Mathematik-
kenntnisse für die Bestimmung der
Trägheitsmomente momentan noch
nicht verfügbar sind, werden in Tab.
10.2.1 einige Trägheitsmomente bezüglich bestimmter Drehachsen lediglich angegeben. M stellt jeweils
die Gesamtmasse des Körpers dar.

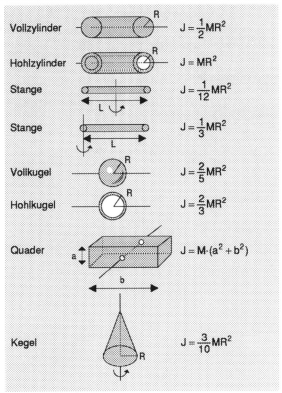

Vollzylinder	$J = \frac{1}{2}MR^2$
Hohlzylinder	$J = MR^2$
Stange	$J = \frac{1}{12}MR^2$
Stange	$J = \frac{1}{3}MR^2$
Vollkugel	$J = \frac{2}{5}MR^2$
Hohlkugel	$J = \frac{2}{3}MR^2$
Quader	$J = M \cdot (a^2 + b^2)$
Kegel	$J = \frac{3}{10}MR^2$

Tab. 10.2.1 Trägheitsmomente

Vergleicht man die Werte in der Tabelle, kann man beispielsweise folgende Ordnung
aufstellen:

$$J_{\text{Vollzylinder}} < J_{\text{Hohlkugel}} < J_{\text{Hohlzylinder}}$$

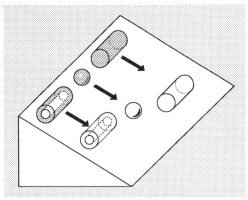

Abb. 10.2.8 Wirkung verschiedener Trägheitsmomente

Der Hohlzylinder besitzt von diesen drei
Körpern das größte Trägheitsmoment und
damit das größte Beharrungsvermögen.
Läßt man drei solche Körper mit gleicher
Masse eine schiefe Ebene hinabrollen (Abb.
10.2.8), wird der Vollzylinder (das klein-
ste Trägheitsmoment) vor der Hohlkugel
und erst recht vor dem Hohlzylinder unten
ankommen. Auch die erreichten Endgeschwindigkeiten unterscheiden sich. Sie
können mit Hilfe des Energieerhaltungssatzes bestimmt werden.

Die ursprünglich vorhandene Energie W_{pot} = Mgh wird in die kinetische Energie $W_{kin} = \frac{1}{2} \cdot M \cdot v^2$ des Schwerpunktes und in die Rotationsenergie $W_{rot} = \frac{1}{2} \cdot J \cdot \omega^2$ umgewandelt. Verwendet man die Formeln für die Trägheitsmomente aus der Tabelle, so gilt:

a) Vollzylinder

$$Mgh = \frac{1}{2}Mv^2 + \frac{1}{2}J\omega^2 = \frac{1}{2}Mv^2 + \frac{1}{2}\cdot\frac{1}{2}MR^2\omega^2 \qquad \text{mit } v = R\omega$$

$$\Rightarrow \quad Mgh = \frac{1}{2}Mv^2 + \frac{1}{4}Mv^2 = \frac{3}{4}Mv^2 \qquad\qquad \Rightarrow \quad v = \sqrt{\frac{4}{3}gh} \approx \sqrt{1,33\,gh}$$

b) Hohlkugel

$$Mgh = \frac{1}{2}Mv^2 + \frac{1}{2}J\omega^2 = \frac{1}{2}Mv^2 + \frac{1}{2}\cdot\frac{2}{3}MR^2\omega^2 \qquad \text{mit } v = R\omega$$

$$\Rightarrow \quad Mgh = \frac{1}{2}Mv^2 + \frac{1}{2}J\omega^2 = \frac{1}{2}Mv^2 + \frac{1}{3}Mv^2 = \frac{5}{6}Mv^2 \quad \Rightarrow \quad v = \sqrt{\frac{6}{5}gh} = \sqrt{1,2\cdot gh}$$

c) Hohlzylinder

$$Mgh = \frac{1}{2}Mv^2 + \frac{1}{2}J\omega^2 = \frac{1}{2}Mv^2 + \frac{1}{2}MR^2\omega^2 \qquad \text{mit } v = R\omega$$

$$\Rightarrow \quad Mgh = \frac{1}{2}Mv^2 + \frac{1}{2}Mv^2 = Mv^2 \qquad\qquad \Rightarrow \quad v = \sqrt{gh} = \sqrt{1,0\cdot gh}$$

Der zuerst unten ankommende Körper, der Vollzylinder, hat also auch die größte Geschwindigkeit des Schwerpunktes erreicht.

Beispiel 10.4:
Eine Eisenkugel rollt reibungslos eine geneigte Schiene hinab (Abb. 10.2.9). Es soll ein Vergleich der erreichten Endgeschwindigkeit im rotationslosen Fall und unter Berücksichtigung der Rotation getroffen werden.

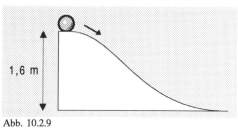

1,6 m

Abb. 10.2.9

a) ohne Rotation

$$Mgh = \frac{1}{2}Mv^2; \quad v = \sqrt{2gh} = \sqrt{2\cdot 9,81\frac{m}{s^2}\cdot 1,6m} = 5,6\frac{m}{s}$$

b) mit Rotation

$$Mgh = \frac{1}{2}Mv^2 + \frac{1}{2}\cdot\frac{2}{3}MR^2\omega^2 = \frac{5}{6}Mv^2; \quad v = \sqrt{1,2gh} = \sqrt{1,2\cdot 9,81\frac{m}{s^2}\cdot 1,6m} = 4,3\frac{m}{s}$$

Setzt man die im rotationsfreien Fall erreichte Geschwindigkeit mit 100% an, erhält man:

$$\frac{x}{4,3\frac{m}{s}} = \frac{100\%}{5,6\frac{m}{s}} \qquad \Rightarrow \qquad x = 77,5\%$$

Die tatsächlich erreichte Geschwindigkeit beträgt also nur 77,5%.

Die Messung der erreichten Endgeschwindigkeit bietet die Möglichkeit, Trägheitsmomente im Versuch zu bestimmen. In Abb. 10.2.10 ist ein Zylinder mit dem Radius R = 0,40 m gezeichnet, um den ein Seil gewickelt ist. Am Seilende hängt eine Masse m von 3,0 kg. Die Masse m bewegt sich insgesamt 2,0 m nach unten. Durch das abrollende Seil wird der Zylinder in Rotation versetzt. Mittels Lichtschranken kann die Geschwindigkeit v nach den 2 m recht genau gemessen werden. Man erhält beispielsweise v = 4 $\frac{m}{s}$. Wegen der Energieerhaltung gilt:

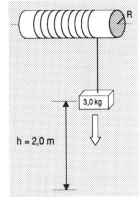

Abb. 10.2.10

$$mgh = \frac{1}{2}mv^2 + \frac{1}{2}J\omega^2$$

Wenn man bedenkt, daß sich ein Punkt am Rand des Zylinders, also im Abstand R, mit derselben Geschwindigkeit bewegt, wie die Masse m, kann man die Winkelgeschwindigkeit ω ersetzen:

$$v = \omega R \qquad \Rightarrow \qquad \omega = \frac{v}{R}$$

$$mgh = \frac{1}{2}mv^2 + \frac{1}{2}J \cdot \left(\frac{v}{R}\right)^2 \qquad \Rightarrow \qquad J = \frac{2mghR^2 - mv^2R^2}{v^2} = \frac{2gh - v^2}{v^2} \cdot mR^2 = 0,7\,kg \cdot m^2$$

Schwingungen bieten eine weitere Möglichkeit, Trägheitsmomente zu messen. In Abb. 10.2.11 ist ein grundsätzlicher Versuchsaufbau gezeigt. Eine Masse m wird fest auf einer Drehachse befestigt. An der Achse ist eine Schneckenfeder befestigt. Durch Drehen der Masse wird die Schneckenfeder gespannt. Läßt man nun die Masse los, entspannt sich die Feder und die Masse dreht sich zurück. Auf Grund der Trägheit der Masse dreht sie sich über die Ruhelage hinaus und spannt die Feder wieder. Die Masse führt eine **Drehschwingung** mit der Schwingdauer T aus.

Bei einer Schraubenfeder wird die Größe D = $\frac{F}{s}$ die Richtgröße oder Federkonstante genannt. Bei Drehschwingungen tritt anstelle der Kraft das Drehmoment M der schwingenden Masse und anstelle der Auslenkung s der gedrehte Winkel φ. Deshalb kann in analoger Weise eine Schneckenfederkonstante D*, die Winkelrichtgröße genannt wird, definiert werden.

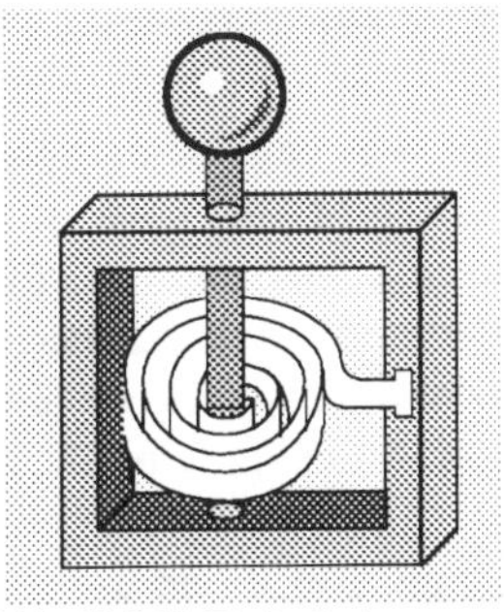

Abb. 10.2.11 Drehschwingungen

Es gilt:

$$D^* = \frac{\text{Drehmoment M}}{\text{Drehwinkel } \varphi}$$

mit $[D^*]$ in Nm

Für die Schwingdauer einer Schraubenfeder gilt (vgl. Gl. 2.6.9): $T = 2\pi \cdot \sqrt{\dfrac{m}{D}}$

Ersetzt man die Masse durch das bei der Drehung äquivalente Trägheitsmoment und D durch D^*, so erhält man:

$$T = 2\pi \cdot \sqrt{\frac{J}{D^*}} \qquad \Rightarrow \qquad J = \frac{T^2}{4\pi^2} \cdot D^2 \qquad \text{(Gl. 10.2.7)}$$

Um dieses Verfahren in der Praxis anzuwenden, muß die Winkelrichtgröße D^* bekannt sein. Man muß also mit einer Masse, deren Trägheitsmoment bekannt ist, die Schneckenfeder zuerst eichen.

Beispiel 10.5:

Eine zylindrische Scheibe besitze die Masse 0,80 kg und den Radius 0,20 m. Läßt man sie Drehschwingungen an einer Feder mit $D^* = 5{,}5 \cdot 10^{-2}$ Nm ausführen, mißt man eine Schwingdauer von T = 3,4 s.

Nach der Tabelle 10.2.1 gilt: $\quad J = \dfrac{1}{2} mR^2 = \dfrac{1}{2} \cdot 0{,}8\,kg \cdot 0{,}04\,m^2 = 1{,}60 \cdot 10^{-2}\,kg \cdot m^2$

Nach Gl. 10.2.7 gilt: $\qquad J = \dfrac{3{,}4^2\,s^2}{4\pi^2} \cdot 5{,}5 \cdot 10^{-2}\,Nm = 1{,}61 \cdot 10^{-2}\,kg \cdot m^2$

Mit Drehschwingungen können also Trägheitmomente bestimmt werden.

Wird ein Körper beschleunigt und fängt dabei zu rotieren an, wird dafür ein Teil der ursprünglich aufgewendeten Energie in Form von Rotationsenergie gespeichert. Wenn man versucht ein sich drehendes Rad (z. B. beim Fahrrad) mit der Hand zu stoppen, erlebt man dies recht nachhaltig. In der Technik ist man bestrebt die gespeicherte Rotationsenergie zu nutzen. Man kann beispielsweise in große Fahrzeuge sogenannte **Schwungräder**, das sind Räder mit großer Masse und relativ großem Durchmesser, einbauen. Beim Beschleunigen wird durch die Bewegung des Fahrzeuges das Schwungrad ebenfalls angetrieben. Bremst das Fahrzeug, wird die Verbindung des Schwungrades zum Antrieb gelöst, so daß es ohne Verlangsamung weiter rotiert. Beschleunigt nun das Fahrzeug wieder, wird das Schwungrad eingekuppelt und treibt das Fahrzeug mit an.

Aufgaben:

Die in den Aufgaben benötigten Trägheitsmomente können der Tab. 10.2.1, Seite 313, entnommen werden.

1. Aufgabe:
Auf einen Vollzylinder aus Aluminium (ρ = 2,7 g/cm³) wirkt das Drehmoment M = 1,0 Nm. Der Zylinder besitzt die Länge 20,0 cm und einen Durchmesser von 12 cm. Bestimmen Sie die auftretende Winkelbeschleunigung α.
(45,5 s⁻²)

2. Aufgabe:
Eine Bleistange der Masse m = 20 kg rotiert um eine senkrechte Achse, die durch den Schwerpunkt der Stange verläuft. Die Rotationsenergie beträgt 2,0 kJ. Bestimmen Sie die Bahngeschwindigkeit eines Punktes am äußeren Ende der Stange.
(24,5 m/s)

3. Aufgabe:
Eine Langspielplatte besitzt die Masse 130 g und einen Durchmesser von 30,5 cm. Sie dreht sich auf einem Plattenspieler mit 33 Umdrehungen pro Minute. Eine Ameise (Masse 2,0 g) fährt am Rand der Scheibe mit.
a) Mit welcher Geschwindigkeit bewegt sich die Ameise?
b) Mit welcher Kraft muß sich die Ameise festhalten, um nicht von der Platte zu rutschen?
c) Bestimmen Sie die Rotationsenergie der drehenden Platte mit und ohne Ameise. Betrachten Sie dabei die Ameise als punktförmig.
(0,5 m/s; 3,6 · 10³ N; 9,0 · 10⁻³ J; 9,3 · 10⁻³ J)

4. Aufgabe:
Eine Vollkugel und eine Hohlkugel rollen gemeinsam ohne Reibung eine geneigte Rinne hinab. Die beiden Körper besitzen dieselbe Größe und Masse. Welcher Körper erreicht das Ende der Rinne zuerst? Welcher besitzt am Ende der Rinne die größere Geschwindigkeit? Begründen Sie ihre Antwort.
(Vollkugel)

5. Aufgabe:
Durch den Schwerpunkt eines Quaders (Masse 2,0 kg) verläuft eine zu den Stirnflächen parallele Achse (siehe Abb. 10.2.12). Die Maße des Quaders können der Zeichnung entnommen werden. 10,0 cm vom Rand entfernt wirkt eine konstante Kraft von 80,0 N eine Zehntel Sekunde auf den Körper und versetzt ihn in eine Rotation um die Achse.
a) Bestimmen Sie die Winkelbeschleunigung α.
b) Bestimmen Sie die Bahngeschwindigkeit eines Randpunktes.
(61,5 s⁻²; 3,1 m/s)

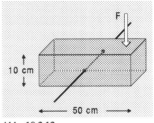

Abb. 10.2.12

317

6. Aufgabe:

Eine Kugel der Masse m = 2,0 kg und dem Radius r = 8,0 cm wird zur Bestimmung der Winkelrichtgröße einer Schneckenfeder verwendet. Danach wird diese Feder verwendet, um das Trägheitsmoment eines unregelmäßig geformten Körpers der Masse 800 g zu bestimmen.

a) Bei der Bestimmung der Winkelrichtgröße D^* mißt man eine Schwingdauer von 4,2 Sekunden. Wie groß ist D^*?

b) Der zweite Körper besitzt eine Schwingdauer von 2,7 Sekunden. Wie groß ist sein Trägheitsmoment?

(0,01 Nm; $2,1 \cdot 10^{-3}$ kg · m²)

---

7. Aufgabe:

Eine Kugel rollt reibungslos eine geneigte Schiene hinab und erreicht den tiefsten Punkt bei T. Beim Aufwärtsrollen erreicht sie das senkrechte Ende der Schiene im Punkt E und verläßt sie. Punkt E liegt 1,0 m über Punkt T. Nach Verlassen der Schiene bewegt sich die Kugel in der Luft weiter, erreicht bei H den höchsten Punkt ihrer Flugbahn und fällt zurück. Der Startpunkt der Kugel befindet sich 3,0 m über dem Punkt T. In der Abb. 10.2.13 ist der Vorgang dargestellt.

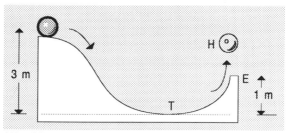

Abb. 10.2.13

a) Weisen Sie nach, daß die Bahngeschwindigkeit der Kugel im Punkt T durch folgenden Ausdruck bestimmt werden kann:

$$v = \sqrt{\frac{10}{7} \cdot gh_{Start}}$$

b) Bestimmen Sie die Bahngeschwindigkeit der Kugel im Punkt T.

c) Mit welcher Bahngeschwindigkeit verläßt die Kugel die Schiene bei Punkt E?

d) In welcher Höhe über dem Erdboden liegt Punkt H?

(6,5 m/s; 5,3 m/s; 2,9 m)

10.3 Der Drehimpuls

Wenn eine Masse m sich mit der Geschwindigkeit v bewegt, so besitzt sie nach Kap. 3.3 den Impuls p = m·v. Betrachtet man die Summe aller vorhandenen Impulse in einem abgeschlossenen System (d.h. keine Kraftwirkung von außen), stellt sie eine konstante Größe dar. Die Einzelimpulse können sich zwar ändern, ergeben aber zusammengezählt stets denselben Wert. Diese Tatsache wird als Impulserhaltungssatz bezeichnet und stellt eine äußerst wichtige Tatsache dar. Sie bietet nämlich die Möglichkeit aus einem bekannten Istzustand zukünftige Bewegungsverläufe zu berechnen.

Als die Beziehungen für den Impuls, bzw. für den Impulserhaltungssatz aufgestellt wurden, fanden Drehungen keinerlei Beachtung. Genau betrachtet gelten sie also nur für die Bewegungen der Schwerpunkte der Körper, und der in ihnen vereinigten Massen. Wie sieht dies nun bei der Rotation aus. Zweifellos bewegen sich auch hier Masseteilchen, jedoch mit unterschiedlichen Bahngeschwindigkeiten und unterschiedlichen Richtungen. Es gibt aber eine andere Größe, die bei Drehungen ein für alle Teilchen gleiches, gültiges Maß für die Rotationsgeschwindigkeit darstellt, die Winkelgeschwindigkeit ω. Außerdem ist es sicher nicht sinnvoll mit der Gesamtmasse m zu arbeiten, da die Masseteilchen, wie eben erwähnt, verschiedene Geschwindigkeiten besitzen. In Analogie zum Vergleich von geradlinigen Bewegungen und Drehungen auf Seite 309 scheint das Trägheitsmoment J die entsprechende Größe zu sein. Man definiert deswegen eine Größe L, die **Drehimpuls** oder **Drall** genannt wird, im Vergleich zum Impuls wie folgt:

Impuls $p = m \cdot v$

Drehimpuls $\boxed{L = J \cdot \omega}$ (Gl. 10.3.1)

Für die Maßeinheit von L gilt: $[L] = kg \cdot \dfrac{m^2}{s} = Nms = Js$

Verwendet man im Ausdruck in der Formel für das Trägheitsmoment, findet man:

$$L = J\omega = \sum(\Delta m r^2) \cdot \omega = \sum(\Delta m r^2) \cdot \frac{v}{r} = \sum(\Delta m r v)$$

In diesem Ausdruck sind die Größen r und v Vektoren und besitzen somit neben einem Betrag auch eine Richtung. Was ergibt nun eine Multiplikation zweier Richtungen? Die Mathematik (Analytische Geometrie) bietet als Lösung einen Vektor, der senkrecht auf den beiden anderen steht (vgl. Abb. 10.3.1).

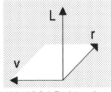

Abb. 10.3.1 Drehimpuls

Überträgt man diese Lösung auf ein reales Beispiel, etwa einen rollenden Zylinder, so bilden die beiden Vektoren $\vec{r}$ und $\vec{v}$ eine Ebene senkrecht zur Drehachse. Der Drehimpuls $\vec{L}$ zeigt dann in Richtung der Drehachse (vgl. 10.3.2).

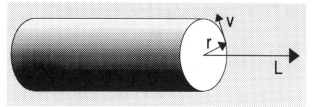

Abb. 10.3.2 Drehimpulsrichtung eines rotierenden Zylinders

Beispiel 10.6:

Eine hohle Eisenkugel mit Radius r rollt aus einer Höhe h reibungslos eine geneigte Schiene hinab (vgl. Abb. 10.2.9). Auf der geraden Ebene angelangt, rollt sie weiter. Wie groß ist der Drehimpuls bei dieser Drehung?

Nach dem Rechenergebnis auf Seite 312 bewegt sich der Schwerpunkt der Kugel mit der Geschwindigkeit:

$$v = \sqrt{1{,}2 \cdot gh} \qquad v = \omega r$$

$$\Rightarrow \quad \omega = \frac{v}{r} = \frac{\sqrt{1{,}2 \cdot gh}}{r}; \qquad au\beta erdem\ gilt: J = \frac{2}{3} mr^2$$

$$\Rightarrow \quad L = J\omega = \frac{2}{3} mr^2 \cdot \frac{\sqrt{1{,}2 \cdot gh}}{r} = \frac{2}{3} mr \cdot \sqrt{1{,}2 \cdot gh}$$

Die Masse m kann über die Dichte ρ und das Volumen V der Kugel bestimmt werden:

$$m = \rho V = \rho \cdot \frac{4}{3} r^3 \pi$$

Damit ergibt sich für den Drehimpuls L

$$L = \frac{2}{3} \cdot \rho \cdot \frac{4}{3} r^3 \pi \cdot r \cdot \sqrt{1{,}2 \cdot gh} = \frac{8}{9} \rho r^4 \pi \sqrt{1{,}2 \cdot gh}$$

Auch für den Drehimpuls gilt ein Erhaltungssatz:

> **Der Gesamtdrehimpuls L = Jω eines abgeschlossenen Systems ist konstant.**

Ein allgemein gültiger Nachweis dieses Satz ist schwer zu führen. Man kann sich allerdings von seiner Gültigkeit durch Experimente überzeugen:

1. Eine Kugel hängt an einem Faden. Ein Teil dieses Fadens verläuft durch ein Rohr. Nun läßt man die Kugel auf einer Kreisbahn rotieren (siehe Abb. 10.3.3). Durch Verschieben des Rohres wird der Radius der Kreisbahn verändert. Damit verändert man automatisch das Trägheitsmoment $J = mr^2$. Wenn nun der Drehimpuls $L = J\omega$ konstant bleiben soll, müßte sich ω ebenfalls verändern. Genau gesagt muß sich ω bei einer Verringerung des Bahnradius vergrößern, d.h. die Kugel muß schneller rotieren. Dies ist in der Realität auch der Fall.

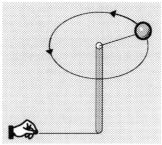

Abb. 10.3.3

2. Eine Person sitzt auf einem Drehschemel und dreht sich mit einer bestimmten Winkelgeschwindigkeit ω. Sie hält zwei Gewichtsstücke (Hanteln) in den, an den Körper gepressten Händen. Streckt sie nun die beiden Arme aus, wird das Drehmoment vergrößert. Man beobachtet eine Verringerung der Drehgeschwindigkeit. Zieht sie die Arme wieder an den Körper, vergrößert sich die Drehgeschwindigkeit wieder. Der Faktor $J\omega = L$ bleibt konstant, der Drehimpuls also erhalten.

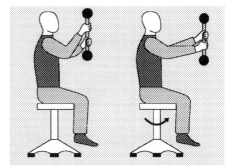

Abb. 10.3.4

Dieser Vorgang kann im Sport oft beobachtet werden: Eine Schlittschuhläuferin dreht mit ausgestreckten Armen eine Pirouette. Durch Anziehen der Arme und Beine verkleinert sie ihr Trägheitsmoment und vergrößert dadurch ihre Drehgeschwindigkeit.
Derselbe Effekt kann beim Salto eines Turners beobachtet werden. Nachdem ein Salto in gestreckter Haltung begonnen wurde, krümmt sich der Turner zusammen und erhöht dadurch die Drehgeschwindigkeit.

Abb. 10.3.5

321

In beiden Fällen wurde jeweils das Trägheitsmoment verändert. Aus der daraus folgenden Änderung von ω kann man auf die betragsmäßige Erhaltung der Größe Jω schließen. Was passiert nun, wenn weder die Größe des Trägheitsmomentes, noch die Winkelgeschwindigkeit ω verändert wird, aber die Drehrichtung sich ändert? Dazu läßt man eine Person auf einen ruhenden Drehschemel Platz nehmen und gibt ihr ein bereits in Rotation befindliches Rad (z.B. Vorderrad eines Fahrrades). Die Drehachse des Rades soll senkrecht zur Drehachse des Schemels liegen. Durch die Übergabe des Rades führt man dem ruhenden System Person-Drehschemel den Impuls L zu. Die Richtung des Drehimpulses L besitzt aber keine Komponente in Richtung der Drehachse des Schemels. Dreht nun die Person das rotierende Rad um 90°, so daß die Drehachse von Rad und Schemel parallel liegen, gibt es eine solche Komponente. Da aber am Anfang kein Drehimpuls in dieser Richtung vorhanden war, muß der Drehimpuls auch

Abb. 10.3.6

jetzt Null sein. Dies kann dadurch erreicht werden, daß sich der Schemel mit der Person zu drehen beginnt, so daß ein entgegengesetzt gerichteter Drehimpuls entsteht. Nun heben sich die beiden Drehimpulse gegenseitig auf, die Summe ist wieder Null. Dreht die Person das rotierende Rad wieder in die Ausgangsstellung zurück, hört die Drehung des Schemels wieder auf.

All diese Versuche zeigen, daß der Drehimpuls nach Betrag und Richtung erhalten bleibt.

Beispiel 10.7:
Ein Rad eines Fahrrades (Radius 28,0 cm) besitzt die Masse m = 600,0 g und dreht sich 40 mal in der Minute. Wie groß wäre die Winkelgeschwindigkeit ω_2, wenn das Rad die Masse M = 850 g besitzen würde?

$$L = mr^2\omega_1 = Mr^2\omega_2 \quad und \quad \omega_1 = \frac{2\pi}{T} = 2\pi f \qquad \Rightarrow \qquad m \cdot 2\pi f = M\omega_2$$

$$\omega_2 = \frac{m \cdot 2\pi f}{M} = \frac{600\,g \cdot 2\pi \cdot 40}{850\,g \cdot s} = 2,96\,\frac{1}{s} = 178\,\frac{1}{Minute}$$

Wenn der Drehimpuls konstant ist, kann eine weitere, von früher (Kap. 5.2.2) bereits bekannte Formel hergeleitet werden. Es gilt:

$L = J\omega = mr^2\omega = \text{const.}$

Betrachtet man die Erde auf ihrer Bahn um die Sonne, ändert sich die Erdmasse sicher nicht.

$\Rightarrow \quad r^2\omega = \text{const.}$

für ω gilt: $\qquad \omega = \dfrac{\Delta\varphi}{\Delta t} \qquad \Rightarrow \qquad r^2\Delta\varphi = \Delta t \cdot \text{const.}$

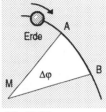

Wenn man Abb. 10.3.7 betrachtet kann man sich mit einfachen geometrischen Überlegungen klarmachen, daß die Fläche des Kreissektors MAB für kleine Winkel der Fläche A des Dreieckes MAB in etwa entspricht. Die Fläche dieses Dreiecks entspricht $0{,}5 \cdot r^2 \cdot \Delta\varphi$. Also gilt:

Abb. 10.3.7

$2A = r^2 \cdot \Delta\varphi = \Delta t \cdot \text{const.} = (t_2 - t_1) \cdot \text{const.}$

oder kurz $\qquad A = (t_2 - t_1) \cdot \text{const.}$

Wenn man nun stets gleiche Zeitabschnitte betrachtet, ergibt sich also stets dasselbe A, d.h. dieselbe Fläche. Diese Erkenntnis hat aber bereits Kepler in seinem Flächensatz (vgl. Kap. 5.2.2) niedergelegt. Nur wußte Kepler nichts vom Drehimpuls, sondern er kam aufgrund langandauernder Beobachtungen zu dieser Aussage. Der Flächensatz ist somit nichts anderes als der Satz von der Erhaltung des Drehimpulses, angewandt auf die Planetenbewegung.

Aufgaben:

1. Aufgabe:
Die Erde besitzt die Masse $6 \cdot 10^{24}$ kg bei einem Radius von 6370 km. Sie kann näherungsweise als Kugel gleichmäßiger Dichte betrachtet werden. Berechnen Sie ihren Drehimpuls bei ihrer Drehung um sich selbst.
$(7{,}1 \cdot 10^{33}$ Js$)$

2. Aufgabe:
Eine auf einem rotierenden Schemel sitzende Person hält Gewichte in einem Abstand von 20,0 cm zur Drehachse. Nun werden die Gewichte auf einen Abstand von 70,0 cm zur Drehachse gebracht. Die Halterung der Gewichte (z.B. die Arme der Person, sollen als masselos betrachtet werden. Um wieviel Prozent ändert sich die Drehgeschwindigkeit der Person?
(92%)

3. Aufgabe:

Ein Turmspringer bekommt beim Absprung einen Drehimpuls um eine horizontal liegende Achse. Wie ändert sich sein Bewegungsverhalten, wenn er

a) sich zusammenkrümmt,

b) wieder streckt?

4. Aufgabe:

Eine Person sitzt auf einem Drehschemel. Sie versucht, sich durch Herumschwingen der Arme in Rotation zu versetzen. Was passiert?

5. Aufgabe:

Ein Schwungrad mit dem Radius 80,0 cm und der Masse 50,0 kg dreht sich in der Minute 150 mal. Durch einen herabrutschenden, masselosen Riemen wird sie mit einer anderen Scheibe (Material Eisen mit ρ = 7,86 g/cm^3, Radius 30,0 cm, Dicke 12 cm) verbunden. Wie oft dreht sich die zweite Scheibe in der Minute?

(200)

6. Aufgabe:

Die Erde besitzt auf ihrer Bahn um die Sonne (Bahnradius 150 Mill. km) den Drehimpuls L. Um wieviel Tage würde sich die Umlaufzeit ändern, wenn sich die Erde um 20 Mill. km der Sonne nähern würde, der Drehimpuls aber konstant bleibt?

(48,7 Tage)

10.4 Zusammenfassung

Wenn eine Kraft einen Körper in Drehungen um eine Achse versetzt, ist die entscheidende Größe das Drehmoment $M = F \cdot r$. Die auftretenden Geschwindigkeiten und Beschleunigungen werden durch die Winkelgeschwindigkeit ω und die Winkelbeschleunigung α ausgedrückt. Um einen Körper rotieren zu lassen, muß seine Trägheit überwunden werden. Die die Trägheit beschreibende Größe ist das Trägheitsmoment $J = \Sigma(\Delta m r^2)$. Die Trägheit kann für einige Körper mit Hilfe der Integralrechnung bestimmt werden, im allgemeinen werden sie jedoch, z.B. mit Drehschwingungen, experimentell bestimmt.

Ein rotierender Körper besitzt, ebenso wie ein geradlinig bewegter, eine kinetische Energie, die Rotationsenergie genannt wird. Sie berechnet sich aus Trägheitsmoment J und Winkelgeschwindigkeit ω zu:

$$W_{rot} = \frac{1}{2} J \omega^2$$

Ein geradlinig bewegter Körper besitzt einen Impuls. Analog dazu besitzt ein rotierender Körper einen Drehimpuls. Die Summe aller Drehimpulse in einem abgeschlossenen System ist konstant. Aus diesem Erhaltungssatz kann beispielsweise das zweite Keplersche Gesetz, der Flächensatz, abgeleitet werden.

Aufgaben:

---

1. Aufgabe: (Kapitel 1, 2, 3)

Bei einem Schrägaufzug (siehe Abb. A1) zieht der Körper K_1 mit der Masse m_1 den Körper K_2 mit der Masse m_2 aus der Ruhe von P nach Q. Hat K_2 die Strecke $\overline{PQ} = s$ zurückgelegt, wird die Verbindung zwischen K_1 und K_2 unterbrochen.

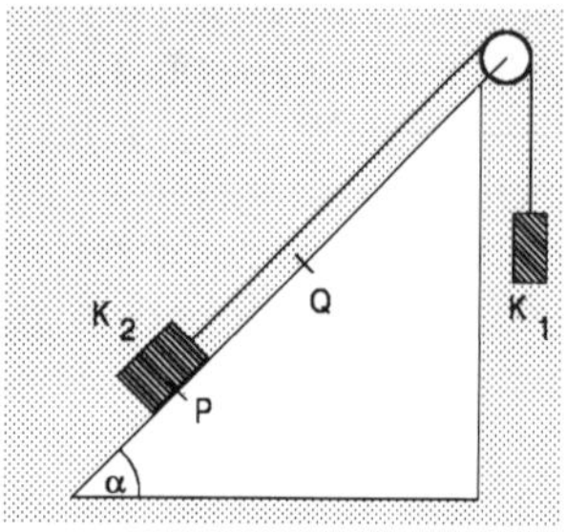

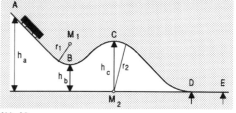

Abb. A1

a) Berechne allgemein die Geschwindigkeit von K_2 in Q und die Energiezunahme von K_2 bei dieser Bewegung.

b) Wie weit bewegt sich K_2 nach der Abkopplung von K_1 noch über Q hinaus?

c) Berechne die in Teilaufgabe a) und b) bestimmten Größen für:
$m_1 = 4{,}0$ kg ; $m_2 = 2{,}0$ kg; $s = 2{,}5$ m und $\alpha = 30°$

d) K_1 fällt nach der Trennung der beiden Körper auf den $h = 0{,}35$ m tiefer liegenden Boden. Berechne für die in Teilaufgabe c) angegebenen Zahlenwerte die Auftreffgeschwindigkeit.

($g = 10$ m/s²; von der Masse der Schnur und von der Reibung ist abzusehen)

(Aus dem Abitur in Baden-Württemberg 1980/Aufgabe 1)

(5,0 m/s; 50 Nm; 2,5 m; 5,7 m/s)

---

2. Aufgabe: (Kapitel 1, 2, 3 und 4)

Die Abbildung A2 zeigt eine Berg- und Talbahn, auf der ein Wagen der Masse $m = 75$ kg geführt wird. Die Radien der Kreisbögen sind $r_1 = 10$ m und $r_2 = 20$ m.

Die Höhen der Punkte A und B betragen $h_A = 25$ m und $h_B = 10$ m.

Abb. A2

a) Der Wagen durchfahre die Bahn mit der konstanten Bahngeschwindigkeit $v = 10$ m/s. Welche Kraft übt der Wagen in den Punkten B und C auf die Unterlage aus?

b) Bei einer neuen Fahrt wird der Wagen in A aus der Ruhe losgelassen. Er durchfährt die Bahn reibungsfrei und ohne eigenen Antrieb. Welche Kraft übt der Wagen jetzt in den Punkten B und C auf die Unterlage aus?

c) In welcher Höhe h müßte der Wagen bei einer antriebslosen und reibungsfreien Fahrt aus der Ruhe heraus starten, damit er in C keine Kraft auf die Unterlage ausübt?

d) Der in A aus der Ruhe gestartete, antriebslose Wagen durchfährt die Bahn bis D reibungsfrei. Er wird anschließend durch Gleitreibung so abgebremst, daß er in E zum Stillstand kommt. Die Gleitreibungszahl beträgt 0,6. Berechne die Länge des Bremsweges DE.

(Aus dem Abitur in Baden-Württemberg 1981/Aufgabe 2)

(1500 N; 375 N; 3000 N; 375 N; 30 m; 41,7 m)

3. Aufgabe: (Kapitel 2 und 6)

a) Berechne die Länge eines Fadenpendels, das mit der gleichen Frequenz schwingt, wie ein Federpendel mit der Masse m = 2,0 kg und der Richtgröße D = 100 N/m.

b) Ein linearer Wellenträger, der waagrecht verläuft, wird an einem Ende durch einen Erreger der Frequenz 3,0 Hz zu harmonischen Querschwingungen der Amplitude 0,20 m angeregt. Die Querschwingung beginnt zur Zeit t_0 = 0 s an der Stelle x_0 = 0 m mit der Auslenkung nach oben. Die Ausbreitungsgeschwindigkeit der entstehenden Querwelle beträgt 3,0 m/s.

Stelle den Wellenträger im Bereich 0 m ≤ x ≤ 1,0 m zum Zeitpunkt 3/4 T in einer Zeichnung im Maßstab 1:10 dar.

(Aus dem Abitur in Baden-Württemberg 1983/Aufgabe 5)

(0,2 m)

---

4. Aufgabe: (Kapitel 1, 2, 3 und 4)

Eine horizontal angeordnete Kreisscheibe kann um eine durch den Mittelpunkt M gehende vertikale Achse rotieren. Die Scheibe hat den Durchmesser d = 1,20 m. Eine Feder (Federhärte D = 13 N/m) ist mit dem einen Ende in M befestigt. Am anderen Federende ist ein Körper K der Masse m = 0,10 kg eingehängt. Die ungedehnte Feder hat eine Länge von r_0 = 0,10 m.

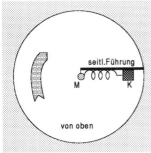

Abb. A3

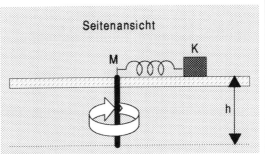

Abb. A4

a) Die Anordnung ist zunächst in Ruhe. Zwischen K und der Scheibe tritt Reibung auf. K wird radial nach außen verschoben und bleibt in der Entfernung r_1 = 0,15 m von M gerade noch liegen. Berechnen Sie daraus die Haftreibungszahl f_h.

b) Die Scheibe rotiert mit der konstanten Frequenz ω = 2πf. K wird nun durch eine seitliche Führung auf der Scheibe mitbewegt (vgl. Abb. A3 und A4).

Für welche Kreisfrequenz ω_1 erreicht K den Rand der Scheibe, wenn die Bewegung reibungsfrei erfolgt?

Berechne für diesen Fall die Bahngeschwindigkeit von K.

Mit welcher Geschwindigkeit schlägt der Körper K auf den 1,00 m tiefer liegenden Boden auf, wenn er plötzlich von der Feder abgetrennt wird?

(Aus dem Abitur in Baden-Württemberg; 1985/Aufgabe 2)

(0,66; 10,4 1/s; 6,24 m/s; 7,66 m/s)

5. Aufgabe: (Kapitel 2 und 6)

1) Bei einer Untersuchung des Zusammenhangs zwischen Zugkraft F und Dehnung s einer Schraubenfeder erhält man folgendes F-s-Diagramm:

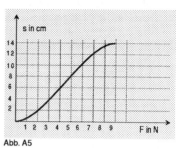

Abb. A5

a) In welchem Dehnungsbereich gilt das Hookesche Gesetz? Begründung!

b) Ermitteln Sie für diesen Bereich die Federkonstante.

2) An einer Feder wie in Teilaufgabe 1 hängt an einem Ort mit der Fallbeschleunigung 10 m/s² ein Körper der Masse m = 500 g. Dieser Körper wird so ausgelenkt, daß er vertikale harmonische Schwingungen mit der Amplitude A = 1,0 cm ausführt (die Masse der Feder ist gegenüber der Masse des Pendelkörpers vernachlässigbar klein).

a) Berechne die Frequenz, mit der das Federpendel schwingt. Welche maximale Amplitude könnte man bei dieser Feder wählen, ohne daß sich die Schwingungsfrequenz ändert? Begründung!

b) Wie groß ist die maximale Geschwindigkeit des Pendelkörpers bei der angegebenen Schwingungsamplitude A = 1,0 cm.

c) Untersuchen Sie, ob mit der gleichen Feder und dem gleichen Pendelkörper auf dem Mond harmonische Schwingungen möglich sind, und begründen Sie ihre Antwort ($g_{Mond} = 1/6\ g$).

3) Ein Wellengenerator mit der Arbeitsfrequenz 12 Hz erzeugt auf einer Wasseroberfläche Wellen mit geraden Wellenfronten, die sich mit der Geschwindigkeit 0,18 m/s ausbreiten. Die Wellen treffen auf eine senkrecht zur Wellennormalen stehende feste Wand mit zwei engen Spalten. Die Entfernung der Spaltmitten ist 3,5 cm.

a) Berechen Sie die Wellenlänge.

b) Unter welchen Winkeln gegen die ursprüngliche Ausbreitungsrichtung sind in größerer Entfernung von den Spalten Interferenzmaxima zu beobachten? Wie viele Interferenzmaxima treten auf?

c) Wie ändert sich das Wellenbild hinter dem Doppelspalt,

α) wenn der Wellengenerator mit doppelter Frequenz arbeitet?

β) wenn hinter der Wand die Ausbreitungsgeschwindigkeit der Wellen kleiner ist als vor der Wand?

Geben Sie jeweils eine kurze Begründung für Ihre Antwort.

(Aus dem Abitur von 1980/Aufgabe 1)

(50 N/m; 1,6 Hz; 10 cm/s; nein; 1,5 cm; 0°; 25° und 59°; 5)

6.Aufgabe: (Kapitel 1, 2 und 3)

1) Eine Rakete wird zur Zeit t = 0 s senkrecht nach oben abgeschossen und erreicht in 40,0 km Höhe ihre Höchstgeschwindigkeit von 1600 m/s. Für die folgenden Berechnungen wird g als konstant angenommen und die Reibung vernachlässigt.

a) Wie groß ist unter Annahme konstanter Beschleunigung die Beschleunigung der Rakete, und wie lang hält sie an?

b) In 40,0 km Höhe wird der Antrieb abgeschaltet. Geben Sie mit Begründung an, wie sich von diesem Augenblick an die Rakete bewegt. Wie lange und wie hoch steigt sie noch? Zu welchem Zeitpunkt nach dem Abschuß erreicht die Rakete die Abschußstelle wieder?

c) Zeichnen Sie unter Verwendung der obigen Ergebnisse ein qualitatives Zeit-Ort- und Zeit-Geschwindigkeits-Diagramm.
Geben Sie eine Erläuterung zu den Zeichnungen.

2) Ein mit Blei beschwertes Reagenzglas vom Querschnitt A und der Gesamtmasse m schwimmt stabil im Wasser. Drückt man es x_0 = 2,0 cm tiefer ein und läßt es los, so führt es Schwingungen in vertikaler Richtung aus.

a) Berechnen Sie allgemein die rücktreibende Kraft in Abhängigkeit von der Auslenkung und begründen Sie, daß die Schwingung harmonisch ist.

b) Berechnen Sie die Schwingungsdauer T für den Fall, daß A = 2,0 cm² und m = 25 g betragen.

c) Skizzieren Sie den Graphen der Zeit-Ort-Funktion des Schwerpunktes des schwingenden Körpers für $0 \leq t \leq T$ und berechnen Sie die Auslenkung des Schwerpunkts, wenn seit dem Loslassen des Glases genau 1/8 der Schwingungsdauer vergangen ist.

d) Begründen Sie anhand einer einfachen Skizze, warum die entsprechende Schwingung für einen Behälter in Form einer Pyramide (Spitze nach unten, Körperhöhe senkrecht zur Flüssigkeitsoberfläche) nicht harmonisch ist.

(Aus dem Abitur 1982/Aufgabe 1)

(32 m/s²; 50 s; 163 s; 130 km; 186 s; 399 s; 0,71 s; –1,4 cm)

Kapitel 1:

Definition der **Geschwindigkeit**: $v = \dfrac{\Delta s}{\Delta t}$

$$v(t) = \lim_{\Delta t \to 0} \frac{\Delta s}{\Delta t} = \frac{ds}{dt} = \dot{s}(t)$$

Bahngleichung der **geradlinigen gleichförmigen Bewegung**:

$$s(t) = v \cdot t + s_0;$$
$$v(t) = \text{const.}$$

Definition der **Beschleunigung**: $a = \dfrac{\Delta v}{\Delta t}$

$$a(t) = \lim_{\Delta t \to 0} \frac{\Delta v}{\Delta t} = \frac{dv}{dt} = \dot{v}(t)$$

Kapitel 2:

Hookesches Gesetz: $\qquad F = (-)Ds$
Gewichtskraft: $\qquad G = mg$

Newtonsche Gesetze:

1. Gesetz von Newton:	Trägheitssatz
2. Gesetz von Newton:	$F = ma$
3. Gesetz von Newton:	Actio = Reactio

Bahngleichung der **geradlinig gleichmäßig beschleunigten Bewegung**:

$$s(t) = \frac{1}{2}at^2 + v_0 t + s_0$$

$$v(t) = at + v_0$$
$$a(t) = \text{const}$$
$$v = \sqrt{2as + v_0^2}$$

Bewegung auf der schiefen Ebene:

Bewegung ohne Zugkraft, mit Reibung:

$$a = g \cdot \sin \alpha - \mu g \cdot \cos \alpha$$

Bewegung mit Zugkraft > Hangabtriebskraft und Reibung:

$$a = F_Z - g \cdot \sin \alpha - \mu g \cdot \cos \alpha$$

Bewegung mit Zugkraft < Hangabtriebskraft und Reibung:

$$a = g \cdot \sin \alpha - F_Z - \mu g \cdot \cos \alpha$$

Bewegungsgrenzfall:

$$\mu = \tan \alpha$$

Freier Fall:
$$h(t) = \frac{1}{2}gt^2; \quad v = \sqrt{2gh}$$

Beschleunigung an der Fallmaschine nach Atwood ($m_2 > m_1$):
$$a = \frac{m_2 - m_1}{m_2 + m_1} \cdot g$$

Schwingungen:

Frequenz:
$$f = \frac{n}{t}$$

Schwingungsdauer:
$$T = \frac{1}{f}; \quad T = 2\pi\sqrt{\frac{m}{D}}$$

Winkelgeschwindigkeit:
$$\omega = \sqrt{\frac{D}{m}} = 2\pi f = \frac{2\pi}{T}$$

Bahngleichungen:
$$s(t) = A \cdot \sin \omega t$$
$$v(t) = A \cdot \omega \cdot \cos \omega t$$
$$a(t) = -A \cdot \omega^2 \cdot \sin \omega t$$

Differentialgleichung:
$$m \cdot \ddot{s}(t) = -D \cdot s(t)$$

Kapitel 3:

Arbeit:
$$W = \vec{F} \cdot \vec{s} = |\vec{F}| \cdot |\vec{s}| \cdot \cos(\vec{F}; \vec{s})$$

Ist die Kraft abhängig vom Weg, also $F = F(s)$, so gilt:
$$W = \int F(s)\, ds$$

Energie:
Potentielle Lageenergie:
$$W = mgh$$

Potentielle Spannenergie:
$$W = \frac{1}{2}Ds^2$$

Kinetische Energie:
$$W = \frac{1}{2}mv^2$$

Leistung:
$$P = \frac{W}{t}$$

Mechanische Energieerhaltung:
$$E_{pot} + E_{kin} = \text{const.}$$

Kraftstoß: $\qquad\qquad\qquad$ $F \cdot \Delta t = m \cdot \Delta v$

Impuls: $\qquad\qquad\qquad\quad$ $p = m \cdot v$

Impulserhaltungssatz: $\qquad\quad$ $p_{\text{vorher}} = p_{\text{nachher}}$

Vollkommen elastischer Stoß:

Geschwindigkeiten der Massen m_1 und m_2 vor dem Stoß: v_1 und v_2
Geschwindigkeiten der Massen m_1 und m_2 nach dem Stoß: u_1 und u_2

$$u_1 = \frac{m_1 v_1 + m_2 (2v_2 - v_1)}{m_1 + m_2}$$

$$u_2 = \frac{m_2 v_2 + m_1 (2v_1 - v_2)}{m_1 + m_2}$$

Vollkommen unelastischer Stoß:

Geschwindigkeiten der Massen m_1 und m_2 vor dem Stoß: v_1 und v_2
Geschwindigkeit der Masse $m = m_1 + m_2$ nach dem Stoß: u

$$u = \frac{m_1 v_1 + m_2 v_2}{m_1 + m_2}$$

Verlust an mechanischer Energie beim unelastischen Stoß:

$$\Delta W = \frac{m_1 m_2 (v_1 - v_2)^2}{m_1 + m_2}$$

Kapitel 4:

Waagrechter Wurf: $\qquad$ $x(t) = vt \qquad$ und $\quad y(t) = -\frac{1}{2} g t^2$

Bahngleichung: $\qquad\qquad$ $y(x) = -\frac{g}{2v^2} \cdot x$

Kreisbewegung:

Winkelgeschwindigkeit: $\qquad$ $\omega = \frac{\Delta \varphi}{\Delta t}$

Bahngeschwindigkeit: $\qquad\;$ $v = \omega r = 2\pi f r$
Zurückgelegter Weg: $\qquad\;\;$ $s(t) = vt = \omega r t = 2\pi f r t$

Bahngleichungen:

$$x(t) = r \cdot \cos \omega t$$
$$y(t) = r \cdot \sin \omega t$$

Zentripetalkraft:

$$F = mr\omega^2 = m\frac{v^2}{r}$$

Kapitel 5:

Die Gesetze von Kepler:

1. Die Planetenbahnen sind Ellipsen, in deren gemeinsamen Brennpunkt die Sonne steht.
2. Der von der Sonne nach einem Planeten gezogene Ortsvektor überstreicht in gleichen Zeiten gleiche Flächen.
3. Umlaufzeiten zweier Planeten: T_1 und T_2, mit den zugehörigen Halbachsen: a_1 und a_2

$$\frac{T_1^2}{T_2^2} = \frac{a_1^3}{a_2^3} \qquad \text{oder} \qquad \frac{T^2}{a^3} = \text{const.}$$

Erweitertes 3. Keplersches Gesetz (Zweikörperproblem):

M und m: Masse der sich
umkreisenden Himmelskörper

$$\frac{T^2}{a^3} = \frac{4\pi^2}{G \cdot (M+m)}$$

Gravitationsgesetz:

$$F = G \cdot \frac{m_1 m_2}{r^2}$$

Kreisbahngeschwindigkeit eines Satelliten in Erdnähe: $\qquad v = \sqrt{gr}$

Kreisbahngeschwindigkeit eines Satelliten in Erdferne: $\qquad v = \sqrt{G \cdot \frac{m_E}{r}}$

Kapitel 6:

Ausbreitungsgeschwindigkeit von Störungen: $\qquad u = \lambda \cdot f$

Wellengleichung: $\qquad y(t) = A \cdot \sin\left(\frac{t}{T} - \frac{\Delta x}{\lambda}\right)$

Interferenz in der Wellenwanne:

Auslöschung der Auslenkung: $\qquad \Delta s = (2k+1) \cdot \frac{1}{2}\lambda$

Verdopplung der Auslenkung: $\qquad \Delta s = k \cdot \lambda \qquad \text{mit} \quad k \in N_0$

Kapitel 7:

Eigenschwingungen einseitig geschlossener Luftsäulen (Länge L): $\lambda_k = \dfrac{4}{2k+1} \cdot L$

Eigenfrequenzen: $\qquad\qquad f_k = (2k+1) \cdot f_0$

Eigenschwingungen beidseitig offener Luftsäulen: $\qquad \lambda_k = \dfrac{2}{k+1} \cdot L$

Eigenfrequenzen: $\qquad\qquad f_k = (k+1) \cdot f_0$

Schallstärke: $\qquad\qquad I = \dfrac{\Delta W}{\Delta t \cdot \Delta A}$

Lautstärke: $\qquad\qquad \Lambda = 10 \cdot \lg \dfrac{I}{I_0}$ Phon

Dopplereffekt: (Schallgeschwindigkeit ist u)

Bewegte Schallquelle: auf Empfänger zu: $\qquad f' = \dfrac{1}{1 - \dfrac{v}{u}} \cdot f$

vom Empfänger weg: $\qquad f' = \dfrac{1}{1 + \dfrac{v}{u}} \cdot f$

Bewegter Empfänger: auf Schallquelle zu: $\qquad f' = (1 + \dfrac{v}{u}) \cdot f$

von Schallquelle weg: $\qquad f' = (1 - \dfrac{v}{u}) \cdot f$

Frequenzänderung eines reflektierten Schallsignals: $\qquad \Delta f = 2 \cdot \dfrac{v}{u} \cdot f$

Überschall: Machzahl: $\qquad\qquad M = \dfrac{v}{u}$

Machscher Kegel: $\qquad \sin\alpha = \dfrac{u}{v} = \dfrac{1}{M}$

Kapitel 8:

Zustandsgleichung des idealen Gases: $\dfrac{p \cdot V}{T} = \text{const.}$

Druckänderung in Abhängigkeit von der Höhendifferenz Δh und der Temperatur T :

$$\Delta p = -\frac{g}{R_M \cdot T} \cdot p \cdot \Delta h \quad \text{mit} \quad R_M = 2{,}87 \cdot 10^2 \frac{m^2}{s^2 \cdot K}$$

Kapitel 9:

Bewegung eines Körpers mit dem Durchmesser l in einer Flüssigkeit der Dichte ρ und der Zähigkeit η mit der Geschwindigkeit v:

Reynoldssche Zahl: $\qquad Re = \dfrac{\rho l v}{\eta}$

Kontinuitätsgleichung: $\qquad A_1 v_A = A_2 v_B$
(A: Querschnitt einer Strömungsröhre)

Druck: Definition: $\qquad p = \dfrac{F}{A}$

hydrostatischer Druck: $\quad p = \rho g h$

Staudruck: $\qquad p = \dfrac{1}{2}\rho v^2$

Gleichung von **Bernoulli:** $\qquad \dfrac{1}{2}\rho v^2 + p = \text{const.}$

Staudruck + statischer Druck = const.

Reibungskraft bei der langsamen Bewegung (Geschwindigkeit v) von Kugeln mit dem Radius r in einer Flüssigkeit mit der Zähigkeit η:

Gleichung von **Stokes:** $\qquad F = 6\pi\eta r v$

Luftwiderstand bei turbulenten Strömungen in einer Flüssigkeit der Dichte ρ:
(c_w Widerstandsbeiwert; A Stirnfläche des bewegten Körpers)

$$F = \dfrac{1}{2}c_w \rho A v^2$$

Kapitel 10:

Winkelgeschwindigkeit: $\qquad \omega = \dfrac{\Delta\varphi}{\Delta t}$

Winkelbeschleunigung: $\qquad \alpha = \dfrac{\Delta\omega}{\Delta t}$

Beschleunigung eines Masseteilchens im Abstand r zur Drehachse: $\quad a = r \cdot \alpha$

Drehmoment M der Kraft zu einer im Abstand r befindlichen, senkrechten Drehachse:

$$M = F \cdot r$$

Trägheitsmoment: $\qquad J = \Sigma(\Delta m \cdot r^2)$

Trägheitsmoment einer Schneckenfeder mit der Winkelrichtgröße D^* (Schwingdauer T):

$$J = \frac{T^2}{4\pi^2} \cdot D^*$$

Rotationsenergie: $\qquad W_{rot} = \dfrac{1}{2} J\omega^2$

Drehimpuls: $\qquad L = J \cdot \omega$

1. Verwendete physikalische Größen:

Größe	Größenzeichen	Einheit
Länge, Weglänge (Basisgröße)	s	m
Fläche	A	m^2
Volumen	V	m^3
Zeit (Basisgröße)	t	s
Geschwindigkeit	v, u	m/s
Beschleunigung	a	m/s^2
Masse	m	kg
(Basisgröße)		$1\,u = 1,66 \cdot 10^{-27}\,kg$
Dichte	ρ	kg/m^3
Kraft	F	$N = kgm/s^2$
Impuls	p	Ns
Arbeit	W	$J = Nm$
Energie	W; E	J
Leistung	P	$J/s = W$
Druck	p	$N/m^2 = Pa$
Winkelgeschwindigkeit	ω	1/s ; rad/s
Winkelbeschleunigung	α	$1/s^2$; rad/s^2
Umlaufdauer	T	s
Frequenz	f	Hz
Federhärte	D	N/m
Reibungszahl	μ	—
Viskosität; dynamische	η	Pa · s
Schwingdauer	T	s
Amplitude	A	m
Phasengeschwindigkeit	c	m/s
Wellenlänge	λ	m
Temperatur	T	K
Temperatur nach Celsius	T	°C
spez. Wärmekapazität	c	J/(kg · K)
Stoffmenge	n	kmol
Gaskonstante	R	J/(K · kmol)
Drehmoment	M	Nm
Trägheitsmoment	J	$kg \cdot m^2$
Drehimpuls	L	Js

2. Bezeichnung von Zehnerpotenzen:

Zehnerpotenz	Vorsatzwort	Zeichen
10^{-12}	Piko	p
10^{-9}	Nano	n
10^{-6}	Mikro	μ
10^{-3}	Milli	m
10^{-2}	Zenti	c
10^{-1}	Dezi	d
10^{1}	Deka	da
10^{2}	Hekto	h
10^{3}	Kilo	k
10^{6}	Mega	M
10^{9}	Giga	G
10^{12}	Tera	T

3. Vorkommende Naturkonstanten:

Gravitationskonstante .... G .... $6{,}670 \cdot 10^{-11}$ m³kg⁻¹s⁻²

atomare Masseneinheit .... u .... $1{,}660277 \cdot 10^{-27}$ kg

Gaskonstante .... R .... $8{,}3143 \cdot 10^{3}$ J/(K · kmol)

Normfallbeschleunigung .... g_{Erde} .... $9{,}80665$ m/s²

Ruhemasse Elektron .... m_e .... $9{,}109 \cdot 10^{-31}$ kg

Ruhemasse Proton .... m_p .... $1{,}6725 \cdot 10^{-27}$ kg

Ruhemasse Neutron .... m_n .... $1{,}6748 \cdot 10^{-27}$ kg

Lichtgeschwindigkeit .... c .... $2{,}99792458 \cdot 10^{8}$ m/s

4. Ausgewählte Dichten:

Stoff   Dichte in kg/dm³

feste Stoffe bei 20° C

Aluminium 2,70	Messing 8,4	Eis (bei 0° C) 0,917
Blee 11,35	Platin 21,5	
Eisen 7,86	Silber 10,5	**Gase (bei 0° C und**
Fensterglas 2,6	Zink 7,13	**1013 hPa, Dichte in kg/cm³)**
Gold 19,3	Zinn 7,30	

Blei .... 11,35 Silber .... 10,5 **Gase (bei 0° C und**

Eisen .... 7,86 Zink .... 7,13 **1013 hPa, Dichte in kg/cm³)**

Fensterglas .... 2,6 Zinn 7,30

Gold 19,3

Holz (Tanne) .... 0,5 **Flüssigkeiten bei 20° C** Wasserstoff 0,0899

Holz (Eiche) .... 0,9 Petroleum .... 0,85 Luft 1,293

Kork .... 0,3 Quecksilber .... 13,55 Stickstoff 1,251

Kupfer .... 8,93 Terpentinöl .... 0,87 Kohlendioxid 1,977

Marmor .... 2,7 Wasser .... 0,998 Kohlenmonoxid 1,25

Quarzglas .... 2,2 Glycerin .... 1,26 Helium 0,179

Magnesium .... 1,74 Äthylalkohol .... 0,79 Sauerstoff 1,429

Nickel .... 8,9 Schwefelkohlenstoff 1,26

5. Reibungszahlen

Stoffpaar	Haftreibung μ_0	Gleitreibung μ
Stahl/Stahl	0,15	0,09 .. 0,3
Holz/Holz	0,5 bis 0,6	0,2 bis 0,4
Eisen/Schnee		0,04
Stahl/Eisen	0,03	0,015
Bremsbelag/Stahl		0,5 bis 0,6
Auto/Pflaster		0,5
Auto/Asphalt		0,3

Rollreibung	μ
Eisen/Eisen	0,005
Kugeln im Kugellager	0,001

6. Zähigkeitskonstante η bei 20°C

Stoff	η in Pa $\cdot$ s
Luft	$1,8 \cdot 10^{-5}$
Benzol	$6,49 \cdot 10^{-4}$
Wasser	$1,002 \cdot 10^{-3}$
Quecksilber	$1,554 \cdot 10^{-3}$
Glycerin	1,5
Pech	$5,0 \cdot 10^{7}$
Eiswasser	$1,79 \cdot 10^{-3}$
sied. Wasser	$0,28 \cdot 10^{-3}$

7. Höhe h als Funktion des Luftdruckes p

p in hPa	h in m	p in hPa	h in m
1013	0	733	2650
1000	111	667	3390
987	224	600	4200
973	338	533	5090
960	454	467	6080
947	570	400	7180
933	688	333	8450
867	1300	267	9940
800	1950		

8. Druck p, Dichte ρ des gesättigten Wasserdampfes in Abhängigkeit von der Temperatur T :

T in °C	p in hPa	ρ in g/cm³
-60	0,009	0,011
-50	0,038	0,038
-40	0,124	0,117
-30	0,373	0,333
-20	1,03	0,88
-10	2,60	2,14
0	6,1	4,8
2	7,1	5,6
4	8,1	6,4
6	9,3	7,3
8	11	8,3
10	12	9,4
14	16	12,1
18	20,7	15,4
22	26,4	19,4
26	33,6	24,4
30	42,4	30,3
40	73,7	
50	123	
60	199	
70	311	
80	473	
90	701	
100	1013	

9. Himmelskörper im Sonnensystem:

a) Die Sonne:

Radius	$6,960 \cdot 10^8$ m	109 Erdradien
Masse	$1,989 \cdot 10^{30}$ kg	333000 Erdmassen
mittlere Dichte	1,409 kg/dm³	0,26 Erddichten
Schwerebeschleunigung an der Oberfläche:	2740 m/s²	
Effektivtemperatur	5780 K	
Leuchtkraft	$3,853 \cdot 10^{26}$ W	
Solarkonstante	$1,374 \cdot 10^3$ W/m²	
Entweichgeschwindigkeit an der Oberfläche	617,7 km/s	

b) Die Erde:

Abstand zur Sonne .... $149,6 \cdot 10^6$ km
mittlere Umlaufgeschwindigkeit .... 29,79 km/s
Äquatordurchmesser .... 12756,28 km
Masse .... $5,974 \cdot 10^{24}$ kg
mittlere Dichte .... $5,515$ kg/dm^3
Schwerebeschleunigung an der Oberfläche ...... 9,81 m/s^2

c) Der Erdmond:

mittlere Entfernung von der Erde .... 384400 km
Bahnexzentrizität 0,055
Bahnneigung gegen Erdbahn .... 5°9'
Umlaufzeit um die Erde:
siderisch .... 27,32 d
synodisch .... 29,53 d
mittlere Bahngeschwindigkeit .... 1,02 km/s
Radius .... 1738 km
Masse .... $7,350 \cdot 10^{22}$ kg
mittlere Dichte .... 3,34 kg/dm^3
Schwerebeschleunigung an der Oberfläche ...... 1,62 m/s^2
Entweichgeschwindigkeit .... 2,38 km/s

d) Die Planeten:

Himmels-körper	relativer Bahnrad.	relative Umlauf-zeit	relative Masse	relativer Radius	Fallbeschl. an der Oberfläche	num. Exzentri-zität
Einheit	AE	Jahr	Erdmasse	Erdradius	m/s^2	
Merkur	0,387	0,241	0,0533	0,383	3,7	0,2056
Venus	0,723	0,615	0,815	0,95	8,87	0,0068
Erde	1,000	1,000	1,000	1,000	9,81	0,0167
Mars	1,523	1,881	0,107	0,532	3,71	0,0934
Jupiter	5,202	11,86	317,8	10,97	23,21	0,0484
Saturn	9,538	29,46	95,15	9,07	9,28	0,0556
Uranus	19,18	86,01	14,54	4,15	8,38	0,0472
Neptun	30,06	164,8	17,20	3,81	11,54	0,0086
Pluto	39,44	247,7	(0,0017)	(0,17)	?	0,250

Bildnachweis

Deutsches Museum, 39, 57 (2.4.1), 58 (2.4.2), 68 (2.5.13), 69 (2.5.14), 93, 131, 146 (4.2.14), 155, 159 (5.1.2 und 5.1.3), 160 (5.1.4), 161 (5.1.5 bis 5.1.7), 162 (5.1.8 bis 5.1.10), 169 (5.4.1), 197 (6.3.4), 203, 243, 277, 279 (9.1.1), 301 – F. J. Blatt: Principles of Physics, 18 (1.3.2), 321 (10.3.5) – F. Hermann-Rottmair, 138 (4.2.1), 247 (8.1.3) – Bild der Wissenschaft 7/86, 147 (4.2.15), 168 (5.3.1) – Sterne und Weltraum, Dr. Vehrenberg GmbH, München, 180 (5.8.1) – Leybold: Versuche mit Wasseroberflächenwellen - Wellenwanne, 194 (6.2.10), 195 (6.2.11), 196 (6.3.1 und 6.3.2), 197 (6.3.6), 199 (6.3.8) – Sexl, Raab: Der Weg zur modernen Physik, Bd. 2, 247 (8.1.3) – O. Zettl, 249 (8.1.5) - Meteorologisches Institut der Universität München, 251 (8.1.6), 269 (8.3.8a), 270 (8.3.8b), 271 (8.3.8c), 272 (8.3.8d), 273 (8.3.8e) – F. Roncalli, Vatikanstadt, 9 – Weber: Wellenlehre, Bayrische Staatsbibliothek, 183

Umschlag

"Mechanische Kunstkammer, erster Teil", Guidobaldo del Monte, Frankfurt am Main, 1629, aus "Kultur und Technik", Deutsches Museum